tschland
Indoeuropäische
Expansion
Sizilien
Malta
Hyksos
u.a. Völker
Ägypten

Das magische Dreieck

Harald Braem

Das magische Dreieck

Neue Geheimnisse aus dem Reich der Pyramiden

Weitbrecht

Die Deutsche Bibliothek – CIP-Einheitsaufnahme

Braem, Harald:
Das magische Dreieck : neue Geheimnisse aus dem Reich der Pyramiden / Harald Braem. – Stuttgart ; Wien : Weitbrecht, 1992
ISBN 3-522-70930-6

Umschlaggestaltung: Atelier Reichert, Stuttgart
Reproduktionen Umschlag und Bildteil: Carl Ruck, Stuttgart
Satz und Repro Textteil: Jung Satzcentrum GmbH, Lahnau
Druck und buchbinderische Verarbeitung: Mohndruck, Gütersloh

5 4 3 2 1

Unsere Forschung über Atlantis ist auch eine Suche nach der wahren Urzivilisation. Sie ist nicht in Ägypten oder im östlichen Mittelmeergebiet zu finden, sondern an den Küsten des Atlantiks, wo lange vor den Pyramiden schon das hochorganisierte Megalithreich blühte.

Prof. Dr. Helmut Tributsch
Freie Universität Berlin

Inhaltsverzeichnis

**Die Forschung geht weiter:
Pyramiden in aller Welt**

Anhang

Vorwort

Wenn von Pyramiden die Rede ist, denken die meisten Menschen sofort an die drei großen Bauwerke von Gise bei Kairo. Mit der Cheops-, Chephren- und Mykerinus-Pyramide wird das Klischee festgelegt, sowohl was den Ort (Ägypten), die Form (quadratischer Grundriß mit exakt zur Mittelpunktspitze hin zulaufenden dreieckigen Seitenflächen) als auch die Zeit ihrer Erbauung anbelangt (Mitte des 3. Jahrtausends v. Chr.). Schon weniger bekannt ist die Tatsache, daß es in Ägypten über 70 Pyramiden gibt, wahrscheinlich noch weitaus mehr, denn eine nicht geringe Anzahl von ihnen liegt noch immer unter Sandhügeln in der Wüste begraben, wie unlängst durchgeführte Luftaufnahmen beweisen. Ganz zu schweigen von den vielen Pyramiden, die planmäßig zerstört wurden, weil man ihre Gesteinsmassen als billiges Baumaterial weiterverwendete.

Pyramiden wurden seit dem Alten Reich über große Zeiträume hinweg errichtet, und über den genauen Zeitpunkt, an dem der erste Pyramidenbau anzusetzen wäre, wird in Wissenschaftlerkreisen noch immer gestritten. Schließlich existieren zahlreiche Vorläufervariationen, von denen die gut erhaltene Mehrstufen-Mastaba von Sakkara wohl die bekannteste ist. Ein genialer Architekt, Arzt und Berater Pharao Djosers (Altes Reich, 3. Dynastie, 2635 bis 2615 v. Chr.), namens Imhotep soll ihr Erbauer sein und mit diesem ersten Monumentalbau den Prototyp des Pyramidendesigns festgelegt haben. Aber es gibt noch ältere, weitaus weniger berühmte sowie alle nur denkbaren Spielarten dieser Konstruktion – von der Knick-Pyramide von Dahschur bis zu Bauwerken, die die Form einer mesopotamischen Zikkurat (Tempenanlage mit Stufenturm) nachahmen. Ein endloses Studienthema für Experten, die nicht müde werden, immer neue Ordnungsschemata in die verwirrende Vielfalt der Formensprache der Pyramidenarchitektur bringen zu wollen. An dieser Sisyphosarbeit nicht teilnehmend, sie lediglich kommentierend, werde ich versuchen, zumindest grundsätzliche Strukturen herauszustellen.

Dabei wurden Pyramiden nicht nur in Ägypten, sondern auch in Mesopotamien, auf den Inseln im Persischen Golf und im Tal des Indus gebaut. Auch die sogenannte Neue Welt kennt sie: sie ragen in Mexiko auf, in Peru, Kolumbien, Ecuador und Bolivien – pyramidenförmige Tempelanlagen der Inkas, Mayas und Azteken, um nur die bekanntesten Völker dieser Region zu nennen.

Lange brannte der Streit unter Fachleuten, ob diese Bauwerke Mittel- und Südamerikas nun echte Pyramiden seien oder nicht. Man bestätigte dies schließlich. Wissenschaftler, die es ganz genau wissen wollten, ließen zwar den Begriff »Pyramide« für beide Kontinente zu, legten aber Wert auf die Feststellung, daß sich die Funktionen wesentlich unterschieden: die Pyramiden Ägyptens stellten gigantische Grabanlagen dar, während die mesoamerikanischen in erster Linie Sonnentempel ohne Grabkammern seien.

Nun, auch dieses Schattenboxen wurde mittlerweile glücklicherweise beigelegt, wie das Kapitel *Pyramiden in Mittel- und Südamerika* zeigt, in dem der jüngste Erkenntnisstand in Sachen vergleichender Pyramidenforschung vorgestellt wird.

Die Pyramiden wurden bereits in der Antike als Weltwunder bestaunt, und ihnen wurden magische und phantastische Eigenschaften zugeschrieben. Das heißt, schon damals waren der ursprüngliche Sinn und Zweck ihrer Konstruktion nicht mehr bekannt. Seit jenen Tagen haben die Menschen nicht aufgehört, sich Gedanken über diese rätselhaften Riesenbauten zu machen. Und da das handfest Konkrete, das Einfache und Naheliegende stets weniger aufregend als der freie Flug in exotische Gefilde der Phantasie ist, haben die wildesten Traumbilder von jeher Hochkonjunktur. Zu immer neuen, oft ins grotesk Absurde und Verrückte gesteigerten Theorien lassen sich gern die Fürsprecher des Irrationalismus hinreißen: esoterische

Schwarmgeister, New-Age-Spekulanten und Ufo-Besessene, für die alles Rätselhafte nur ein Werk von Astralwesen oder Außerirdischen sein kann. Da die Vertreter dieser Zunft von Natur aus keine Rücksicht auf Logik, saubere Forschungsarbeit und naturwissenschaftliche Grundlagen nehmen müssen, waren für sie ohne die geringsten Zweifel »die Götter Astronauten«; diffuse Gefühle und der Einsatz von Pendeln, Wünschelruten, komplizierter Rechenakrobatik oder Weissagungen von selbsternannten Medien zählen hier ohnehin mehr als stichhaltige Argumente und Beweise. Von solcherart Unfug soll in diesem Buch allerdings keine Rede sein.

Dafür soll aber das Augenmerk auf die erstaunlich zahlreichen und vielfältigen Pyramiden Nordamerikas, die leider viel zu wenig bekannt sind, gerichtet und notwendige Fragen dazu gestellt werden wie: Wer waren und woher kamen ihre Erbauer? In welcher Beziehung stehen die nordamerikanischen Erdpyramiden zu Mexiko und Peru? Bestehen Ähnlichkeiten in Bauweise und Funktion eventuell zu Ägypten? Liegt all diesen Pyramiden womöglich eine gravierende Übereinstimmung in der Religionsausübung zugrunde?

Man spricht immer von Pyramiden auf zwei Kontinenten – Afrika und Amerika. Daß es aber auch auf einem dritten, nämlich Europa, solche gewaltigen Bauleistungen gab, dürfte den allerwenigsten Menschen bekannt sein, ja eine solche Behauptung klingt im ersten Moment unglaublich und provozierend. Und doch wurde in diesen Tagen das »missing link« gefunden: Pyramiden auf den Kanarischen Inseln.

Mit ihrer Entdeckung und gesicherten Hinweisen, die dazu bereits seit rund fünfhundert Jahren durch zuverlässige Chronisten vorliegen, sowie der rätselhaften Kultur ihrer Erbauer, der Guanchen – weiße Steinzeitmenschen im Atlantik –, beschäftigt sich ein größerer Abschnitt dieses Buches. Man mag mir mein persönliches Engagement in dieser Hinsicht nachsehen. Seit gut einem Jahrzehnt betreibe ich intensive Feldforschung auf den Kanaren und habe lange Zeiträume auf den »glücklichen Inseln« verbracht. Mir sind eine ganze Reihe von Pyramidenresten dort bekannt, auch solche, die einen erstaunlich guten Erhaltungszustand aufweisen. Manche von ihnen sind so groß, daß es einen schon wirklich wundert, wie leicht sie übersehen wurden. Und erst jetzt, da der populäre Experimentalarchäologe Thor Heyerdahl sich für die Ausgrabungen vor Ort interessiert hat, rücken sie schlagartig in den Blickpunkt des öffentlichen Interesses. Nach den ersten beiden Pyramiden von Teneriffa sind dort im Umkreis weitere sieben gesichtet worden. Ich wage zu prognostizieren, daß nun, da die ersten gesicherten Beweise vorliegen, in rascher Folge die nächsten zwanzig, dreißig Pyramiden auf den Kanarischen Inseln entdeckt, besser wiederentdeckt werden.

Aber nicht nur dort – dies ist meine ganz persönliche These – gibt es Pyramiden, sondern auch in anderen Regionen Europas, vielleicht sogar überall dort, wo die westeuropäische Megalithkultur ihre Zentren besaß – in der französischen Bretagne und in Südengland z. B. Es ist dies zugegebenermaßen nur eine These, die noch verifiziert werden muß. Die ersten vorliegenden Mosaikteilchen der Beweiskette erscheinen mir indes so interessant, daß sie näher vorgestellt werden sollen. Und die Forschungen gehen kontinuierlich weiter...

War das »magische Dreieck« der Pyramiden am Ende gar so etwas wie das Symbol und Erkennungszeichen einer unbekannten Weltkultur, die ihr technisches *Know-how,* ihren religiösen Kult und ihr ästhetisches Formempfinden maritim, d. h. durch prähistorische Hochseeschiffahrt, verbreitete? Waren die Steinzeitmenschen des Megalithikums vielleicht die Träger dieser Gedanken und ihre unmittelbaren Nachfolger möglicherweise die Begründer sämtlicher Hochkulturen?

Wir sollten allmählich beginnen, solche und ähnliche Fragestellungen in unsere Überlegungen mit einzubeziehen und auch und gerade in der Geschichts- und Vorgeschichtsforschung anstelle des bisher üblichen linearen Sammelns und Analysierens uns mehr einer Art vernetzten Systemdenkens zu bedienen. Die Idee der Pyramiden in aller Welt bietet sich für eine solche Betrachtungsweise auf beinahe ideale Weise an.

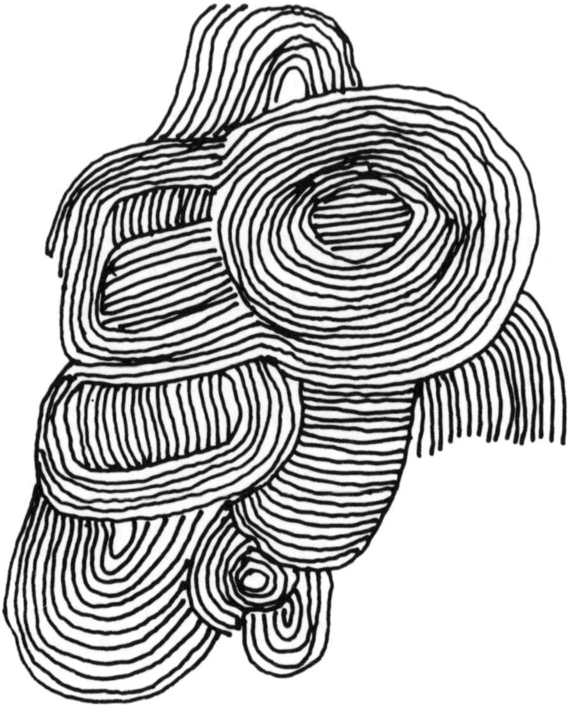

Felsritzungen Zarza, La Palma, Kanarische Inseln

Die Entdeckung des »missing link«:
Pyramiden auf den Kanarischen Inseln

Ein Nachmittag bei Don Ramon

Ich erinnere mich noch genau an jenen heißen Nachmittag im Sommer 1985, als wir bei Don Ramon auf der Veranda seines Hauses in Las Tricias im Nordwesten der Kanareninsel La Palma saßen. Ich hatte mir die westlichste der Inseln für den Beginn eines umfangreichen Forschungsprojekts ausgesucht – die systematische Erfassung, Dokumentation und Untersuchung der Felsbilder der kanarischen Ureinwohner sowie deren Vergleich mit Gravuren und Zeichnungen anderer Kulturkreise. Von Don Ramon, der mit vollem Namen Ramon Rodriquez Martin heißt, wußte ich nur, daß er ein Mann Mitte Siebzig sein sollte, ein pensionierter Lehrer und leidenschaftlicher Erforscher der Guanchenkultur, der in einem alten Schulhaus lebte und dort ein kleines Privatmuseum unterhielt. Lange Zeit hatte er als Kommissar für archäologische Angelegenheiten der Insel gearbeitet, u. a. auch zusammen mit der bedeutenden Kanarenforscherin Ilse Schwidetzky von der Universität Mainz. Jeder auf La Palma hatte mir angeraten, ihn aufzusuchen: »Wenn du mit deiner Arbeit vorankommen willst und wirklich alle, auch die versteckt gelegenen Felsbilder aufspüren willst, dann wende dich an Don Ramon – er kennt jeden Winkel der Insel.« Also wurde es höchste Zeit, ihn endlich zu besuchen und um Hilfe zu bitten.

Ich hatte mir einen klapprigen alten Herrn vorgestellt, vielleicht einen eigensinnigen und schrulligen Kauz, der neben seiner keine andere Meinung mehr zuließ. Ich wurde angenehm enttäuscht. Don Ramon war ein witziger Gesprächspartner und charmanter Gastgeber, körperlich vital, geistig beweglich und, wie sich bald herausstellen sollte, in weitaus mehr als nur einem Wissensgebiet kompetent. Unsere Zusammenarbeit sollte sich in den folgenden Jahren als außerordentlich erfolgreich erweisen, und zwar – was die Sache besonders reizvoll machte – durchaus für beide Seiten. Beim Aufspüren von Felsbildern, die wirklich oft weitab von allen gangbaren Wegen liegen, entsprechend mühsam zu erreichen und zudem so stark verwittert sind, daß man sie kaum noch fotografieren oder abreiben kann, ist es nämlich wie mit dem Pilzesammeln: Hat man erstmal ein paar gefunden, sozusagen Auge, Nase und alle Sinne auf sie justiert, so stolpert man schließlich nur noch so über sie. Das ganze Geheimnis beruht, wie wir wissen, auf selektiver Wahrnehmung, die allerdings erst wirksam werden kann, wenn ihr ein gewisses Maß an geduldiger Übung zugrunde liegt.

An jenem Nachmittag in Las Tricias allerdings überraschte mich Don Ramon zunächst einmal mit einer völlig verblüffenden Information: »Kennen Sie die Petroglyphen unterhalb des Friedhofs von Garafia, dort, wo die Landspitze genau auf die Insel *Roque del Guincho* (Guanchenfelsen) weist?«

Ich kannte sie. Petroglyphen ist ein anderes Wort für Felsbilder. Es existieren viele Bezeichnungen, die allesamt mehr oder weniger das gleiche bedeuten: Felsgravuren, Felsritzungen, Arte rupestre, Grafitti. Die von Garafia hatte ich bereits mehrmals aufgesucht und ausgiebig fotografiert.

»Ich denke, daß Sie nicht alles gesehen haben«, sagte Don Ramon. »Sie sind in weitem Umkreis verstreut, viele in die Trockenmauern der zerfallenen Terrassen eingebaut. Ich habe lange gebraucht, sie alle aufzuspüren und zu registrieren. Sie gehören zur großen Pyramide, die dort stand.«

Ich glaubte zunächst, mich verhört zu haben. »Eine was ... eine Pyramide?«

Don Ramon nickte lächelnd. »Ja, eine große Pyramide stand einmal dort, mein Vater hat sie, als er ein junger Mann war, noch selbst gesehen. Jedenfalls den Sockel davon, denn die Leute haben schon immer die Steine abgetragen, um Mauern daraus zu bauen. Ist billiges Baumaterial. Auf den neuangelegten Feldern der Terrassen wuchs aber nicht viel. Es ist zu stürmisch dort. Also gab man die Landwirtschaft wieder auf.«

»Und die Pyramide?«

»Es war eine große Pyramide, man kann noch immer einen Teil ihres Fundamentes sehen. Sie stand da, wo sich die großen, glatten Bodenplatten befinden, dort, wo die bearbeiteten Steinblöcke mit den feinen Mustern liegen. Sie kennen die Stelle?«

Ja, ich glaubte, sie zu kennen. Zufälligerweise hatte ich Papierabzüge meiner Fotos dabei. Ich suchte sie aus der Mappe heraus und legte sie vor Don Ramon auf den Tisch. Er betrachtete eines nach dem anderen und nickte dabei bestätigend. »Genau die meine ich... Fällt Ihnen bei den gravierten Mustern nichts auf? Sie wirken irgendwie südamerikanisch, finde ich.«

In der Tat war bei mir ein ähnlicher Eindruck entstanden, als ich die Aufnahmen gemacht hatte. Die Petroglyphen wiesen keinerlei Ähnlichkeit zu den übrigen Felsbildern der Insel La Palma auf. Wir diskutierten eine Zeitlang über diesen Umstand, bis Don Ramon plötzlich aufstand und mich erneut in sein Privatmuseum führte. Er suchte dort die Schubladen seines alten Schreibtischs ab und förderte schließlich einen Umschlag mit Fotos zutage, die er nun vor mir ausbreitete. Die Aufnahmen waren von einem Amateur angefertigt worden, technisch nicht besonders gut, ließen aber dennoch die abgelichteten Felsmalereien und -gravuren deutlich erkennen. Eine Reihe von Aufnahmen erregte mein Interesse, weil sie gewissen Zeichen im Norden der Insel ähnlich waren. Ich vermutete daher, daß es Petroglyphen von Stellen seien, die ich noch nicht kannte. Zu meiner Verblüffung verneinte Don Ramon.

»Das sind Aufnahmen aus Südamerika«, sagte er. »Ein Freund von mir hat sie gemacht. Sie stammen aus dem Archäologischen Museum in Venezuela. Steinritzungen, die am ausgetrockneten Ufer des Sees Valencia gefunden wurden. Ist es nicht erstaunlich, wie sehr sie denen von La Palma gleichen?«

Das war es in der Tat. Bisher hatte ich mich stets über die

auffallende Ähnlichkeit der kanarischen Felsbilder mit vergleichbaren Funden in der Bretagne, in Irland und an der spanischen Nordküste gewundert. Sie ist so groß, daß es selbst Fachleuten schwerfällt, sie zu unterscheiden. In Hallein, wo ich auf dem vom Institutum Canarium organisierten internationalen Kongreß der Felsbildforscher einen Diavortrag über neu entdeckte Zeichen der Insel La Palma hielt, hatte ich diese Fotos gezeigt. Keinem der anwesenden Wissenschaftler gelang es, sie voneinander zu unterscheiden, noch sie nach ihrer Herkunft richtig einzuordnen. Und nun diese erstaunliche Übereinstimmung mit Venezuela! Sollte es irgendeine Verbindung zwischen den Kanarischen Inseln und Südamerika in vorgeschichtlicher Zeit gegeben haben?

Abb. 1, 2: Adoranten-Darstellungen Valcamonica, Italien
Abb. 3, 4: Monte Bego, Südfrankreich
Abb. 5, 6: Bco. de Balos, Gran Canaria

Ich bat Don Ramon, mir die Fotos auszuleihen. Er sträubte sich zunächst, überließ mir aber dann doch ein paar Abzüge.

»Wie gesagt, ich glaube, Sie haben bei Garafia noch längst nicht alle gravierten Steine gesehen«, lenkte er nach einer Weile das Gespräch auf das ursprüngliche Thema zurück. »Sie müssen die Terrassenmauern im Umkreis abgehen, dort sind viele schöne Steinquader eingebaut. Wie viele genau, kann ich nicht sagen, aber es sind viele, sehr viele... Und kennen Sie eigentlich den Seelenstein dort?

Es ist der einzige Stein aus rotem Material, er wurde von weither herangeschafft und sorgfältig zur Form eines Körpers bearbeitet. Er besitzt zwei Augen und einen kreisrunden Mund, der wie ein Loch aussieht, aus dem die Seele ein- und ausschlüpfen kann. Wahrscheinlich haben Sie ihn nicht gefunden. Er stand einmal aufrecht wie ein Mensch, jetzt aber liegt er flach auf dem Boden mit dem Gesicht zur Erde. Suchen Sie ihn, es gibt nur einen einzigen roten Stein dort. Und wenn Sie ihn gefunden haben, stellen Sie ihn bitte wieder auf, und zwar so, daß sein Gesicht zum Meer in Richtung der Insel *Roque del Guinchos* weist... So hat er früher immer gestanden, und nur so ist sein Platz richtig...«

Ich wunderte mich über das seltsame Ansinnen meines Gastgebers, versprach aber, der Bitte nachzukommen.

»Und die Pyramide?« fragte ich. »Aus welcher Zeit stammt sie? Wer hat sie erbaut? Wie hat sie einmal ausgesehen?«

»Das weiß niemand so genau. Wenn ich mich recht erinnere, sagte mein Vater, sie sei in Terrassen gestuft gewesen, alle Seitenflächen gleich groß. Die Ureinwohner, die Guanchen, haben sie gebaut, das ist klar. Aber wann? Das kann keiner mehr sagen... Gehen Sie hin, suchen Sie das Gelände ab bei Garafia. Und gehen Sie nicht bloß einmal, sondern immer und immer wieder hin. Sie werden dort noch große Überraschungen erleben!«

Auch das versprach ich. Meine Neugier war geweckt worden, und nun mußte man der Sache einfach nachgehen. Mir schwirrte der Kopf, als ich Don Ramon an jenem Nachmittag verließ. Zu viele Fragen waren offengeblieben, neue aufgetaucht, geheimnisvolle Übereinstimmungen und Verbindungen, die ich nicht einzuordnen verstand. Seit wann und wieso eigentlich gab es Pyramiden auf den Kanarischen Inseln? Was hatte es mit dem merkwürdigen roten Seelenstein auf sich? Welche Verbindungen bestanden zwischen den Kanaren und Südamerika? Fragen über Fragen...

Abb. 7: Felsritzungen Boyne Valley, Irland

Abb. 8: Pontevedra, Nordspanien

Abb. 9: Zarza, La Palma, Kanarische Inseln

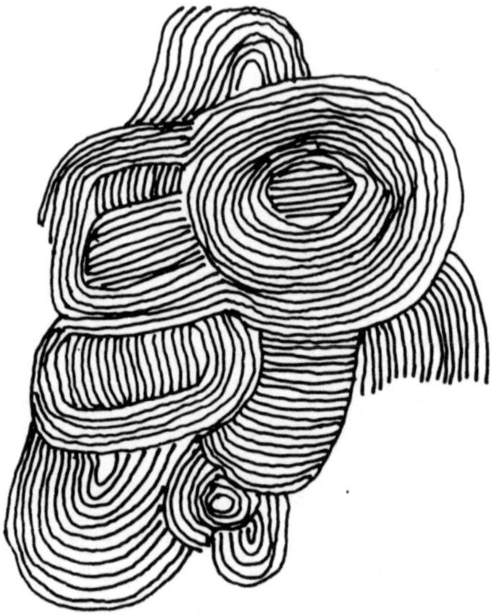

Abb. 10: Felsritzungen Zarza, La Palma, Kanarische Inseln

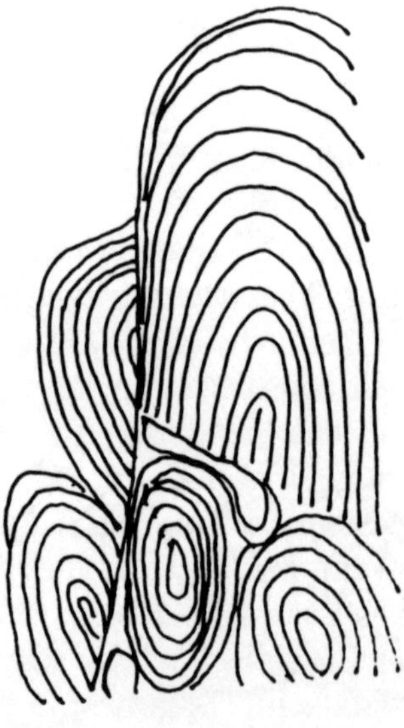

Abb. 11: Gavrinis, Bretagne

Der Seelenstein von Garafia

Kurze Zeit später bekam ich ein Buch mit dem Titel *La Palma. Die Canarische Insel* in die Hand. Es war ein Belegexemplar, das einige Fotos von mir enthielt. Ich las es aufmerksam durch und stellte fest, daß einer der drei Herausgeber, Wulf Göbel, u. a. auch ein Tonbandinterview mit Don Ramon geführt hatte, welches nun im spanischen Urtext und in deutscher Übersetzung veröffentlicht wurde. Erneut kam dabei die Sprache auf kanarische Pyramiden. Ich zitiere:

»Aber die Pyramiden hat es auf La Palma tatsächlich gegeben. Jaja, schau dich ruhig um. Mein Vater – ich erinnere mich da noch sehr gut dran – hatte noch eine gesehen und uns Kindern davon erzählt, zumindest Reste, hier im Norden, in Garafia und Santa Domingo. Mein Vater war gut befreundet mit Pestano, einem alten Knochen, aber als er hierherkam, war er natürlich noch jung, ein merkwürdiger und neugieriger Mensch, der viele Sachen über Garafia geschrieben hat. Im Krieg, bei Franco, wollte man an sein Archiv ran, er war bereits tot. Aber die Familie, um es zu retten – das weiß ich, weil es mir Domingo Acosta gesagt hat – hat den gesamten Nachlaß an das Kanarische Museum in Las Palmas (Gran Canaria) weitergegeben. Ich bin ganz sicher, daß sie es gut behandeln. Es sind verantwortungsvolle und intelligente Leute dort. Aber Menschenskind, das ist von La Palma. Das müßte eigentlich wieder hierher. Nun gut. Das wenige, was ich noch von meinem Vater in diesem Zusammenhang weiß, war, daß da Pyramiden waren, aus Stein aufgeschichtet, richtige Pyramiden ... Und jetzt das hier. Dieser geschliffene Stein, faustgroß, da fragt man sich, ob das vielleicht eine Waffe war oder wozu es diente. Er ist perfekt poliert, er ist aus Basalt. Dieser Basalt hat eine größere Dichte als normaler Basalt, er ist sehr schwer. Und auf der handlichen Kugel sitzt eine Pyramide. Fünf glatte, gleich große Seiten einer Pyramide. Man fragt sich, ob das nicht ein Fetisch sein könnte. Die Guanchen beteten ja irgend etwas an. Da, in der Caldera, steht der Idafe. Sie hatten ihren Gott Idafe, ihren mächtigen Phallus. Nun, sie müssen aber noch andere heilige Objekte gehabt haben, irgend etwas, was mit ihrem Glauben zu tun hatte, außerhalb der Caldera, außerhalb des Idafe...«

Ich entsann mich, daß mir Don Ramon an jenem Nachmittag in seinem Privatmuseum auch diesen Stein gezeigt und ich ihn flüchtig betrachtet hatte, ohne weiter auf seine Erklärungen dazu zu achten. Einen kurzen Moment nur war mich das Gefühl überkommen, eine Art Zepter oder Reichsapfel, wie ihn die mittelalterlichen Könige in Europa trugen, in der Hand zu halten, jedenfalls irgendein Symbol der Macht. Aber die Sache mit den Pyramiden und schon wieder der Hinweis auf Garafia! Ich beschloß, den Ort erneut einer gründlichen Inspektion zu unterziehen, ohne zu ahnen, daß sich daraus einmal ein regelrechter Krimi entwickeln sollte...

Es war sehr heiß, als ich am Mittag nach längerer Fahrt über unbefestigte, staubige Sandpisten den Friedhof von Garafia erreichte. Ich fuhr noch ein Stück weiter hinab zum Meer und stellte den Wagen an einer Stelle ab, von der aus man leicht die Anhäufung gravierter Steine erreichte. Man brauchte sich bloß in Richtung der kleinen, schroff vorgelagerten Insel *Roque del Guincho* zu orientieren und über ein paar zerfallene Terrassenmauern zu klettern. Nach kurzem Suchen entdeckte ich die von Don Ramon beschriebenen glatten Bodenplatten, die einmal das Fundament der Pyramide gebildet haben sollten. Ja, es stimmte: Der ganze Erdboden war deutlich abgetragen und eine gerade Ebene geschaffen worden, wo ehedem sicher ein Hang verlief. Und im Boden eingelassen: große, glatte Steinplatten wie Fliesen.

Nach kurzer Zeit stieß ich auch auf den geheimnisvollen roten Stein. Er war beinahe mannsgroß, aus Tuffsandstein, und er lag flach auf dem Boden. Mit einiger Anstrengung gelang es mir, ihn aufzurichten und durch kleinere Felsbrocken so abzustützen, daß er aufrecht stand. Er wies deutliche Bearbeitungsspuren an den Kanten auf, seine Vorder- und Rückseite waren offensichtlich geglättet worden. Das überraschendste an ihm aber waren die Augen und der Mund, die dem Stein bei aller archaischen Form die Anmutung einer modernen Plastik verliehen *(s. Abb. 5 im Farbteil)*.

Ich ging ein Stück zurück und setzte mich vor dem Stein nieder, betrachtete ihn lange. Er war wie ein Gesicht, ein ernstes, schweigsames Gesicht, das starr und würdevoll aufs Meer hinausstarrte, zur kleinen Insel hin, vielleicht noch weiter nach Westen, in jene Richtung, in der die Sonne glutrot in den Fluten des Atlantiks versinkt. Und plötzlich glaubte ich zu verstehen, warum Don Ramon ihn einen »Seelenstein« nannte. Rot, in der Farbe des Lebens, ragte er aus einer Stein- und Geröllwüste heraus, die in grauer Vorzeit einmal ein Friedhof der Ureinwohner gewesen sein mochte, wo auch eine Pyramide stand, und das ganze Gebiet konnte eine magische, heilige Zone gewesen sein. Die Figur blickte aufs Westmeer, aufs »Meer des Todes und der ewigen Jugend« – wie die Kelten es nannten –, in dem jeden Abend das lebensspendende Licht der Sonne ertrinkt.

An diesem Tag suchte ich nicht weiter, sondern ließ nur die Magie der Landschaft, den pfeifenden Wind mit seinen tausendfachen Stimmen, den malerischen Sonnenuntergang auf mich wirken.

Ich kehrte noch oft an den Platz zurück, um ihn planmäßig abzusuchen. Dabei entdeckte ich, wie Don Ramon es vorausgesagt hatte, mancherlei Merkwürdigkeiten, die mir längere Zeit Kopfzerbrechen bereiteten. Zunächst Spuren von früher Landwirtschaft, womöglich aus der Epoche der ersten spanischen Siedler, die sich nach der Eroberung La Palmas durch den Konquistadoren Alonso Fernandez de Lugo im Jahre 1493 hier niederließen: Rillen im steinigen Untergrund, von eisernen Pflügen verursacht. Die Ureinwohner lebten bis zur Ankunft der Spanier noch in der Steinzeit und kannten kein Metall; es gibt auf den Inseln auch keine Erzvorkommen.

Und dann entdeckte ich jede Menge sorgfältig gravierter Steine mit den typischen Mustern der Guanchen *(s. Abb. 4 im Farbteil)*. Diese Gravuren wurden mit Basaltklingen gekratzt und gepunzt (herausgeklopft), zum Teil dienten auch Obsidianklingen als Werkzeug. Die bearbeiteten Steine lagen in weitem Umkreis verstreut herum, viele von ihnen fanden sich auch in die Trockensteinmauern der Terrassen eingefügt. Es gab aber auch natürliche und behauene Steinquader ohne Gravuren von beachtlicher Größe. Jetzt, da ich nicht mehr unbedingt nach Felsbildern Ausschau hielt, sondern auch an Don Ramons Pyramide dachte, ihre Existenz zumindest für möglich hielt, fiel mir erst auf, wie viele hier herumlagen. Es gab sie tonnenweise, man hätte zahlreiche Lastwagen damit beladen und – eine Pyramide damit aufschichten können.

Sicherlich, eine solche Rekonstruktion ließe sich wagen, vorausgesetzt, man würde über eine ausreichende Anzahl von Arbeitskräften verfügen und über den Kenntnisstand der damaligen Technologie. Wie hatte aber die Pyramide von Garafia eigentlich ausgesehen? Die Angaben von Don Ramon dazu waren reichlich vage, und sein runder Fetisch-Stein mit der kleinen Pyramide als krönendem Abschluß gab auch nicht genügend Hinweise.

Wie bei einem Puzzlespiel begann ich, Hinweise zu sammeln. Zum Beispiel den, daß der letzte Guanchen-Hochkönig der Insel La Palma, Atogmatoma vom Stamme Hiscaguan, hier bei Garafia der Legende nach auf einer Pyramide gekrönt worden sein soll. Später fand ich bei den spanischen Chronisten weitere Beweise.

Ich glaube, bevor ich den weiteren Verlauf der Spurensicherung schildere und die eigenartigen Funde, die dabei zutage traten, ist es an der Zeit, den Leser ein wenig mehr über die Kultur und die Geschichte der Kanarischen Ureinwohner zu informieren. Die meisten werden die Kanaren lediglich als beliebtes Urlaubsziel kennen und ihr gar keine eigene Historie, geschweige denn eine geheimnisvolle Vorgeschichte zutrauen. Tatsächlich ist über die Guanchen noch immer erstaunlich wenig bekannt, die offiziellen Geschichtsbücher schweigen sich aus zum Thema, für sie scheinen die Kanarischen Inseln noch immer ein weißer Fleck auf der Landkarte zu sein. Was weiß man über sie?

Die Guanchen – weiße Steinzeitmenschen im Atlantik

Blond, blauäugig und groß wie Hünen sollen sie gewesen sein, wildbärtig die Männer und von großer Schönheit die Frauen. Sie kamen über das offene Meer und gründeten Königreiche auf den »glücklichen Inseln«, wie die Kanaren seit der Antike genannt werden. Aber wer waren sie, woher kamen sie und mit welcherart Schiffen erreichten sie die Vulkaninseln mit dem milden Klima und der üppigen Vegetation? Stammten sie aus Ägypten, waren es Phönizier, Berber, Vorfahren der Wikinger, Leute aus der Bretagne oder gar vom versunkenen Kontinent Atlantis, wie uns Mythen und Legenden weismachen wollen?

Stützen wir uns auf gesicherte Fakten: Die Spanier trafen bei der Eroberung der Inseln weiße Steinzeitmenschen an, die eine erstaunlich ausgeprägte Kultur, Religion und Ethik besaßen. Diese Guanchen verteidigten in erbitterten Kämpfen ihre Heimat und unterlagen den spanischen Eroberern erst nach oft jahrelangen blutigen Kämpfen. Sie wurden keineswegs ausgerottet, sondern bildeten die Arbeitssklaven für die ersten spanischen Siedler, assimilierten allmählich und stellen noch heute als Mischungstyp einen, auf manchen Inseln wie La Palma, La Gomera und Gran

Canaria relativ hohen Anteil an der Bevölkerung. Und ihre Kultur hat viele Spuren und Beweisstücke hinterlassen.

Die Kanarischen Inseln besitzen aufgrund ihrer geologischen Beschaffenheit Zehntausende von natürlichen Höhlen (vulkanische Gasblasen). Diese Höhlen dienten den Altkanariern zunächst als Behausungen, wie zahlreiche Funde beweisen. Später kamen Rundhäuser aus mörtellosen Trockensteinmauern hinzu, die mit Holzstämmen, Laub und Felldecken abgedeckt waren.

In den Eingangsbereichen solcher vorzeitlichen Wohnstätten findet man sogenannte Kulturschichten mit Feuerstellen, Essensresten und Hausmüll wie Keramikscherben, Knochen, zerbrochenem Werkzeug, Schmuck etc. Diese privaten Mülldeponien spiegeln die Lebensgewohnheiten ihrer Benutzer wider. Wir stellen z. B. fest, daß die Ernährung hauptsächlich aus dem Fleisch von Ziegen, Schafen, Schweinen und kastrierten Hunden bestand; hinzu kommen Fisch, Muscheln, Schnecken und andere Schalentiere. Besonders die *Lapas* (eine besondere Art von Meeresschnecken, die heute noch als Leckerbissen in Feinschmeckerrestaurants beliebt sind) scheinen bei den Guanchen sehr begehrt gewesen zu sein. Es existieren Schalenabfallhaufen *(Concheros)* von beträchtlicher Größe und Umfang, die mit Keramikscherben, Basalt- und Feuersteinklingen sowie diversem Kleinwerkzeug durchsetzt sind. Aber auch Milch, Butter, Käse, Honig, Pilze, Frischkräuter, Wurzeln und Beeren, Datteln, Feigen, Bohnen und ein *Gofio* genannter Mehlbrei aus gerösteten Farnwurzeln wurde verzehrt.

Nicht nur die Abfallgruben geben Auskunft über die Guanchen, sondern auch zuverlässige Chronisten, die das Alltagsleben der Ureinwohner zur Zeit der spanischen Eroberung und in den Jahren danach detailgetreu schildern. So wird z. B. über ihre Kleidung berichtet, daß sie aus gegerbten Ziegen- und Schaffellen bestand, gelegentlich auch aus gewebten Binsen und Palmblättern und von einer »gewissen modischen Eleganz« war. Die Lederschuhe ähnelten wohl den Mokassins der Indianer, auch Haartrachten und Schmuck müssen indianisch gewirkt haben: Ketten aus durchbohrten Tonperlen, Steinen, Knochen, Muscheln und Federn, dazu Stirnbänder oder Federhauben. Rituelle Bemalung der Haut war üblich. Man fand große Mengen von Farbstempeln aus Ton *(Pintaderas)*, mit denen Muster auf Stoffe und die Haut gestempelt wurden.

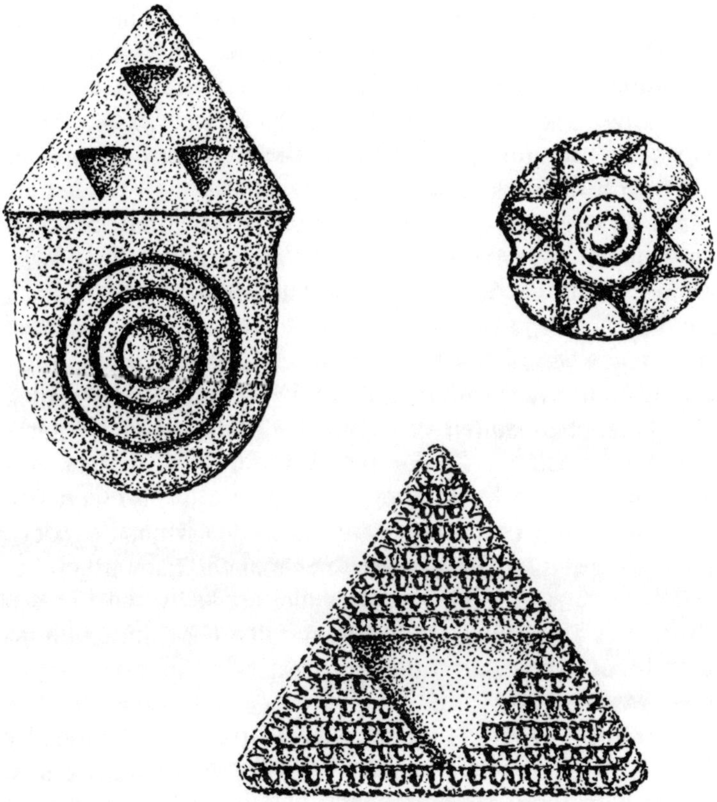

Abb. 12: Pintaderas, Kanarische Inseln

Über ihr Werkzeug erfahren wir, daß vorrangig Gerätschaften aus Holz, Horn und Stein eingesetzt wurden: Stöcke, Sprunglanzen, Wurfhölzer, Löffel, Schöpfkellen, Kämme usw., aber auch Utensilien aus Leder oder Binsen. Bemerkenswert ist die Keramik der Guanchen. Da man keine Töpferscheibe kannte, wurde in Schichtaufbau handgeformt und im Erdofen gebrannt. Die Größen und Formen der Schalen, Becher, Vorratskrüge variieren von Insel zu Insel, auch das Dekor, insgesamt aber überrascht die Guanchenkeramik durch ästhetische Anmut und Ausgewogenheit. Die traditionelle Keramikherstellung hat sich übrigens auf einigen Inseln bis heute erhalten, z. B. auf La Gomera (Chipude) und La Palma (Brena Alta), wo noch jetzt in Form, Technik und Dekor gleiche Gefäße wie zu Zeiten der Ureinwohner hergestellt werden.

Die Chronisten berichten ferner, daß die Guanchen ausgesprochen zielsicher werfen konnten und scharfe, schneidende Steine als Messer im Nahkampf benutzten. Es gab Keulen, hölzerne Wurfspeere und Schwerter aus Holz. Pfeil und Bogen waren dagegen unbekannt. Dafür wurden in Leder gehüllte Wurfsteine und Schleuderhölzer verwendet. Die Guanchen galten als schnelle Läufer, gute Kletterer und ausgezeichnete Ringer. Ihr Mut und ihre Geschicklichkeit brachte den spanischen Eroberern das Fürchten bei. Immerhin zogen nicht nur Männer in den Kampf, sondern auch Kriegerinnen, unter denen es manche namentlich bekannte Amazone gab. Die Kriegstechnik selbst wird in den Berichten so geschildert, daß sie mit den Gewohnheiten indianischer, keltischer oder germanischer Stämme verglichen werden kann.

Besonders bemerkenswert ist die soziale Ordnung der kanarischen Ureinwohner. Die Bevölkerung gliederte sich nämlich in Sippen und Stämme, die von Königen geführt wurden. Zur Zeit der Eroberung der Inseln existierten auf den sieben Kanarischen Inseln (Gran Canaria, Teneriffa, Lanzarote, Fuerteventura, La Palma, La Gomera und El

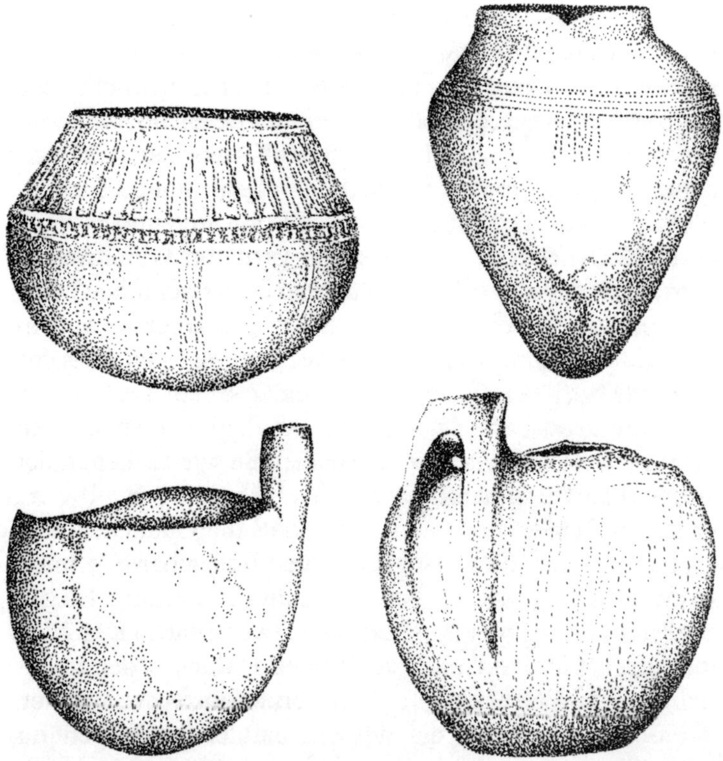

Abb. 13: Verschiedene Keramikgefäße der Kanarischen Ureinwohner

Hierro) insgesamt 31 Königreiche. Dem jeweiligen König standen Stellvertreter und Berater zur Seite, es gab eine besondere Schicht von Priesterinnen und Seherinnen, deren Wort oftmals mehr als das des Königs galt. König eines Stammes konnte nur jemand werden, der aus der Gruppe der Adligen stammte. Aber – dies ist eine ganz erstaunliche Besonderheit der steinzeitlichen Guanchengesellschaft – dieser Adel existierte nicht von Geburt an, wurde auch nicht vererbt (eine unrühmliche Ausnahme bilden die Zustände auf Teneriffa zur Zeit der spanischen Eroberung), sondern mußte zunächst durch vorbildliches Handeln erworben werden. Es gab einen eigenen Ehrenkodex für die Aufnahme in den Adelsstand: Der Betreffende durfte nicht gestohlen oder getötet haben (außer im Kampf), nicht gelogen oder sich unschicklich gegenüber Frauen verhalten haben, und er durfte auch nicht eigenhändig Tiere geschlachtet haben. Waren alle diese Voraussetzungen erfüllt und durch Zeugen und Richter untersucht worden, so wurde der Kandidat in den Adelsstand aufgenommen und dadurch gekennzeichnet, daß man ihm das Haupthaar zum Pagenkopf schnitt. Nur ein Adliger konnte König werden, er wurde dazu vom Rat gekürt, unterlag selbst den Gesetzen und konnte auch vom Stamm wieder abgesetzt werden. Bemerkenswert demokratische Spielregeln für Steinzeitmenschen, die man gemeinhin zunächst einmal für primitiv und rückständig hält.

Aufgrund der Chronisten sind uns die Namen der Inseln in der Guanchensprache, die der Stämme und ihrer Könige zur Zeit der Eroberung überliefert. Die Sprache selbst, die in verschiedenen Dialekten auf den Inseln gesprochen wurde, ist allerdings nur noch bruchstückhaft bekannt. Schuld an dieser, für die Wissenschaft bedauerlichen Tatsache ist der fanatische Eifer christlicher Mönche, die alle frühen Aufzeichnungen (der Spanier, denn die Guanchen kannten weder Papier noch Bücher) verbrannten, so daß wir heute nur noch über ganz wenige Hinweise verfügen. Das, was wir noch kennen, sind Eigennamen und Ortsbezeichnungen, von denen viele ins Spanische übergegangen sind. Auch Begriffe des ländlichen Lebens haben sich bis heute erhalten. Daraus nun Rückschlüsse auf den ursprünglichen Sprachcharakter und die Herkunft der Guanchensprache abzuleiten, ist mehr als riskant. Dennoch haben es Linguisten versucht und prompt Dispute und unversöhnliche Kontroversen untereinander ausgelöst. Manche halten die Guanchensprache für eine Abart, Vorstufe oder Urform des Altnumidischen – eine Sprache, die bei den Vorfahren der nordafrikanischen Berber und Tuareg gesprochen worden sei. Die Gegner dieser Theorie weisen auf haarsträubende Übersetzungsfehler und willkürliche Auslegung der Textfragmente hin. Es gibt Wissenschaftler, die eine Herleitung aus dem Frühgermanischen (Wandalen und Goten) für möglich halten, andere glauben, eine Art präkeltische Sprache vor sich zu haben und verweisen auf Funde von ähnlichen Schriftzeichen in Frankreich (Glozel); wieder andere sehen eine enge Verwandtschaft zum Ketschua und dem Karaibisch der mittel- und südamerikanischen Indianerstämmen, Sprachen, die ähnlich von den Mayas, Inkas und Azteken gesprochen wurden. Wie man sieht, besteht hinsichtlich dieser Frage eine heillose Verwirrung, an deren Klärung ich mich – zumindest im Rahmen dieses Buches – nicht beteiligen möchte.

Erwähnenswert ist vielleicht noch eine Besonderheit von La Gomera, wo eine Art von Pfeifsprache, das *Silbo,* erhalten geblieben ist, die einmalig auf der Welt sein soll: Die Ziegenhirten unterhalten sich über die tiefen *Barrancos* (Schluchten) hinweg, indem sie bestimmte Finger in den Mund schieben, um damit die Pfeiflaute tonal zu modulieren. Auf diese Weise läßt sich in der Tat eine sehr differenzierte und gut verständliche Kommunikation auch zwischen sehr weit entfernten Personen erreichen. Aber ich bin skeptisch bei solchen Formulierungen und Attributen wie »einmalig auf der Welt« geworden. Auch wenn ich den stolzen Menschen von Gomera damit zunahetrete: Ähnliche Pfeifsprachen gibt es auch bei den Indiohirten in Mexiko und Patagonien (Argentinien) und in anderen Teilen der Welt.

So rätselhaft und ungeklärt die Sprache der Altkanarier auch ist, noch geheimnisvoller ist ihre Schrift, denn eine solche haben sie entwickelt und überall auf den Inseln in Stein geritzt. Niemand hat sie bisher entziffern oder sie klar einer Sprachfamilie zuordnen können – es fehlt uns auf den Kanaren ein »Stein von Rosette« wie in Ägypten, der bei der Übersetzung helfen könnte. Diese Felsbilder und Schriftzeichen sind so eigenartig und weisen so enge Beziehungen zu bestimmten Gebieten der Erde auf, daß ich im folgenden Kapitel näher auf die Umstände eingehen möchte.

Geheimnisvolle Felsbilder und Schriftzeichen

Die ältesten Kunstschöpfungen des Menschen, die sich erhalten haben, sind Felsmalereien und -gravierungen im Inneren von Höhlen oder im Freien. Sie reichen bis zu 40000 Jahre zurück und bilden die wichtigsten Dokumente zur kulturellen Entwicklung der Menschheit vor Entstehung der Schrift. »Diese Werke beeindrucken nicht allein durch ihre formale Schönheit, sondern sie lassen auch die Gedanken, die religiösen Vorstellungen, die Weltanschauung, die assoziativen und kreativen Fähigkeiten des Menschen erkennen. Ebenso spiegeln sie die menschliche Befähigung zur Abstraktion, Synthese und Idealisierung. Zu verstehen, wie und warum diese charakteristischen Grundeigenschaften zum Ausdruck gelangt sind, ist für das Verständnis der Geschichte des Menschen von höchster Bedeutung.« So schreibt Emmanuel Anati, ein berühmter italienischer Felsbildforscher, der u. a. die Zeichen der Valcamonica untersuchte und dort (in Capodiponte) ein internationales Forschungszentrum zum Studium der frühen Menschheitskulturen unterhält.

Vielleicht machen diese Worte deutlich, warum sich überhaupt jemand ernsthaft mit Felsbildforschung beschäftigt. Diese Felsbilder – auch die der Guanchen auf den Kanarischen Inseln – sind ein Lexikon, das wir benutzen können, wenn wir den Schlüssel zu seiner Kodierung besitzen. Solange dies nicht der Fall ist, und wir bei den konkreten, abstrakten oder womöglich verwirrend gestalteten Zeichen nicht wissen, was sie bedeuten, können wir uns nur insofern behelfen, als daß wir sie sammeln, dokumentieren und miteinander vergleichen. Genau damit beschäftige ich mich seit vielen Jahren, möchte aber keineswegs mit Insiderterminologie und Spezialwissen langweilen. Dennoch muß etwas über die Felsbilder der Kanarischen Inseln gesagt werden, denn möglicherweise steckt gerade in ihnen des Rätsels Lösung. Das Guanchenwort dafür lautet »Tara«. Tara bedeutet »Zeichen, Erinnerung«. Tara ist aber auch zugleich der Name der großen Urmutter. Demzufolge sind alle Felsbilder der Kanarischen Inseln Taras, Erinnerungszeichen religiösen Ursprungs, nie Dekoration oder willkürliche Ausschmückung. Aber an was soll hier erinnert werden?

Versuchen wir, einen kleinen Überblick zu verschaffen und die wichtigsten Ordnungsfaktoren zu nennen, sowie auffällige Besonderheiten, die zum Nachdenken Anlaß bieten. Felsbilder kommen auf allen Kanareninseln vor, auf manchen allerdings gehäuft, und auf einer (nämlich der kleinsten und westlichsten Insel El Hierro) befindet sich eine erstaunliche Besonderheit. Hier sind (im archäologischen Sperrgebiet El Julan) in die zum Meer hinabführenden glatten Lavazungen verschiedene Stufen einer Schriftentwicklung zu finden – vom einfachsten Bildzeichen über das abstrakte Symbol bis hin zu richtigen Buchstaben. Wir sehen Sonnenräder, Schlangensymbole, echte Schriftzeichen und sogar Darstellungen von Schiffen und Ankern *(s. Abb. 8 im Farbteil)*. Was bedeutet dies alles, was wollen uns die Botschaften sagen?

Die meisten Felsbilder befinden sich auf der im Nordwesten des Archipels gelegenen Insel La Palma; El Hierro und Gran Canaria sind damit auch reichlich ausgestattet, auf Lanzarote und Fuerteventura sind sie bereits seltener, und auf Teneriffa und La Gomera kommen sie fast überhaupt nicht vor.

Wir unterscheiden sechs zeitlich aufeinanderfolgende Arten von Felsbildern:

1. *Die Bildzeichen oder Interpretationszeichen.* Dies sind Spiralen, Labyrinthe, Wellenkreise, konzentrische Ringe, Mäander, Augenpaare, Sonnen- und Strahlenzeichen sowie ausufernde Rundmuster. Sie stellen bildhaft symbolisch etwas dar, das sich verstehen läßt, wenn man mit etwas Phantasie interpretiert. Auch die polymorphen Tier-, Menschen- und Götterfiguren zählen dazu. Vielleicht kann jedes Zeichen auch auf mehreren Ebenen erfaßt werden: als bloßes Piktogramm, das etwas darstellen soll, und als Sinnbild, das einer Interpretation durch den Schamanen, den Medizinmann, die Priesterin bedarf.
2. *Die Ideogramme oder streng codierten Bedeutungszeichen.* Als solche würde ich Striche, Punkte, Kreise mit und ohne Trennstrich, Ovale, Gevierte, U-Formen und ähnliches auffassen. Solche Zeichen setzen einen gewissen Grad der Abstraktion voraus, sie sind also ein Bindeglied zwischen Bildzeichen und richtigen Buchstaben.
3. *Die alphabetiformen Schriftzeichen.* Diese kommen seltsamerweise nur auf El Hierro vor (durch seefahrende Besucher vermittelt?) und an einer einzigen Stelle auf La Palma. Die lange verbreitete Theorie, diese Schriftzeichen seien pränumidischer Prägung und mit der nordafrikanischen Tifinaghschrift der Berber und Tuareg verwandt, ist nicht mehr haltbar, seit die vorkeltischen Schriftzeichen von Glozel bekannt wurden. Mit diesen uralten französischen Zeichen, die möglicherweise bereits zur Zeit der höhlenbemalenden Cromagnon bekannt waren, bestehen wesentlich mehr Übereinstimmungen.
4. *Die kruziformen Symbole oder Christianisierungszeichen.* Diese Zeichen kommen vergleichsweise selten vor, wurden nur kurze Zeit im späten 15. und frühen 16. Jahrhundert graviert.

5. *Die Hirten-Grafitti.* Es handelt sich um gekratzte Hinweiszeichen aus historischer Zeit, Nachrichten, Weghinweise und Erinnerungszeichen, wie sie überall in Hirtenkulturen bis in unsere Tage hinein verwendet werden.
6. *Die moderne Grafitti der Touristen und von Jugendlichen,* wie sie allerorten anzutreffen ist.

Interessant für uns sind vor allem die ersten drei Sorten von Felsbildern. Bereits erwähnt wurde, daß viele Zeichen auf La Palma an Gravuren der Megalithkultur der bretonischen Küste, Südenglands, Irlands und Nordspaniens erinnern. Ob ein Zusammenhang zwischen diesen Gebieten besteht? Dies soll später untersucht werden (vgl. das Kapitel: *Das Rätsel ihrer Herkunft*). Ganz besondere Bedeutung kommt den boots- und schiffsförmigen Petroglyphen zu, die auf El Hierro, La Palma und Gran Canaria vertreten sind. Nur auf dem Seeweg konnte die Kommunikation zwischen den Inseln stattfinden, denn mit Schiffen mußten die ersten Einwanderer irgendwann gekommen sein.

Und dann die ganz seltenen Darstellungen von Göttern mit menschlichem Antlitz. Auf La Palma fand ich gleich zwei davon, die sich zudem an besonders geheiligtem Ort befinden – am Quellenheiligtum Zarzita im Norden der Insel. Neben dem Steinaltar ist deutlich die Urmutter von Zarzita zu erkennen und rechts davon ein männlicher Kopf, der erstaunlicherweise südamerikanische Züge aufweist und irgendwie an einen Azteken erinnert.

Unzählige Male hatte ich die wunderbaren Felsgravuren der Wand von Zarzita fotografiert und dabei allerlei Tricks angewendet, um die verwitterten Darstellungen deutlicher werden zu lassen, sie mit Wasser besprengt, angestrahlt und ausgeleuchtet, mit Kreide positiv bzw. negativ nachgerieben, als mir eines Tages (nämlich bei den Dreharbeiten zum *Terra-X*-Film) eine ganz ungewöhnlich wirkungsvolle, aber eigentlich äußerst simple Technik einfiel: Ich nahm einfach die Erde vor der Felswand, feuchtete sie etwas an und rieb den rotbraunen Brei in die Rillen der Gravur. Man kann sich dabei völlig von der gravierten Spur leiten lassen, die Fingerkuppen finden von selbst den Weg, und ein manipulierendes Umzeichnen der Figur scheidet aus. Überrascht hielt ich nach einer Weile inne und betrachtete mein Werk. Das war es, genauso mußte es ursprünglich gewesen sein! Dieser rotbraune Farbton, das natürliche Erdpigment, bildete den besten und deutlichsten Kontrast zum Grau des Felsens. Mit ihm erschienen die Figuren an der Wand so deutlich wie nie. Was aber mochte der Aztekenkopf von Zarzita bedeuten, wie kam er hierher? Warum paßte er sich so harmonisch in das Gesamtbild der Gravuren an der Wand ein? Und vor allem: wen stellte er dar? Es sind doch Botschaften – warum fällt es uns nur so schwer, ihre Bedeutung zu verstehen?

Vielleicht liegt der Schlüssel zu all dem in der Religion der Guanchen. Betrachten wir ihren Glauben einmal näher, denn darüber wissen die Chronisten einiges zu berichten.

14

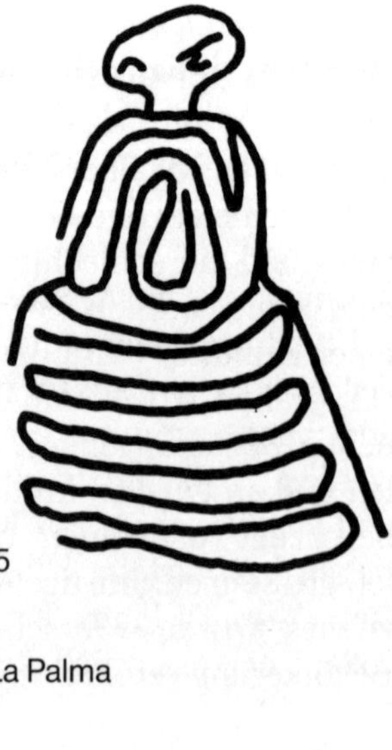

15

Abb.14: Felsgravur, Zarzita, La Palma
Abb.15: Felsgravur »Urmutter«, Zarzita, La Palma

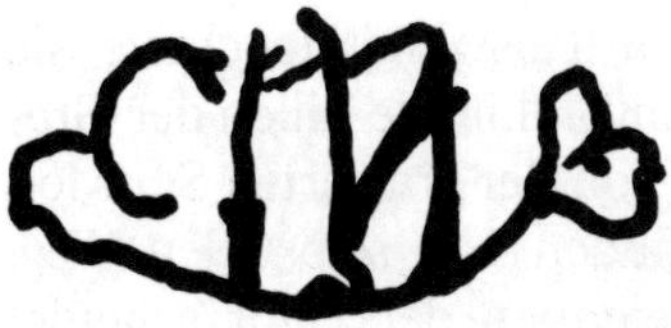

16

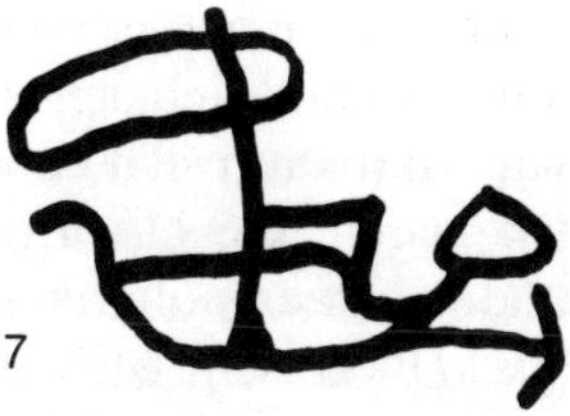

17

18

19

Abb.16: Bootsdarstellung Bco. de Balos, Gran Canaria
Abb.17: Schiffsdarstellung, El Julan, El Hierro
Abb.18: Felsritzung Mann im Boot, Zarza, La Palma
Abb.19: Schiffsglyphe, El Hierro

Der Kult der großen Mutter

Was wissen wir über den Glauben der Altkanarier? Sie verehrten eine einzige Gottheit, die sie sich dualistisch, in ein gutes und ein schlechtes Prinzip aufgeteilt, vorstellten. Die gute Kraft nannten sie *Abora,* sie wurde stellvertretend in einer Urmutter (Tara bzw. Moneiba) bzw. in einem Urvater (Eraorahan bzw. Orahan) verehrt. Die Urmutter, die eindeutig Beziehungen zur Unterwelt aufwies, wurde in Höhlen und an Quellen kultisch angebetet, dies möglicherweise bevorzugt von Frauen. Der Urvater, dem man die Berggipfel, große menhirartige, phallische Steine und den Himmel zuwies, wurde wahrscheinlich mehr von der männlichen Bevölkerung verehrt.

Die Chroniken berichten z. B. von der Verehrung des Idafe auf La Palma, die ausschließlich von Männern zelebriert wurde. Idafe ist der Rest eines erodierten Vulkanschlots im Zentrum des großen Kraters *Caldera de Taburiente.* Wie ein Phallus ragt er aus dem Kessel. Vom Steinkreis an seinem Sockel aus wurden die Opfer (Milch, Butter, Eingeweide von Ziegen) zu seinem rotbraunen Felsen getragen und symbolisch an ihn verfüttert, damit er bei Kräften blieb und nicht umstürzte. Dies war wichtig, denn die Guanchen glaubten – ähnlich den Kelten –, die »Weltensäule« Idafe stütze und trage den Himmel. Wenn dann die Adler, Geier, Raben, Dohlen und Falken kamen und die Opfergaben verspeisten, glaubte man, daß diese »Seelenvögel« die Geister der Ahnen seien. Ähnliche Funktion besaßen die bereits erwähnten Seelensteine. Man kann also von einem ausgeprägten Ahnenkult bei den Guanchen sprechen.

Auf der Insel La Gomera wie auch auf Gran Canaria wurden bestimmte Berggipfel als »Plätze der Macht« und Heiligtümer verehrt. Man brachte dort Trankopfer dar. Auf El Hierro fanden beide Kulte – der männlich orientierte und der weibliche – ausgewogen nebeneinander statt. Dort wurden, wie auf den anderen Inseln auch, Regen- und Fruchtbarkeitstänze aufgeführt. Man fand übrigens einige »Seelenvögel« aus Ton, die offenbar als Grabbeigaben dienten.

Gegenüber dem guten Prinzip von *Abora* gab es das böse – den *Guayote,* den hundegestaltigen Kojoten, der seinen Sitz im Inneren von Vulkanen hatte, z. B. im Teide auf Teneriffa. Stets wurde diese böse Gegenmacht zu Abora in Form eines Hundes vorgestellt: auf El Hierro hieß er *Hirguan,* auf La Palma *Iruene, Guayote* auf Teneriffa und Gran Canaria. Aber dieses böse Prinzip ist in seiner Bedeutung ambivalent: Wie die Menschen auf den Inseln stets im Schatten der Vulkane leben mußten, oft genug vor ihren Ausbrüchen zitterten, so schenkten die Vulkane aber auch Lava, die nach und nach zu fruchtbarer Erde wurde. Auch der Kojote aus dem Vulkan war nicht nur schlecht, sondern diente den Menschen als Warner und Helfer, um den sich viele Märchen und Legenden ranken.

In zahlreichen Varianten wurde die Urmutter-Plastik von Tara gefunden, oft bisexuell dargestellt, wie dies ebenso im steinzeitlichen Europa der Fall war. Es gab kleine, tragbare Urmütter in Form von Handschmeichlern (Vergleiche zur Venus von Willendorf drängen sich dabei auf), die als »Wassergöttinnen« mit zur Quelle getragen wurden, um das lebensspendende Naß zu segnen. Die Chroniken berichten, daß die Kulte oft von Priesterinnen zelebriert wurden, für die es eigene Klöster in abgelegenen Bergeinsamkeiten gab. Man nannte sie *Harimaguadas.* Dieses Wort ist oft als »Kornwächterin« übersetzt worden, was kein Widerspruch zur Funktion als Priesterin bedeutet, denn möglicherweise oblag ihnen auch die Überwachung der gemeinschaftlichen Kornvorräte. Daneben gab es weitere weibliche Amtsträger wie Seherinnen, Hexen und Heilfrauen, die in der Bevölkerung großes Ansehen genossen und begehrte Ehefrauen für Adlige und Könige waren *(s. Abb. 7 im Farbteil).*

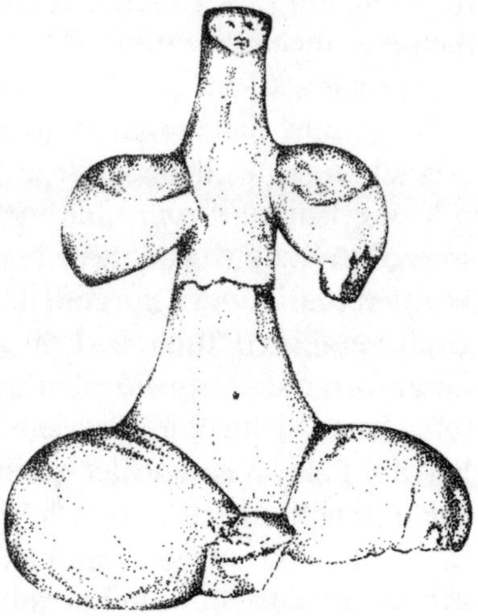

Abb. 20: Urmutter von Tara, Gran Canaria

Gerade diese letzte Tatsache weist auf eine dualistisch-emanzipatorische Kultur hin, die noch stark vom Mutterrecht geprägt war. Wir dürfen uns aber von den vielen archäologischen Funden nicht täuschen lassen und voreilige Schlüsse ziehen. Schließlich gibt es auch in unserem, von der römisch-katholischen Kirche beeinflußten Kulturkreis überall Marien- und Mutter-Gottes-Figuren, ohne daß wir daraus den Schluß ziehen dürften, unsere heutige Zeit sei – was den Gedanken der Emanzipation anbelangt – in harmonischer Weise ausgewogen.

Die medizinische Versorgung der altkanarischen Gesellschaft lag beinahe ausschließlich in den Händen von weisen Heilfrauen. Sie waren Beraterinnen in allen Lebensfragen, auch für die richtige Ernährung und das Kurieren von Krankheiten, Verletzungen und sonstigen Leiden zuständig. Ihnen war eine Vielzahl von Heilkräutern bekannt, die noch heute in der Volksmedizin der Kanarischen Inseln eine große Rolle spielen. Das Wissen hat sich besonders auf dem Campus, dem Land, in abgelegenen Gegenden z. B. im Norden von La Palma oder im Südwesten von La Gomera erhalten. Ich selbst habe dort im Laufe der Jahre einige alte Hexen kennengelernt und denke ein bißchen mit Schauder, aber auch mit ungeteilter Bewunderung an sie und ihre Fähigkeiten zurück.

Etwas sehr Seltsames ist auch die Tatsache, daß bei den Guanchen die Kunst des Trepanierens, d. h. der Schädelanbohrung, bekannt war und mit Geschick ausgeübt wurde. Solche Trepanationen wurden ja bekanntlich im alten Ägypten und in Peru durchgeführt, um Geisteskrankheiten, Kopfschmerzen, Tumore, Epilepsie und andere Krankheiten zu behandeln. Es wurden auf Gran Canaria z. B. Schädel gefunden, die mehrmals trepaniert waren, was bedeutet, daß die Operationsstellen gut zuheilten und die Patienten den Eingriff überlebten. Ein bemerkenswertes medizinisches Know-how bei Menschen, die sich angeblich auf primitivem Steinzeitniveau befanden!

Der Gesundheitszustand der Altkanarier kann im allgemeinen als gut bezeichnet werden, sieht man von Rheuma und Gicht ab, die durch das Leben in gelegentlich feuchten und zugigen Höhlen verursacht wurden. Im großen und ganzen ist das Klima ja mild auf den Kanarischen Inseln. Es wundert daher auch nicht, daß das Durchschnittsalter wesentlich höher als bei vergleichbaren Kulturzonen in Europa lag. Der bekannte Arzt und Ernährungswissenschaftler M. O. Bruker (Gründer der gleichnamigen Kliniken bei Lahnstein) macht dafür vor allem den ausgeglichenen Ernährungshaushalt der Guanchen verantwortlich, der Entsprechungen zur Vollwertkost aufweist. Noch heute werden die Menschen auf den Inseln, trotz spürbar zunehmender Zivilisationskrankheiten, erstaunlich alt, steinalt sogar, wie die Daten der Grabinschriften in manchen Gebieten beweisen.

Die große Urmutter aber wird nach wie vor auf den Inseln inbrünstig verehrt. Jetzt heißt sie nicht mehr Tara oder Moneiba, sondern Maria, und sie ist allgegenwärtig. Gott, Jesus oder Heilige spielen dabei nur eine untergeordnete Rolle. Der heilige Drachentöter, der Erzengel Michael, stand zwar gelegentlich für Namensgebungen Pate, wenn es um Symbole für die Unterwerfung der heidnischen Guanchen ging (z. B. bei La Palma: Die Insel heißt mit vollem Namen San Miguel de La Palma). Wirklich verehrt, geliebt und geachtet wird aber nur die Gottesmutter Maria.

Mumien wie im alten Ägypten

Der Tod besaß bei den Guanchen wohl eine ganz andere Bedeutung als bei uns heute. Er wurde als eine natürliche Folge des Lebens aufgefaßt und möglicherweise bloß als eine Art Übergangsstadium. Die Chronisten berichten, daß hochbetagte Leute ihren Todestag selbst bestimmten, indem sie »Vacaguare!« (ich möchte sterben!) riefen und sich mit einer Schale vergifteter Milch in abgelegene Höhlen zurückzogen, die dann später von den Angehörigen vermauert wurden.

Über andere Arten des Freitodes erfahren wir in den alten Schriften der Berichterstatter, von denen der Italiener Leonardo Torriani besonders erwähnenswert erscheint. Er stand als Wissenschaftler (Ingenieur, Architekt, Festungsbaumeister) in spanischen Diensten, war nicht sonderlich fromm und von daher neugierig genug, um seine Erfahrungen mit den Eingeborenen sachlich zu notieren. Zum Beispiel war es üblich, bei einer drohenden Niederlage im Kampf lieber von den Klippen zu springen, als sich dem Feind zu ergeben. Nach der verlorenen Schlacht von Acentejo auf Teneriffa sprang König Bentor auf diese Weise in den Tod. König Bentegui, sein Berater sowie ihre beiden Frauen stürzten sich auf Gran Canaria lieber die Klippen hinab, als in die Hände der siegreichen Spanier zu gelangen. Und Tanausu, der legendäre Volksheld von La Palma, verweigerte als Gefangener, auf einem Schiff an den Mast gekettet, Speise und Trank. Als das Schiff mit seiner kostbaren Beute das spanische Festland erreichte, konnte der Konquistador Alonso de Lugo statt eines gewinnversprechenden Sklaven nur noch einen ausgemergelten Leichnam vorweisen.

Tote wurden bei den Guanchen in Höhlen eingemauert oder in ausgehobene Gruben gelegt, die mit locker aufgeschichteten Steinen hügelartig abgedeckt wurden. Es handelt sich zumeist um Einzelbestattungen, aber es sind auch große friedhofartige Nekropolen bekannt. Beim Ausbau der Südautobahn auf Gran Canaria sind die Bagger bei Maspalomas auf einen riesigen Guanchenfriedhof gestoßen. Das bedeutet kurzfristig stopp für den Straßenbau. Mitarbeiter der Universität La Laguna, Teneriffa, rücken an, sperren das Gebiet ab, errichten ein Zeltlager. Es muß unter größtem Zeitdruck gearbeitet werden, denn noch immer besitzt die Urlaubsindustrie erste Priorität – Tourismus geht vor Archäologie.

Die Wissenschaftler legen das Gräberfeld frei, bergen mehr als einhundert gut erhaltene Skelette von Altkanariern. Die Radiocarbon-C-14-Daten weisen recht unterschiedliche Zeiten auf, was auf eine lange Nutzung des Begräbnisplatzes über viele Jahrhunderte hinweg hindeutet. In der Nähe wird kurz darauf das zum Friedhof gehörige Dorf entdeckt und ausgegraben. Doch dazu und zur Frage der Altersbestimmung ausführlich an anderer Stelle.

Es sind auch große Erdhügel (Tumuli) wie La Guancha bei Galdar im Nordwesten von Gran Canaria bekannt, die mehr als dreißig Leichen enthielten. Bei La Guancha handelt es sich um eine kreisförmige Anlage von ca. zwanzig Metern Durchmesser, die aus der Luft wie ein Wagenrad mit zwei Naben aussieht. Über zwei Meter hoch sind heute noch die Mauern, die man 1935 aus einem direkt am Meer gelegenen Schutthügel ausgrub. Genau 34 Skelette wurden hier in der mit Steinplatten abgedeckten Steinkammer gefunden. Man nimmt an, daß es sich um die Mitglieder einer königlichen Familie handelt. Die Radiocarbon-C-14-Messung ergab für die Skelette ein Alter von rund eintausend Jahren – nicht sehr alt für kanarische Verhältnisse und auch nicht besonders aussagekräftig, da der Zeitpunkt lediglich nachweist, wann die Anlage das letzte Mal für Begräbnisse genutzt und darauf aufgegeben wurde.

Bei den Guanchen war es nämlich üblich, eine Begräbnisstätte über lange Zeiträume hinweg zu nutzen. Entschied man sich für eine neue Stätte, so wurden, sehr zum

Leidwesen der Archäologen, die alten Plätze einfach ausgeräumt, die Skelette oft weggeworfen. Ich erfuhr mehr als einmal, daß diese rüde Umgangsform mit Verstorbenen auch heute noch auf den Kanaren verbreitet ist: Ein Bauer entsann sich, daß er oben in den Bergen von La Palma noch mehrere alte Ziegenställe besaß, die er nun gern nutzen wollte. Er mistete sie aus, stieß dabei auf zwei Guanchenskelette, und da er dafür keine rechte Verwendung wußte, warf er sie einfach mit dem übrigen Müll in die Schlucht.

Auf der Halbinsel *La Isleta* auf Gran Canaria, in verschiedenen Schluchten von Teneriffa, auf den Bergheiligtümern *La Gomeras* und an verschiedenen Stellen Lanzarotes und Fuerteventuras wurden weiträumige Nekropolen mit vielen hundert Einzelbestattungen entdeckt. Auf La Gomera wurden die Steinkreisgräber durch aufrechtstehende, an Grabsteine erinnernde Kleinmenhire gekennzeichnet. Es wurden aber auch natürliche Höhlen für Begräbniszwecke genutzt. Ich stieg in eine solche im Nordwesten La Palmas hinab und fand in der kirchenschiffgroßen unterirdischen Halle riesige Mengen an Leichenbrand sowie so zahlreiche Keramikscherben, vor allem im Eingangsbereich und am Steilhang davor, daß eine rituelle Geschirrzertrümmerung zu Ehren der Verstorbenen angenommen werden muß. Wir kennen ja auch noch ähnliche Sitten, zwar nicht zur Beerdigung, aber zur Hochzeit, etwa den Polterabend.

Auf Teneriffa wurden riesige Höhlenfriedhöfe gefunden, in denen sich hundert, in einem sogar mehr als eintausend Leichname befanden. Sie waren in aufrechter Position fixiert und boten den Entdeckern einen äußerst schaurigen Anblick. Das warme, trockene Klima hatte aus ihnen Trockendörrleichen gemacht. Viele der Leichname waren auf Planken geschnallt, die aus dem Holz des Drachenbaums geschnitten waren.

In einigen unterirdischen Friedhöfen stießen die Forscher auf eine wahre Sensation: Die Toten waren sorgfältig präpariert worden. Wahrscheinlich handelte es sich um sozial höherstehende Personen, bei deren Begräbnis mehr Aufwand betrieben wurde als sonst. Jedenfalls wiesen alle Begleitumstände und auch die Grabbeigaben darauf hin, daß die Guanchen an ein neues Leben nach dem Tode, an die Wiedergeburt glaubten.

Das überrascht. Wenn man von Mumien spricht, denkt man automatisch an das alte Ägypten und vielleicht noch an Peru. Daß die Kunst des Einbalsamierens und Mumifizierens aber auch bei den Ureinwohnern der Kanarischen Inseln üblich war, ist nur wenig bekannt. Dabei berichten Chronisten übereinstimmend über solche Gepflogenheiten. Abreu de Galindo schreibt z. B. 1632, indem er sich auf Augenzeugen beruft: »Sie brachten die Leichen in eine Höhle, streckten sie auf Steinen aus und leeren die Bäuche. Jeden Tag wuschen sie zweimal die empfindlichen Teile mit frischem Wasser, die Achselhöhlen, hinter den Ohren, die Weichen, die Stellen zwischen den Fingern, die Nasenlöcher, Hals- und Handgelenke. Nachdem die Leichen gewaschen waren, rieben sie sie mit Ziegenbutter ein und füllten ihnen Pulver von Kiefer- und Heidekraut und zerriebenen Bimsstein ein, damit sie nicht verwesten.« *(s. Abb. 2 im Farbteil)*

Es fällt auf, daß bei Begräbnissen stets der Kopf nach Norden und die Füße nach Süden ausgerichtet wurden. Woher diese uralte Sitte stammt und was sie bedeuten soll, vermag niemand mehr zu sagen. Die Toten wurden zudem in bis zu fünfzehn Schichten Ziegenleder eingehüllt, wobei das Blut des Dragos, das Harz des sagenumwobenen Drachenbaums, eine entscheidende Rolle spielt. Mit ihm wurden die Körper eigentlich erst mumifiziert, die Leder schichtweise verklebt und teilweise eingefärbt.

Der Drachenbaum *(Dracanea draco)* besaß im Kult der Guanchen große Bedeutung. Aus ihm bauten sie ihre Boote, unter den gewaltigen Kronen versammelten sie sich zum Rat, und das Blut der Rinde, das Harz, sollte die Eigenschaft besitzen, sie unsterblich zu machen.

Dabei ist der Drago eigentlich gar kein Baum, sondern eine Lilienart aus der Vorzeit, die ähnlich unserem Schachtelhalm zu erstaunlicher Größe heranwächst. Er ist ein Blumen-Fossil, das es eigentlich gar nicht mehr geben dürfte. Im milden Klima der Kanaren konnte die drei Millionen Jahre alte Pflanzengattung überleben. Auf La Palma existieren sogar ganze Haine davon; auch auf den anderen Inseln, besonders auf Teneriffa, ragen mächtige Drachenbäume empor, überragen Häuser und Kirchen und sind heute eine vielbestaunte Touristenattraktion. Wie alt diese majestätischen Riesen nun wirklich sind, ob fünfhundert, siebenhundert, tausend Jahre oder mehr, bleibt Spekulation. Das Fehlen von Baumringen macht ihre Altersbestimmung schwierig *(s. Abb. 6 im Farbteil).*

Um die Drachenbäume ranken sich viele Sagen und Legenden. Selbst im antiken Rom kannte man sie, Gladiatoren rieben sich mit ihrem Harz ein, weil sie glaubten, damit unverwundbar zu sein. Nicht nur Siegfried badete also in Drachenblut. Tatsächlich tritt bei einer Verletzung der Rinde das Harz des Dragos aus, und die zunächst klare Flüssigkeit wird nach ein paar Tagen blutrot und färbt ab. Unter Lufteinwirkung verklumpt das Harz und bildet eine gummiartige Masse, die alle Eigenschaften von erstklassigem Klebstoff besitzt, wie wir bei den ledernden Mumienbinden sehen.

Nach den Studien von Ilse Schwidetzky, Professorin für Anthropologie, muß es sich bei dem kanarischen Ritus um eine Art Vorstufe zu den wesentlich komplizierteren ägyptischen, peruanischen und mexikanischen Mumifizierungsmethoden handeln. Die Übereinstimmungen sind unübersehbar, jedoch gingen die Guanchen etwas gröber vor – sie verwahrten z. B. nicht die inneren Organe wie die alten Ägypter in speziellen Gefäßen. Was können diese Ähnlichkeiten nun bedeuten? Daß die Kunst des Mumifizierens auf den Kanarischen Inseln entstand und von dort nach Ägypten bzw. Amerika exportiert wurde? Wohl kaum. Eher könnte man sich vorstellen, daß diese Kunst auf irgendeine Weise zu den Inseln gelangte und dort Nachahmer fand. Oder hatten gar die Pharaonen, die Inkas und die Guanchen-Könige gemeinsame Vorfahren? Rätsel über Rätsel...

Das Rätsel ihrer Herkunft

Es wird nun endlich Zeit, die Frage zu stellen, wer die geheimnisvollen Guanchen nun eigentlich waren, woher sie kamen und wie sie die Kanarischen Inseln in grauer Vorzeit erreichten.

Zumindest die erste Frage scheint inzwischen geklärt zu sein: Ilse Schwidetzky, die viele Jahre Schädel und Skelette der Altkanarier vor Ort untersuchte, kommt zu dem Schluß, daß es sich eindeutig um nordcromagnonide Schädelformen handelt – einen Typus also, der in etwa der heutigen nordwesteuropäischen Bevölkerung entspricht. Allerdings wanderten diese Menschen in sehr frühen Zeiten (zwischen dem 35. und dem 10. Jahrtausend v. Chr. wahrscheinlich von Frankreich kommend) bis nach Kleinasien und Nordafrika, wo sie sich mit den einheimischen Völkern vermischten. Dies macht eine Typologisierung der Altkanarier nicht gerade leicht.

Zur Zeit existieren mehr als sechs Theorien über den Ursprung der Guanchen. Ich möchte sie kurz mit ihren wichtigsten Argumenten vorstellen:

1. die Atlantis-Theorie
2. die Inselberber-Theorie
3. die portugiesische Muschelsammler-Theorie
4. die Nordwesteuropa-Theorie
5. die Amerika-Theorie
6. die atlantische Westkultur-Theorie

Über den sagenhaften, versunkenen Kontinent Atlantis sind bisher mehr als 25 000 Bücher geschrieben worden, worunter die Schriften von Platon *(Kritias und Timaios)*, Rudolf Steiners *(Atlantis und Lemuria)* und des amerikanischen Politikers und Autors Ignatius Donelly *(Die vorsintflutliche Welt)* wohl die populärsten sind. Ich möchte die Atlantis-Sage nicht noch einmal nacherzählen, lediglich an dieser Stelle auf das Literaturverzeichnis am Ende des Buches verweisen. Man hat des öfteren versucht, die Kanarischen Inseln für einen Teil jenes verschwundenen Kontinents und die Guanchen als die mysteriösen Nachfahren der Atlantiden zu erklären. Nun, dies alles ist Spekulation. Es geht hier mehr um Glauben als um Beweise, denn letztere liegen noch immer nicht vor. Die bekannteste Hypothese ist die Inselberber- oder Weißafrika-Theorie. Sie geht davon aus, daß die Berber, Tuareg und Kabylen Restgruppen einer einstigen cromagnoniden und weißhäutigen Urbevölkerung Nordafrikas sind (Mechta-el-Arbi bzw. Afalou-Leute genannt). Von ihnen sollen später einige Stämme von der marokkanischen Küste aus zu den Kanarischen Inseln übergesetzt haben.

Eine weitere Cromagnon-Wanderbewegung von Italien und Sizilien ausgehend, um 7000 oder 6000 v. Chr. Tunesien erreichend, spielt in dieser Theorie eine gewisse Rolle. Die Neuankömmlinge sollen sich in Nordafrika mit den älteren cromagnoniden Wanderern zu der sogenannten *Capsien*-Kultur vermischt haben und in langen Wanderungen ebenfalls von Marokko aus zu den Kanaren aufgebrochen sein. Die erste, planmäßige Besiedlung der Kanaren wird auf das Jahr 2500 v. Chr. datiert. Einige Wissenschaftler verlegen die Auswanderung in das erste Jahrtausend v. Chr., während wieder andere auf die spärlich vorliegenden Radiocarbon-C14-Meßdaten verweisen, nach denen die erste Besiedlung der Kanarischen Inseln lediglich auf ca. 500 v. Chr. angesetzt wird. J. F. Navarro-Mederos, Professor an der Frühgeschichtlichen Fakultät der Universität La Laguna auf Teneriffa, ein leidenschaftlicher Verfechter der Inselberber-Theorie, spricht von zwei Einwanderungswellen: eine kam ca. 500 v. Chr. aus Nordwestmarokko; ihr folgte ca. 700 oder 800 n. Chr. eine weitere, die von der mittelwestlichen Sahara ausgegangen sein soll.

Damit wären wir beim leidigen Thema der C14-Meßdaten. Abgesehen davon, daß es mitunter recht zweifelhaft ist, sich ausschließlich auf sie zu verlassen (die meisten Wissenschaftler tun dies heute nicht mehr), wurde auf den Kanaren bisher sehr wenig untersucht. Die kanarische Archäologie steckt sozusagen noch in den Kinderschuhen, und die vorliegenden Funde dürften einen winzigen Bruchteil dessen darstellen, was noch unentdeckt in der Erde schlummert. Man kann übrigens mit der C14-Methode nur organische Reste – etwa Hausmüllreste vor Wohnanlagen usw. – messen. Für Stein existiert noch keine Möglichkeit der Altersbestimmung, einmal abgesehen vom geologischen Alter. Aber was nützt uns das bei Felsgravuren? Wir sind also hier auf Vergleiche mit der Formensprache anderer Kulturkreise angewiesen. Bei der bemalten Kulthöhle Cueva Pintada bei Galdar (Gran Canaria) wurde eine solche Untersuchung vorgenommen und herausgefunden, daß sie nur aus dem 2. Jahrtausend v. Chr. stammen kann. Besonders auffallend bei den Wandbemalungen der Cueva Pintada ist das an den Wänden immer wiederkehrende Dreiecksmuster in Schwarz, Weiß und Rot. Dieses »magische« Dreieck taucht auch auf dem Keramikdekor auf und sogar als Tonstempel *(Pintadera)*. Ist das nur ein Zufall oder ein Hinweis darauf, daß die Guanchen die exakte Berechnung eines gleichschenkligen Dreiecks sehr gut kannten und auch in ihrer Architektur einsetzen konnten?

Abb. 21: Malerei in der Kulthöhle Cueva pintada, Gran Canaria

Die Inselberber-Theorie stützt sich auf recht wackelige Sprachvergleiche (inzwischen widerlegt) und Keramikfunde, die mit Berberkeramik in Verbindung gebracht werden. In diesem Zusammenhang wird auf die Nähe der Kanaren zu Marokko hingewiesen – von Lanzarote, der östlichsten Insel sind es nur knapp 110 km. Wenn man sich flüchtig die Weltkarte ansieht, könnte man leicht zustimmen. Wir werden aber sehen, daß dabei ein wesentlicher Faktor übersehen wird, der die ganze Theorie wie ein Kartenhaus in sich zusammenbrechen läßt.

Kommen wir noch einmal auf die Forschungsergebnisse von Ilse Schwidetzky zurück. Sie besagen, daß es sich bei den Altkanariern um Menschen handelt, die in mehreren Schüben die Kanarischen Inseln besiedelten. Zunächst einwandfrei reinrassige Cromagnon, später dann mediterrane Mischtypen. Diese anthropologischen Befunde werden von namhaften Wissenschaftlern (wie Verneau, Berthelot, Fischer, Fuste, Rosing u. a.) anhand umfangreicher Untersuchungen bestätigt. Auch die anthropologischen Merkmale der cromagnoniden Rasse, die sich heute noch am deutlichsten bei Basken, Bretonen, Galiziern, Westiren, aber auch bei der uns nahe verwandten »fälischen« Rasse manifestieren, sind in der lebenden Inselbevölkerung nachweisbar, besonders auf Gran Canaria, Teneriffa, La Palma, El Hierro und La Gomera: breite, kurze Gesichter, hervorspringende Wangenknochen, eckiges Kinn, kleine, eher breite als hohe Nasen, tiefliegende klare Augen mit ausgeprägter Brauenwölbung und helle, oft blonde oder rotbraune Haare. Nach Meinung der zuvor zitierten Wissenschaftler tauchen die Merkmale der ursprünglichen Guanchenbevölkerung noch heute zu einem hohen Prozentsatz im kanarischen Volk auf.

Die Möglichkeit, daß die Altkanarier von der portugiesischen Küste abstammen, wurde in der Wissenschaft ebenfalls diskutiert. Im Mündungsgebiet des Tejo hat man archäologische Spuren eines muschelsammelnden Volkes mit cromagnoniden Zügen entdeckt. Am Muge, einem Nebenfluß des Tejo, wurden riesige Muschelscherbenhaufen *(Concheros)* ausgegraben, die mit Keramik, Steinklingen und anderen Resten von Hausrat durchsetzt waren. Das Alter dieser Concheros wird auf etwa 7000 v. Chr. datiert.

Von anderen Forschern werden als mögliche Vorfahren der Guanchen sogar Wikinger, Wandalen und Nordgermanen genannt. Dies ist genauso unwahrscheinlich wie die Mutmaßung, daß es sich bei den Altkanariern um entsprungene Sträflinge einer römischen Kolonie in Nordafrika handelt.

Mehr Beachtung fand der französische Wissenschaftler Louis Carpentier, der die Basken als reinblütige Nachkommen der Cromagnon betrachtet. Als seetüchtiges Volk erkundeten diese von der Biskayaküste aus den Atlantik und entdeckten dabei möglicherweise auch die Kanarischen Inseln als Siedlungsgebiet. Somit wären die Guanchen direkte Nachfolger der Höhlenmaler von Altamira, Lascaux usw. Carpentier hält es aufgrund gewisser Funde, die in der letzten Zeit an den Küsten Nord-, Mittel- und Südamerikas gemacht wurden und für einiges Aufsehen sorgten, sogar für möglich, daß ihre Seefahrer dort landeten und in vorgeschichtlicher Zeit Kolonien auf dem fremden Kontinent unterhielten. Die Hypothese ist nicht uninteressant, in bezug auf die Kanarischen Inseln fehlen indes noch immer die letzten Beweise.

Nicht bestreitbar ist dagegen, daß cromagnonide Menschen von Frankreich aus sehr früh England und Irland auf dem Seeweg erreichten. Gerade dort aber finden wir erstaunliche Parallelen zur Guanchenkultur: New Grange im irischen Boyne Valley z. B., Steinkreise und Muschelscherbenhaufen *(Concheros)* und die Petroglyphen, die auf verblüffende Weise mit den gravierten Zeichen der Guanchen übereinstimmen; und auch die Wellenkreise der kleinen bretonischen Insel Gavr'Inis (im Golf von Morbihan bei Carnac) zeigen viele Ähnlichkeiten. Sowohl in Art, Formensprache und Ausführung sind sie mit den Petroglyphen an der Fuente de Zarza auf La Palma identisch.

Was die Amerika-Theorie anbelangt, so kann ein Zusammenhang zwischen dem alten Europa, den Kanaren und der Neuen Welt nicht länger ausgeschlossen bleiben. Schon sehr früh wurde (z. B. von dem spanischen Geschichtsprofessor Pablo Gaffarel im Jahre 1875) auf die engen sprachlichen und kulturellen Beziehungen zwischen den Phöniziern und den Ur-Amerikanern hingewiesen. Gaffarel glaubte, daß die Kanarischen Inseln systematisch vom phönizischen Stützpunkt Gades aus kolonisiert wurden. Das alte Gades entspricht dem heutigen Seehafen Cadiz, und heute noch läuft von hieraus die Schiffahrtslinie zwischen dem spanischen Festland und den Kanarischen Inseln.

Der Sprachforscher Hermann Wirth, der seine Arbeit der Suche nach einer Urschrift der Menschheit widmete, untersuchte vor allem Indianersprachen. Für ihn stellen die Kelten und die Phönizier das Bindeglied zwischen der Alten und der Neuen Welt dar. Er hob hervor, daß die kultischen Symbole im Kalender der nordamerikanischen Indianer und der atlantischen Völker absolut identisch seien.

In verschiedenen Teilen der USA wurden in jüngster Zeit Felsbilder gefunden (in Grave-Creek, Ohio, in den Kupferbergwerken am Oberen See, auf dem Porphyr von Arizona sowie am Ufer des Salzsees), die große Ähnlichkeit zu den altkanarischen Felsbildern aufweisen. Auf die verblüffende Ähnlichkeit zu Petroglyphen in Venezuela wies bereits Don Ramon in seinem Gespräch mit mir hin. Jacques de Mahieu berichtet von Mexiko, Peru, Kolumbien und Paraguay, wo eine ältere weiße Rasse vor den Indianern gelebt haben soll, und führt als Beweise Fotografien von Dolmen, Menhiren, Opferaltären, Schriftzeichen und Ruinen von uralten Festungsanlagen ungeklärter Herkunft auf. Auch der norwegische Experimentalarchäologe Thor Heyerdahl stieß bei seinen Forschungen im Rahmen der Kon-Tiki-

Expedition immer wieder auf Mythen und Legenden, aber auch auf andere konkrete und handfeste Beweise, die darauf hindeuten, daß vor den Indianern, zum Teil auch mit ihnen, eine eindrucksvolle Kultur weißer Menschen in Südamerika bestand.

Wissenschaftler wie Simonin, Lartet, Quatrefages, Broca und Dally stellten bereits gewisse Übereinstimmungen zwischen indianischen und Guanchenschädeln fest. Solche Feststellungen gestatten in diesem Zusammenhang natürlich neue, interessante Fragen.

Und auf den Kanaren selbst? Ich wies bereits auf den Aztekenkopf aus dem Quellenheiligtum Zarzita (La Palma) hin sowie auf die eigenartig anmutenden Gravuren von Garafia, die zu den Steinblöcken der alten Pyramide gehören. 1985 wurden im flachen Küstengewässer vor Lanzarote von einem italienischen Amateurtaucher Reste von alten Steinbauten und Basaltstufen entdeckt und gefilmt. Ein anderer Taucher fand vor der Küste Fuerteventuras mehrere Tonstatuetten, die als »olmekisch bzw. olmekuid« eingestuft wurden. Nur – das rätselhafte Volk der Olmeken lebte in Mexiko und schuf dort Kunstwerke mit unverwechselbarer Formensprache und Qualität. Die im italienischen Fernsehen RAI gezeigten Bilder sorgten für beträchtliches Aufsehen, da nun ein kaum zu übersehender Hinweis auf antike Seeverbindungen zwischen Amerika und den Kanarischen Inseln vorlag.

Leider muß man eingestehen, daß die frühe Hochseeschiffahrt und die Beziehungen zwischen Amerika, Europa und den Kanarischen Inseln noch immer nicht befriedigend untersucht worden sind. Lediglich Thor Heyerdahl hat darin eine Pionierarbeit geleistet, die nicht hoch genug eingeschätzt werden kann. Unlängst überraschte uns eine Meldung, die alle bisherigen Theorien zur Besiedelung Amerikas radikal in Frage stellt: Im Nordosten Brasiliens fand ein Team französischer Prähistoriker unter einem *Abri* (Felsdach) eine Siedlungsstätte der Ureinwohner. Die

Holzkohlenreste der Feuerstelle ergaben nach der Radiocarbon-C14-Methode ein Alter von rund 32000 Jahren. Dies entspricht in etwa dem Kulturzeitraum der Cromagnon und ihrer frühen Kunst in Europa. Die Altbrasilianer wären damit Zeitgenossen unserer europäischen Steinzeitsammler!

Wenn ich nun die Vielfalt der verwirrenden und zum Teil widersprüchlichen Argumente betrachte, so befriedigt mich keine der bisher genannten Theorien. Ähnlich muß es auch dem bedeutenden Kanarenforscher D. J. Wölfel ergangen sein, als er schrieb:

»Die kulturellen Parallelen und die Keramik zeigen die Randkultur der Kanarischen Inseln in einem unverkennbaren Zusammenhang mit dem ältesten Mittelmeer, mit dem vordynastischen und frühdynastischen Ägypten, dem vorminoischen und frühminoischen Kreta, aber mit der eigentlichen ägyptischen, der eigentlichen kretischen Kultur haben sie nichts zu tun. Folglich kann auch die Schrift nicht in minoischer Zeit aus Kreta gekommen sein, sondern dieser völlig neue Typus kanarischer Inschriften muß die Schrift der »Westkultur« sein, jener bisher unbekannten Hochkultur, die auf den Kanarischen Inseln einen bescheidenen Ableger hatte, die in ihren Randwirkungen überall in Nordafrika und Westafrika zu fassen ist, die als wichtigste Komponente in die älteste ägyptische und kretische Kultur mit einging und deren innige Verflechtung mit dem alten Westeuropa noch herausgearbeitet werden muß; ihren Charakter werden wir aber erst dann voll erkennen, wenn wir statt auf einen bescheidenen Ableger auf eines ihrer Zentren gestoßen sind.«

Was ist unter einer solchen geheimnisvollen »Westkultur« zu verstehen? Die atlantische Westkultur-Theorie, der ich geneigt bin, aufgrund ihrer eindrucksvollen Beweislast zuzustimmen, nennt als wichtigstes Wesensmerkmal die Form des Kreises. Kreisförmige Anlagen finden wir z. B. in England (um mit Stonehenge, Avebury, Silbury Hill usw.

nur die imposantesten zu nennen), Schottland und Irland, auf den Orkneyinseln und in der Bretagne. Ferner magische Zeichen in Form von konzentrischen Ringen, Wellenkreisen und Spiralen auf Dolmen und Menhiren, in Hügelgräbern und Schalensteinen, die man ebenso auf Malta und Gozo im Mittelmeerraum und auf den Kanarischen Inseln im Atlantik findet.

Ein weiteres charakteristisches Kennzeichen dieser – neuerdings häufig mit der »Megalithkultur« (Großsteinkultur) gleichgesetzten – Kulturform ist das Bearbeiten großer Steine. Wir finden die Verbindung von beiden Kriterien – Kreis und Stein – im Steinkreis, der auch (im keltischen) Cromlech oder (im altkanarischen) *Tagoror* genannt wird. Solche Steinkreise dienten als Versammlungsplatz, als Richt- oder Kultplatz, als Ort für Himmelsbeobachtungen, für Spiele und Wettkämpfe und für gemeinsame Eßgelage.

Wir finden noch viele dieser Steinkreise auf den Kanarischen Inseln, ja, manche von ihnen haben sich trotz einer gewissen Nutzungsänderung bis heute erhalten. Der Kampfplatz der beliebtesten kanarischen Sportart – dem *Lucha Canaria*, einer mit dem altägyptischen Ringkampf verwandten Art des Wettkampfs – ist heute noch rund. Ebenso sind es die schon lange nicht mehr benützten Dreschplätze und sogar die Versammlungsorte nahe alten Häusern, die gern noch für Familienfeiern oder Picknicks aufgesucht werden, sind kreisrund mit sorgfältig geschichteter Umrandung aus größeren Lesesteinen. Nach Alonso de Espinosa, einem spanischen Chronisten aus dem 16. Jahrhundert, besaß jede Guanchenhöhle einen solchen Vorplatz. Der wesentlich größere Tagoror des Königs dagegen war nur dem Ältestenrat vorbehalten.

Bei meinen mehrfachen Expeditionen zum heiligen Berg der Guanchen auf La Palma, dem Idafe in der Caldera de Taburiente, fand ich den versteckt gelegenen Versammlungs- und Opferplatz des Königs Tanausu, über den die frühen Chroniken berichten, noch unversehrt vor. Aber ich habe auch auf den anderen Inseln, auf Gran Canaria und El Hierro z. B. (im Sperrgebiet El Julan), solche kreisrunden, wohlangelegten Kultplätze gesehen. In ihrer Nähe liegen zumeist *Concheros* (Muschelscherbenhaufen) gewaltigen Ausmaßes, die auf rituelle Festmahle hindeuten.

Als drittes Merkmal der atlantischen Westkultur kann das Aufstellen großer phallusartiger Steine angesehen werden. Man nennt sie *Menhire;* sie stehen einzeln, im Kreis oder in ungewöhnlich langen und dichten Reihen (wie z. B. bei Carnac in der Bretagne). Aber es sind nicht nur einzelne Steine, Menhire, die in der atlantischen Westkultur eine kultische Bedeutung besaßen, sondern oft auch riesige, künstlich errichtete Hügel sowie natürliche Berge und Hügel von auffallender Form. Man kann den Mt. St. Michel bei Carnac dazurechnen, Silbury Hill in England, den Ben Bulben in Irland und die heiligen Berge der Kanaren: Idafe in La Palma, den Roque Betaiga auf Gran Canaria, den Teide auf Teneriffa, den weithin sichtbaren Tafelberg Fortaleza de Chipude auf La Gomera, die Los Santillos auf El Hierro usw.

Die drei Formmerkmale Kreis, Steinkreis und Menhir kommen auf den Kanarischen Inseln in kombinierter Form vor, was möglicherweise auf einen dualistischen Sexualkult hinweist: Phallus, Menhir, Berg (männlich) und Kreis, Vagina (weiblich) würden so die Verschmelzung beider Bedeutungspole anzeigen. In diesen Zusammenhang wäre auch das kultische Anbohren des Steins bei den sogenannten Schalen- oder Näpfchensteinen zu rechnen, die »Tätowierung« von Felsen in Quellennähe, das Errichten von Steinkreisen auf oder bei heiligen Bergen – alles deutliche Hinweise auf einen ausgeprägten Fruchtbarkeitskult.

In früheren Büchern wies ich bereits auf den Prozeß der Imagisation hin, der für die Vormenschen offenbar eine ungeheure Bedeutung besaß. Mit Imagisation bezeichne ich die Bedeutungsaufladung bestimmter Plätze mit magischen

Bildzeichen und später entsprechenden Bauwerken (Rundtempel, Steinkreise, Opferaltäre). Imagisieren heißt, den Zauber, die Ausstrahlung eines Ortes spüren und dem so entstehenden inneren Bild ein äußeres, für alle sichtbares, hinzufügen. Ein Bild dieser Art wird logischerweise immer mehrdeutig bleiben, es ist ein magisches »Interpretationszeichen«, das der Ausdeutung durch einen Eingeweihten (Schamanen, Medizinmann, Zauberer) bedarf.

Für den Frühmenschen stellte die Natur in ihrer Gesamtheit eine Summe aus Botschaften dar, die es auszudeuten galt. Er stand mit jeder ihrer Erscheinungsformen, mit jedem Detail in Kommunikation, mit der Quelle wie mit dem Wind, mit Rissen, Maserungen und Färbungen im Gestein, mit Belebtem und Unbelebtem. Für den Frühmenschen war die ganze Natur beseelt, die Felsen lebten, die Berge, die Quellen, die Erde, der Himmel, das Meer.

In der atlantischen Westkultur wurde – soweit wir heute wissen – die Religion, der Kultus im Freien ausgeübt, man sperrte die Götter nicht in Gebäude ein, sondern errichtete ihnen Altäre unter freiem Himmel, auf denen sie nach Belieben erscheinen und ausruhen konnten. Die »Seelensteine« der Guanchen und anderer Völker der Westkultur sind anschauliche Beispiele für diese Denkweise. Es lassen sich noch andere, durch Funde belegte Argumente für die einheitliche Ausrichtung der atlantischen Westkultur – sowohl auf dem europäischen Festland wie auf den Kanarischen Inseln – anführen. So z. B. die Form der Idole, die oft bisexuell dargestellt wurden. Die große Urmutter von Tara ist dafür ebenfalls ein gutes Beispiel. Sie wurde auch in Irland unter gleichem Namen verehrt; die alte, von geheimnisvollen Sagen umrankte Hauptstadt – eine nur noch für den Archäologen interessante Stelle – heißt bis heute Tara! Auch die bumerangähnlichen Wurf- bzw. Kulthölzer, die wahrscheinlich zugleich ein Symbol herrschaftlicher Macht bedeuten, wären anzuführen. Man fand sie in der Bretagne ebenso wie in England und Irland, im alten frühdynastischen Ägypten und auf den Kanarischen Inseln. Zwei besonders schöne Exemplare dieser Art wurden bei Brena Alta auf La Palma gefunden. Sie sind ca. 50 cm lang, sehr sorgfältig gearbeitet und werden heute im Museum in St. Cruz de La Palma aufbewahrt.

Interessant dürfte auch die Tatsache sein, daß die Guanchen, wie man anhand von komplizierten Mumienuntersuchungen herausfand, die relativ seltene Blutgruppe 0 mit Rhesusfaktor negativ besaßen. Wissenschaftler fanden heraus, daß die meisten Menschen in Europa und vor allem in Nordeuropa die Blutgruppe 0 aufweisen. Dies ist, nach Meinung der Anthropologen, auf die Frühmenschengruppe vom Combe-Capelle-Typus zurückzuführen, der in Frankreich zu Hause war. In Asien hingegen haben die Weißen in der Mehrheit die Blutgruppe B. Je weiter man von Nordwesten nach Südosten kommt, desto mehr nimmt die Blutgruppe A ab und B zu.

Wo die seltenere Blutgruppe 0 prozentual zur Bevölkerung gehäuft vorkommt, zeigt die Verbreitungskarte. Die Konzentration weist deutlich auf Regionen hin, deren Bevölkerung aus dem Typus des Cromagnon hervorging, also im Baskenland, in Irland, Schottland, Nordwales, Island, Sizilien, Kreta und bei den Berberstämmen des früheren Weißafrikas (dem heutigen Marokko und Tunesien).

Es ist auffallend, daß es sich bei den Menschen der Blutgruppe 0 vorrangig um Bergvölker handelt bzw. um solche, die, aus dem Bergland stammend, in Atlantiknähe heimisch wurden. Die Blutgruppendichte verrät so, wer die Träger der atlantischen Westkultur waren, nämlich seefahrende Nachkommen der Cromagnon. Eine noch genauere Untersuchung, die zudem den Rhesusfaktor negativ berücksichtigt, schränkt den Kreis noch stärker ein: es sind die französischen Basken und Bretonen, die Westiren und die Bewohner der Kanarischen Inseln (und zwar von den Guanchenmumien bis zur heutigen Mischkultur der Canarios).

Hat also Carpentier recht mit seiner Annahme, daß die

Guanchen Abkömmlinge der Höhlenmaler von Altamira, Lascaux und Niaux sind? Zumindest sprechen gewichtige Argumente dafür.

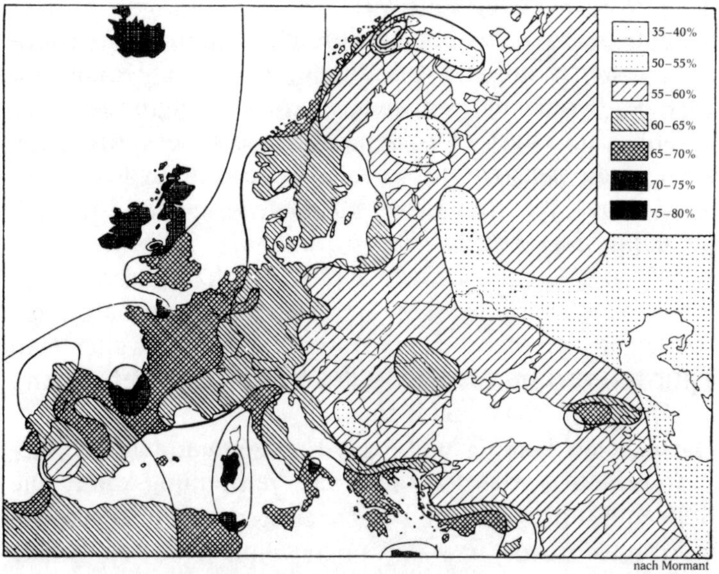

Abb. 22: Verteilung der Blutgruppe 0 in Europa

Der spanische Historiker Salvador Lopez Herrera von der Universität Madrid vertritt auch diese Theorie, die bereits vor ihm durch den berühmten Kanarenforscher René Verneau geäußert wurde: »(...) die Höhlenbewohner von Vezere (Dordogne) bevölkern die Kanarischen Inseln (...). Die Rasse von Cromagnon, die im Südwesten Frankreichs seit dem frühen Quartär, in der zweiten Hälfte der Rentierepoche, auftaucht, erlitt tiefgreifende Veränderungen und modifizierte ihr Leben, als sie in Kontakt mit Menschen kam, die den Stein polierten, Hünengräber bauten und Haustiere hielten. In jener Epoche wird diese Rasse durch die Klimaveränderung, die Europa erfuhr, einiger wichtiger Lebenselemente beraubt: Das Zurückweichen des Eises, die damit verbundene Beschränkung der Klettertiere wie der Gemse auf die Höhen und der Zug der Rentiere nach Norden. Es ist eine Zeit der Wanderungen. Von jenem Zentrum aus verteilten sich die Stämme der Cromagnonrasse in verschiedene Richtungen. Diejenigen, die nach Südwesten zogen, hinterließen ihre Spuren in den Pyrenäen und in der Gegend von Marseille. Die Charakteristik ihres Schädels findet sich bei den Bewohnern des Baskenlandes (...). Von dort kamen sie zu den Kanarischen Inseln (...).«

Thor Heyerdahl erreichte die Kanaren nicht

Die meisten kennen wohl das berühmte Ra-Experiment, das Thor Heyerdahl 1969 und 1970 mit zwei Schilfbündelflößen, die originalgetreu nach altägyptischen Tempelbildern nachgebaut wurden, unternahm. Thor Heyerdahl wollte mit seinem Unternehmen beweisen, daß eine Hochseeschiffahrt zwischen Afrika und Amerika – lange vor Kolumbus – möglich war und wohl auch mehrfach durchgeführt wurde. Tatsächlich gelang ihm das Experiment, auch wenn es dabei Probleme gab: Bei der Ra 1 stellte sich heraus, daß man besser auf jedes Detail der ägyptischen Wandmalereien geachtet hätte – das Schilfheck des Schiffes war nicht wie auf den Vorlagen hochgebunden worden, es zog Wasser, und die Ruder zerbrachen in der Strömung. Dennoch setzten Thor Heyerdahl und seine waghalsige, internationale Mannschaft die Seereise fort und erreichten Barbados, eine kleine Antilleninsel in der Karibik. Bei der Ra 2 erwies sich das Schiff als zu klobig und seeganganfällig, dennoch erreichte auch sie ihr Ziel.

Als das Doppelruder der Ra 1 brach und die Mannschaft

entsetzt auf den Schaden reagierte, brach Thor Heyerdahl in Gelächter aus. Er fand es viel echter, d. h. den damaligen Verhältnissen entsprechender, daß so ein unerwarteter Vorfall eintrat und man nun steuerlos der Meeresströmung und dem Wind ausgeliefert war. Seiner Meinung nach hatten schon Menschen vor den Pharaonen in viel primitiveren Booten die Meere befahren, von Indien nach Mesopotamien, nach Ägypten und von dort durchs Mittelmeer über den Atlantik bis nach Amerika.

Von der nordwestmarokkanischen Küste aus, einem Ort, der heute Safi heißt und früher als ein alter phönizischer Hafen namens Lixus bekannt war, begann die abenteuerliche Seefahrt. Die Strömung des Kanarenstroms, so wird in diesem Gebiet der südliche Arm des Golfstromsystems genannt, und der Passatwind erwiesen sich als unerwartet stark. Thor Heyerdahl schreibt: »Eine Woche hatten wir hart gearbeitet, um vom Land wegzusteuern, und hier passierten wir Kap Juby mit dem Strom, nur einen Büchsenschuß entfernt (...). Wir hatten die Kanarischen Inseln bei schlechtem Wetter passiert, ohne Land zu sehen (...).«

Warum ist es so außerordentlich schwer, die Kanarischen Inseln von Afrika aus zu erreichen? Ein Blick auf die Seekarte verrät uns den Grund: Ständig weht der Passat von Nordost nach Südwest, und die Meeresströmung stellt eine Art Einbahnstraße von Europa in Richtung der Kanaren dar. Wundert es also, daß noch heute keine Schiffahrtslinie zwischen Afrika und den Kanaren existiert? Der normale Weg geht von Cadiz in Südspanien bzw. der Meerenge von Gibraltar aus. Auf dieser Route fahren alle Schiffe. Erst die heutigen Dampfer haben aus der Einbahnstraße eine Seeroute gemacht, die in beiden Richtungen befahrbar ist. Zur Zeit von Kolumbus (der ja bekanntlich ebenfalls von Cadiz aus in See stach) und der frühen Schiffahrt vor ihm war das keinesfalls so. Alle Schiffe mußten unweigerlich der Einbahnstraße folgen und den Rückweg nach Europa mit dem Golfstrom über die Azoren und Madeira antreten.

Thor Heyerdahl hatte bei seinem Experiment nicht die Absicht verfolgt, die Besiedlung der Kanaren von Afrika aus nachzuvollziehen. Es ist bemerkenswert, daß er zwar relativ leicht Amerika erreichte, ihm die Zufahrt zu den Kanarischen Inseln aber versagt blieb. Wir müssen davon ausgehen, daß die frühen Seefahrer stets dem Wind und der Meeresströmung ausgeliefert waren. Ihre Schiffe konnten nicht gegen den Wind kreuzen, wie das heutige Segler ganz selbstverständlich tun.

Wenn wir also diese Grundvoraussetzungen – Golfstrom und Passat – akzeptieren und davon ausgehen, dies sei auch schon vor ein paar tausend Jahren der Fall gewesen (wofür alles spricht), so läßt sich die Herkunft der Guanchen relativ leicht rekonstruieren: Sie müssen aus Südspanien gekommen sein oder noch weiter nördlich davon, von der portugiesischen Küste bzw. der bretonischen oder baskischen Küste. Es sind mehrere Ausgangspunkte denkbar, aber sie alle liegen an der europäischen Atlantikküste. Irgendwann in grauer Vorzeit müssen dort Menschen ihre angestammte Heimat verlassen und sich auf das Meer hinausgewagt haben. Immer der küstennahen Strömung folgend, trieben sie im Kanarenstrom und erreichten auf diese Weise unweigerlich die Kanarischen Inseln. Eine Rückkehr von dort gab es für diese frühen Flüchtlinge nicht mehr. Aber einmal auf den paradiesischen Gefilden angekommen, einer neuen Heimat, die alles in Überfluß für das Leben bot, kamen sie da überhaupt auf die Idee, jemals wieder zurückkehren zu wollen?

Was mag der Grund für ihren Aufbruch gewesen sein – Überschwemmungen, Naturkatastrophen, Angriffe durch überlegene Nachbarn? Wir wissen es nicht. Fest steht nur, daß immer wieder Menschen die große Seereise wagten. Es muß, wie die Funde beweisen, mehrere aufeinanderfolgende Besiedlungsschübe gegeben haben. Und sie verliefen planmäßig. Die Guanchen sind eindeutig Siedler und keine Schiffbrüchigen, die zufällig auf den Inseln strandeten.

Die Inselberber-Theorie bekommt durch diese Umstände – auch wenn die afrikanische Küste scheinbar so nahe liegt – einen entscheidenden Dämpfer. Dennoch muß es solche Versuche gegeben haben. Neben dem ganzjährig dominierenden Wind, dem Passat, gibt es nämlich noch einen weiteren Wind, den Levante, einen berüchtigt heißen Saharasturm, der gelegentlich tückisch aus der östlichen Sahelzone bläst. Er ist selten, aber zumeist verheerend, denn er brennt, trocknet aus, bringt soviel Staub mit sich, daß tagelang keine Sicht mehr herrscht, und er bringt Heuschreckenplagen mit sich. Gewiß kein angenehmes Wetter zum Reisen.

König Juby von Mauretanien bekam das am eigenen Leibe zu spüren, als er seine erste und zugleich letzte Expedition nach Gran Canaria startete. Er kam wohl mit dem Leben davon, riet aber jedem Nachahmer davon ab, seinem Beispiel zu folgen. Die Insel Canaria beschrieb er als »nicht lohnend«, ja schrecklich und fürchterlich, weil es dort nichts außer riesengroßen Hunden gäbe.

Seitdem ist von Afrika aus, mit seltenen Ausnahmen verwegener Seeräuber späterer Zeit, nicht mehr viel passiert. Im übrigen: Wäre der Seeweg von Marokko aus leicht zu schaffen, so dürften die Kanarischen Inseln schon längst irgendwann islamisiert worden sein. Nein, von dort kamen selten Menschen, bestimmt nicht die Guanchen, wie einige Wissenschaftler leichtfertig behaupten (es sind Schreibtischtäter, die wohl noch nie in einem Boot gesessen haben) – oder, wie es ein befreundeter, seerfahrener Kapitän mir gegenüber einmal ausdrückte, »nur in größter Verzweiflung, volltrunken und besinnungslos, und keiner überlebte die Landung«. Wenn man sich die Ostküsten der Insel einmal diesbezüglich anschaut, und das habe ich mit seiner Hilfe gründlich getan (siehe auch das nächste Kapitel), so läßt sich seine Aussage nur bestätigen.

Zuvor aber sollte noch die Frage untersucht werden, mit welcher Art Schiffen die Guanchen damals kamen, denn es wird immer wieder in der Literatur stereotyp darauf hingewiesen, daß die Guanchen bei Ankunft der Spanier keine Schiffe kannten. Abgesehen davon, daß diese Aussage nicht stimmt, ist sie in sich auch noch unlogisch, denn herangeschwommen kamen die Guanchen damals bestimmt nicht. Leonardo Torriani schreibt in seiner Chronik: »Sie machten auch Barken aus dem Drachenbaum, den sie im ganzen aushöhlten; wenn dann der Anker aus Stein dran war, schifften sie mit Rudern und Segeln aus Palmblatt um die Küsten der Inseln. Sie pflegten auch zuweilen von Gran Canaria aus nach Teneriffa und Fuerteventura hinüberzufahren, um zu rauben. Durch diese Schiffahrt hatten sie Ähnlichkeit mit den anderen Inseln, sowohl in der Sprache wie in einigen Sitten, wie sie von Fuerteventura überliefert wurden, die sie in der Gerechtigkeit nachahmten.«

Wir finden auf den Kanarischen Inseln viele frühen Darstellungen von Schiffen, Booten *(siehe Abb. 16–19, S. 39)* und Ankern sowie Berichte, die eindrucksvoll ihre Vertrautheit mit der See dokumentieren. Auf El Hierro befinden sich in den gravierten Lavaplatten des Gebietes El Julan mehrere Schiffsdarstellungen, an drei weiteren Stellen (El Julan, Bco. del Cuervo, La Caleta) deutlich erkennbare Ankerzeichen. In dem wegen seiner bedeutenden Felsbilder berühmten *Barranco de Balos* (Schlucht der Tänzer) auf Gran Canaria gibt es sogar eines, das von Fachleuten mit den hochseetüchtigen Drachenbooten der Nordmänner verglichen wird. D. J. Wölfel erkannte Ähnlichkeiten zu den Schiffsdarstellungen Skandinaviens (z. B. Hällristninger). Ich habe die Darstellung mehrfach fotografiert, abgerieben und immer wieder lange betrachtet. Wenn es meiner Meinung nach eine Ähnlichkeit zu prähistorischen Schiffen gibt, dann zu jenen altägyptischen Papyrusbooten, die Thor Heyerdahl für sein Ra-Experiment benutzte. Deutlich lassen sich der hochgezogene Bug und das ebenso gestaltete Heck, ein Kajütaufbau, Mastbaum mit Segel sowie der Anker ausmachen.

Auf La Palma befindet sich an dem bereits mehrfach erwähnten Quellenheiligtum Funte de Zarza die in den Fels gravierte Darstellung eines Mannes in einem Boot, der ein Ruder trägt. Genau solche Einbäume beschrieb Torriani, sahen die Chronisten bei den Eingeborenen.

Man muß sich vor Augen halten, daß die Inseln zueinander in Sichtweite liegen, sofern man hohe Berge besteigt. Von den Felsbildstationen La Palmas aus z. B. erkennt man bei gutem Wetter El Hierro, La Gomera (mit dem heiligen Tafelberg Fortaleza de Chipude) und den sanft geschwungenen Teide auf Teneriffa. Es wäre doch äußerst seltsam, wenn die Guanchen angesichts dieser Gegebenheiten nicht den Wunsch verspürt hätten, ihre Nachbarinseln zu besuchen!

Spurensuche per Schiff

Wenn man längere Zeit auf den Kanarischen Inseln zubringt, lernt man unweigerlich eine Reihe von interessanten Leuten kennen. Eines Tages, im Sommer 1986, traf ich Joachim Piechatzek, einen passionierten Hochseesegler, Taucher und Unterwasserfilmer. Er war allein mit seiner Jacht von Deutschland über die Azoren nach La Palma gekommen. Das schlanke, wendige, zehn Meter lange Teakholzboot lag nun im Hafen von Tazacorte vor Anker. Sein Vorhaben war, die Gewässer zwischen den Inseln zu erkunden. Das entsprach in etwa auch meinen Absichten, und so kamen wir bald ins Gespräch. Zur Unterwasserfilmerei war er sehr früh schon durch seinen Vater gekommen, der zeitlebens als hauptberuflicher Meeresarchäologe im Mittelmeerraum gearbeitet und dort einige beachtliche Funde gemacht hatte. Diese oft nur unter abenteuerlichen Bedingungen durchführbare Arbeit faszinierte bald auch den Sohn. Heute lebt Kapitän Piechatzek auf den Azoren.

Wir fachsimpelten tagelang, tief über die Seekarten gebeugt. Er besaß umfangreiches Kartenmaterial über die Wind- und Strömungsverhältnisse rund um die Kanaren, die im Laufe des Jahres gewissen rhythmischen Schwankungen unterliegen.

»Was meinst du«, fragte ich, »welche Insel erreicht man zuerst, wenn man von Norden kommt, sagen wir von der portugiesischen Küste oder der spanischen bei Cadiz, und nur mit einem einfachen Boot und ohne große, aufwendige Manöver segelt? Kannst du das mit möglichst einfachen Worten einem Laien erklären?«

»Es gibt so was wie zwei Hauptströmungen im Kanarenstrom, eine westliche und eine östliche. Die östliche treibt einen auf Gran Canaria und Teneriffa zu, die westliche auf La Palma, die ganz außen im Nordwesten liegt. Von dort aus erreicht man auch leicht El Hierro«

»Das deckt sich mit den Erkenntnissen in bezug auf die Felsbilder. Meiner Meinung nach befinden sich die ältesten von ihnen auf La Palma und El Hierro sowie auf Gran Canaria. Man könnte also daraus rückschließen, daß auf diesen Inseln die Guanchen zuerst ankamen... Aber ich würde es natürlich gern noch etwas genauer wissen. Nehmen wir z. B. hier La Palma: wenn man sich die Seekarte ansieht – an welcher Küste und an welchen Stellen liegen die Landeplätze der Ureinwohner, wo wären überhaupt Anlandungen möglich gewesen?«

Ohne lange nachzudenken deutete Kapitän Piechatzek auf die vor ihm ausgebreitete Karte. »Dafür kommt nur die Westküste in Frage.«

»Warum?«

»Das ist die Leeseite, die Seite des Windschattens. Die Strömung prallt recht kräftig von Nordost auf die Insel, genauer: westwärts an ihr vorbei. An der Ostküste ist die See viel zu rauh, dort würde ein leichtes Boot schnell an den Klippen zerschellen. An der Westseite dagegen bietet die Landzunge von Puntagorda einen natürlichen Schirm. Hat man den hinter sich, wird das Meer still. Darum liegt hier auch der Hafen in der Bucht von Tazacorte, ein ausgezeichneter Ankerplatz.«

Das fanden die Spanier auch, als sie 1492 genau an dieser Stelle landeten, um die Insel zu erobern. Fünfhundert Jahre später befanden wir uns nun an genau der gleichen Stelle.

»Aber die Hauptstadt Santa Cruz und der große Hafen befinden sich doch an der Ostseite. Wie erklärt sich das?«

»Das ist eigentlich eine Fehlentscheidung gewesen, die Stelle dort liegt sehr ungünstig. Wenn die starken Hafenmauern nicht wären, würde da kaum was ablaufen. Hast du das Meer mal beobachtet, wie es an manchen Tagen so stark tobt, daß die Uferstraße überspült wird? Die Bäume und Pflanzen am Straßenrand sind seewärts zu alle schon vom Salzwasser eingegangen.«

»Du meinst also, daß auch die Guanchen, vielleicht ein paar tausend Jahre vor dem Eintreffen der Spanier, in der Bucht von Tazacorte an Land kamen?«

»Möglich, vielleicht auch an einigen Stellen weiter nördlich davon. Wir können es ja mal untersuchen...«

Genau das taten wir. Als wir ausliefen und die Bucht von Tazacorte in nördlicher Richtung verließen, war es so windstill, daß wir ohne Segel fuhren und nur durch die Kraft des starken Motors vorankamen. Bereits nach kurzer Strecke an der hohen Steilküste entlang fanden wir bei Tijarafe die erste gute Möglichkeit zum Ankern und Anlanden. Bis zur Landzunge von Puntagorda boten sich noch mehrere kleinere Buchten dazu an. Dann aber sahen wir plötzlich nördlich von uns die gewaltigen Kräfte im Meer. Nicht mehr blau war dort das Wasser, sondern giftgrün und mit weißen Schaumkronen. Zugleich schlug der Wind von einer Minute zur anderen praktisch von Null auf Stärke Acht um. Es war unmöglich, in so kurzer Zeit das Segel zu setzen, und der Motor kam gegen die Strömung kaum noch an. Es dauerte ungefähr eine Stunde, um ohne Risiko ein Wendemanöver durchzuführen und zurück in die stillen Gewässer zu kommen. An diesem Tag gaben wir die Weiterfahrt auf und schliefen in einer kleinen, gemütlichen Bucht an Land. Am nächsten Tag, besser auf die Kraft der Strömung vorbereitet und unter Segel, konnte die Fahrt fortgesetzt werden.

Das Resultat der Untersuchungen bestätigte unsere Vermutungen, die wir bereits aufgrund der Karte geäußert hatten: Im Westen der Insel La Palma liegen viele potentielle Anlandestellen, und die Namen verraten zudem häufig, daß sie zu den verschiedensten Zeiten genutzt wurden. Da gibt es im Norden die *Costa de Franceses* (an der ein französischer Seeräuber namens Le Clarc sein Unwesen getrieben haben soll) sowie ein gleichnamiges Dorf und eine (archäologisch sehr ergiebige!) Schlucht namens *Barranco de Hombres* (Schlucht der Menschen). Es folgen die *Prois de Gallego* (Galizier) und die *Callao de Portugueses.* Nahe Garafia und unterhalb jenes Gebietes, an dem die große Pyramide gestanden hat, liegt ein kleiner, noch heute von Fischern genutzter Hafen. Die landaufwärts führenden Schluchten sind sehr ergiebige Fundstellen für Felsbilder, gravierte Steine und Anhäufungen von Keramikfragmenten. Südlich der Insel *Roque del Guincho* folgen mehrere kleinere Anlegestellen, dann die Bucht von Tazacote (mit dem einzigen Zugang in den Kraterkessel Caldera de Taburiente und zum Aridanetal). Es folgen Puerto Naos und Charco Verde, zwei beliebte Badebuchten, und ein zweiter *Barranco de los Hombres* (Menschenschlucht), in dem guterhaltene Skelette von Ureinwohnern gefunden wurden.

Die Ostküste dagegen bietet kaum eine Möglichkeit, an Land zu kommen. Die spanischen Archäologen, die wegen ihrer blinden Fixierung auf die Inselberber-Theorie an die Erstbesiedelung der Ostküste glauben, sind wohl noch nie mit einem Boot unterwegs gewesen, sonst würden sie solchen Unsinn nicht behaupten. Abgesehen davon liegen dort so gut wie keine Felsbildstationen, während sich die

Hauptmasse aller Funde im Nordwesten und Westen der Insel befindet.

Unsere Experimente waren mühsam und zeitraubend, aber sehr aufschlußreich. Wir haben dabei das Grundmuster erkannt, das im Prinzip auf allen Kanarischen Inseln vorzufinden ist: die ersten Guanchen kamen mit der Strömung aus dem Norden und niemals von Osten her.

Dies bestätigt auch eindrucksvoll ein weiteres Experiment, das wir 1989 im Rahmen der Dreharbeiten zum *Terra-X*-Film *Die Inseln des Drachenbaums* durchführen konnten. Mit guter Planung und ein bißchen Glück haben wir (nomen est omen!) die »Thor Heyerdahl« chartern können. Der historische Dreimaster wurde nicht ohne Grund nach dem berühmten Abenteurer und Forscher benannt: Detlef Soitzek, sein jetziger Kapitän, war Mitglied des Forschungsteams bei Heyerdahls berühmter Tigris-Expedition. Damals fuhren sie auf einem Schilfboot nach sumerischem Vorbild durch den Persischen Golf, nun befindet sich der stolze Windjammer auf ausgedehnten Kreuzfahrten zwischen Europa und der Karibik. Für unser Filmprojekt änderten Kapitän und Mannschaft eigens die Route: die »Thor Heyerdahl« ist nun, von der afrikanischen Küste kommend, unterwegs mit Kurs auf die Kanaren. Wir filmen vom Hubschrauber aus und sehen, daß das Schiff schwer gegen den Wind und die Meeresströmung anzukämpfen hat, wenn man abseits des üblichen Seeweges unterwegs ist. Die »Thor Heyerdahl« hält Kurs, denn sie kann, wie alle neuzeitlichen Segelschiffe, kreuzen. Die primitiven Boote der Guanchen im 2. oder 3. Jahrtausend vor Christus konnten das mit Sicherheit nicht. Sie mußten mit der Strömung segeln.

Aus diesem einfachen Grund waren die Meeresströmungen Reise-, Handels- und Siedlungswege. Auf ihnen haben sich, wie Thor Heyerdahl es einmal ausdrückte, alle Hochkulturen verbreitet und weiterentwickelt. Auch die Pyramiden? Mit Sicherheit!

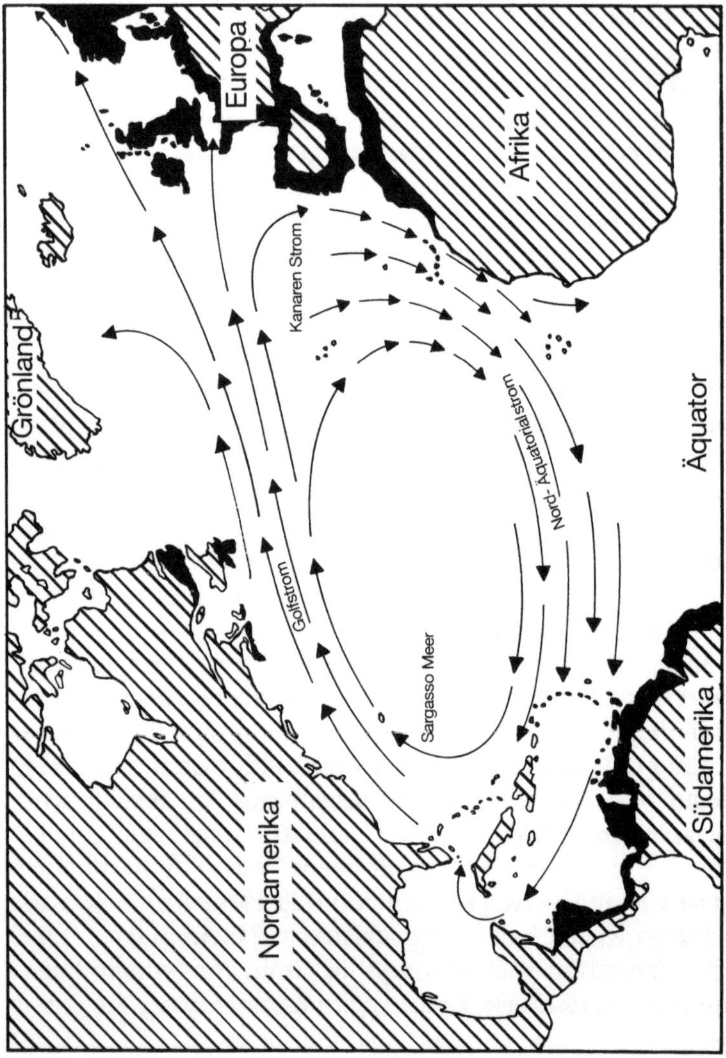

Abb. 23: Das Golfstromsystem (schwarze Küstenflächen: Verbreitung der Megalithkultur bzw. Spuren von megalithischer Bauweise)

Die merkwürdigen Steinhaufen von El Paso

Bleiben wir vorerst noch auf der grünen Insel La Palma. Im oberen östlichen Teil des Aridanetales, nicht weit von der pulsierenden Kleinstadt Los Llanos de Aridane und dem Dorf El Paso entfernt, stoßen wir bei unserer Spurensicherung in Sachen Guanchenkultur auf reichhaltige Fundstätten. Es handelt sich um mehrere Felsbildstationen mit sehr schönen Zeichen, von denen die Stelle Lomo de Fajana besonders sehenswert ist. Erst kürzlich entdeckt und durch ein Holzgeländer provisorisch gesichert, bietet sie einen beeindruckenden Anblick: die große, rötliche Felswand ist über und über mit Sonnenrädern, Sternzeichen, Wellenbändern und Augendarstellungen bedeckt. Die ganze Anlage erinnert an ein astrologisches System und wird von fachkundigen Besuchern oft als Sonnenkalender bezeichnet. Wie die meisten Felsbilder der Kanarischen Inseln ist auch diese Anlage noch nicht gründlich analysiert worden.

Ganz in der Nähe, in einem ausgetrockneten Bachbett, unterhalb des Friedhofs, liegt die nächste Ansammlung von Guanchengravuren. In den abgelegenen Schluchten ringsum stößt man beinahe überall auf Wohnhöhlen mit deutlichen Spuren längerer Besiedlung. Am erstaunlichsten aber präsentiert sich eine Zone am Berghang oberhalb von El Paso, die von den einheimischen Hirten Tamarahoya genannt wird. Hier liegen große Platten mit wunderschönen Zeichen der unterschiedlichsten Art. Ganz nahe im Kiefernwald stieß ich auf eine uralte Ansiedlung, d.h. auf Reste von runden Hausmauern in mörtelloser Trockenbauweise, Viehgehege und sogar deutliche Anzeichen einer Bachregulierung. Weiter oben befindet sich ein größeres, schwer zugängliches Höhlensystem, in dem ich einen Friedhof der Ureinwohner vermute.

Dies alles zeigt sich dem aufmerksamen Betrachter und weist darauf hin, daß sich in diesem Raum das Stammesgebiet von Aridane befand; hier lebten Guanchen, hier irgendwo in der Nähe muß sich auch der Tempel befinden, in oder auf dem ihr König gekrönt wurde, wie das die Volkssagen von La Palma erzählen. Aber wo genau?

Oft habe ich danach gesucht, dabei einige kleinere Entdeckungen und gute Funde an Keramik, Schmuck, Werkzeug und anderen Utensilien der Ureinwohner gemacht, aber nie jene Stelle entdeckt, von der es in den Sagen heißt: »Der König bestieg seine Pyramide, betete dort zu den Göttern und wurde vom Volk verehrt«. Manchmal ist man ja blind. Und dann fiel es mir eines Tages wie Schuppen von den Augen, als ich aus den Bergen von Tamayahoya zurück nach El Paso stieg!

Es war heiß und der Himmel von jener seltenen Klarheit, die alle Details, auch solche, die weit entfernt liegen, überdeutlich werden läßt. Vom Hang aus blickte ich weit über das Aridanetal und sah plötzlich Dutzende größerer und kleinerer Pyramiden.

Ich glaubte zuerst, eine Fata Morgana zu sehen oder mir etwas einzubilden, das nicht real, sondern nur in meiner Vorstellung bestand. Doch alles war Wirklichkeit und greifbar vorhanden. Zwischen den verschachtelten Gehöften von El Paso mit ihren roten Ziegeldächern und den flachen der modernen Bungalows, den hohen Steinmauern, Wassertanks und Gartenanlagen ragten an vielen Stellen merkwürdige Steinanhäufungen heraus. Was mochte das sein, warum waren sie vorher weder mir noch irgend jemandem sonst aufgefallen? Die Grundformen der Steinhaufen waren rund, zum Teil aber auch eckig und verjüngten sich deutlich zur Spitze hin. Das Material – alte, verwitterte Steine von teilweise beachtlicher Größe – hob sich in seiner Färbung kaum von den Feld- und Grundstücksmauern ab, vielleicht nur in einer einzigen Hinsicht: es wirkte insgesamt älter als das Baumaterial der benachbarten Gebäude.

Natürlich befragte ich dazu sogleich und später noch oft die Anwohner – niemand konnte befriedigend Auskunft über Sinn, Zweck und Ursprung dieser Steinhaufen geben. Es seien wohl Lesesteine, hieß es, die ganz früher einmal von den alten Siedlern von den Feldern geräumt worden seien. Man hätte sie aufgeschichtet, damit sie nicht mehr im Wege seien. Wann genau das passiert war, wußte niemand in El Paso.

»Aber warum hat man sie nicht für den Bau der Häuser, der Mauern, der Terrassen oder der Straße benutzt?« fragte ich. »Es ist doch billiges Baumaterial und zudem äußerst leicht einzusetzen. Dort zum Beispiel liegt der große Steinhaufen direkt im Garten neben dem Haus...«

Achselzucken als Antwort. Ja, das sei schon irgendwie seltsam. Aber darüber hätten sie noch nie nachgedacht, manche Dinge seien einfach so, wie sie seien, und es sei müßig, sich darüber unnötig Gedanken zu machen.

Ob sie denn einverstanden seien, daß ich mit ein paar Hilfskräften einen solchen Steinhügel abtragen würde, fragte ich. Erstaunlicherweise verneinten dies alle. Man verwies auf komplizierte Besitzverhältnisse und brachte allerlei Einwände vor, die mir eher emotional als stichhaltig erschienen. Insgesamt war ich wohl ein verrückter Ausländer, der sinnlose Unruhe in den behaglichen Alltag brachte. »Tranquilo« heißt das wichtigste Wort der Canarios. Es bedeutet so viel wie »ruhig, still, entspannt, nur keine Aufregung...«.

Nun, diese Einschätzung beleidigt mich nicht, eher betrachte ich sie als Ehre. Ich kenne die einheimische Mentalität inzwischen etwas besser, weiß auch, daß die heutigen Canarios, vielleicht mit Ausnahme einiger alter Ziegenhirten, erstaunlich wenig über ihre eigene Geschichte wissen. Die Kultur ihrer Guanchenvorfahren ist ihnen weitgehend unbekannt, kaum jemand beachtet die alten Felsbilder, und das allgegenwärtige Phlegma tut sein übriges, den Tatendrang der »verrückten Extranjeros« zu dämpfen.

Ich bin sicher, daß die Steinhügel von El Paso nicht grundlos errichtet wurden. Unter ihnen verbirgt sich etwas, man müßte sie nur abtragen und öffnen, und die alten Sagen würden wieder zum Leben erwachen. Irgendwann wird dies auch geschehen, vielleicht schon bald, nachdem auf Teneriffa das Pyramiden-Fieber ausgebrochen ist und alle Welt nur noch davon spricht.

Terra X untersucht die Inseln des Drachenbaums

1988 erhielten wir endlich vom ZDF den Auftrag, einen Film über die Kanarischen Ureinwohner für die Sendereihe *Terra X – Rätsel alter Weltkulturen* zu drehen. Die Dreharbeiten erstreckten sich bis ins Jahr 1990 hinein, im Oktober 1990 wurde unser Film mit dem Titel *Die Inseln des Drachenbaums. Magische Plätze auf den Kanaren* gesendet. Er war zugleich der Start für die neue *Terra-X*-Staffel, was den Vorteil brachte, daß er eigens dazu auf einer Pressekonferenz im Völkerkundemuseum Berlin-Dahlem gezeigt werden konnte.

Mit *wir* meine ich das KULT-UR-INSTITUT FÜR INTERDISZIPLINÄRE KULTURFORSCHUNG, bei dem ich mittlerweile einer der beiden wissenschaftlichen Leiter geworden war, und den Münchner Filmregisseur und -produzenten Frieder Mayrhofer. Ich zeichnete bei dem Unternehmen verantwortlich als Expeditionsleiter, Drehbuchautor und wissenschaftlicher Berater. Die ganze Sache wurde mit großem Geld- und Materialaufwand gedreht, mit relativ großem Team und dem Einsatz aller nur denkbaren Hilfsmittel wie Jeeps, Hubschraubern, Schiffen, Drachenfliegern und sogar einer Spezial-Seilschaft für das Experiment, den *Roque Agando* auf Gomera zu besteigen. Nur davon möchte ich – stellvertretend für den ganzen Film (der mit der Schwierigkeit zu kämpfen hatte, das umfangreiche Material an Bildern und Informationen in 45 Minuten zu pressen) – berichten.

Zunächst fielen mir auf La Palma Fotos eines Münchner Bergsteigers in die Hände, der den Aufstieg bereits mehrmals gewagt hatte und dabei auf merkwürdige Dinge gestoßen war. Ich nahm in Deutschland Kontakt mit dem Mann auf und besuchte ihn bald darauf zu einem ausführlichen Gespräch. Was war passiert?

Rüdiger Steuer ist ein leidenschaftlicher Bergsteiger, er verfaßt Berichte über seine Erlebnisse und gibt Bücher mit Bergtouren und Wandertips heraus. Die Alpen sind ihm vertraut, seit einigen Jahren auch die kanarischen Berge, die in Insiderkreisen als Geheimtip gelten. Der Roque Agando ist nicht ohne: 1250 Meter ragt er steil aus dem Zentrum der Insel La Gomera heraus und besitzt stellenweise die alpinen Schwierigkeitsgrade vier und fünf. Bei seiner letzten Gipfelbezwingung hatte Rüdiger Steuer sich wieder einmal in das Bergbuch eingetragen (das erstaunlich wenige Namen enthält) und einen besseren Aufbewahrungsort für die Schatulle gesucht, die das Bergbuch verwahrt. Dabei war sein Blick auf zwei größere Steinanhäufungen auf der Gipfelplattform gefallen. Er hielt die eine davon für einen geeigneten Platz und löste Steine heraus, um die Schatulle mit dem Bergbuch dort zu verstauen. Plötzlich hielt er ein schalenartiges Gefäß in der Hand. Es war schwer, aus Stein und dennoch sorgfältig bearbeitet. Rüdiger Steuer ahnte sofort, daß dieses Gefäß nicht aus jüngerer Zeit stammte, bestimmt nicht von einem Bergsteiger vor ihm, und auch die beiden Steinanhäufungen kamen ihm bei näherer Betrachtung mittlerweile auch nicht mehr ganz normal vor. Vorsichtshalber fotografierte er also das Gefäß, bevor er es wieder in den Steinhaufen legte.

Institutspartner Christof Heil, der auf Mallorca bereits ähnliche Gefäße gesehen hatte, die aus dem 2. Jahrtausend v. Chr. stammten, riet sofort, eine weitere Besteigung des Roque Agando vorzunehmen, um das Gefäß zu bergen, nach Deutschland zu bringen und dort einer gründlichen Laboruntersuchung zu unterziehen. Dies tat Rüdiger

Steuer auch, inzwischen selber angeregt durch unsere Neugier, und brachte von seinem nächsten Gomera-Urlaub das Gefäß mit. Wir brachten es ins Labor, fanden dort aber keinerlei Gebrauchsspuren und konnten den Gegenstand nicht datieren. Mit Gewißheit ließ sich nur sagen, daß er aus Phonolit (Klingstein) bestand, nicht mit Metall, sondern mit Steinwerkzeugen bearbeitet und sehr sorgfältig ausgehöhlt worden war.

Weitere Untersuchungen warfen ein besonderes Licht auf den Roque Agando selbst. Die Insel La Gomera war zur Zeit der Guanchen unter vier Stämmen aufgeteilt (Agana, Mulagua, Orone und Hipalan). Der weithin sichtbare, die Landschaft beherrschende Berg in Form eines überdimensionalen Phallus liegt zentral in der Inselmitte am Schnittpunkt mehrerer Wege. Da es auf der Insel verschiedene Bergheiligtümer der Ureinwohner gibt (z. B. der Tafelberg Fortaleza de Chipude), lag der Gedanke nahe, daß es sich beim Roque Agando um einen Ort von überregionaler Bedeutung für die Altgomerer handeln konnte – vergleichbar der »Weltensäule« Idafe auf La Palma *(s. Abb. 1 im Farbteil)*.

Es reifte daher der Plan, im Rahmen der *Terra-X*-Expedition eine Seilschaft zusammenzustellen, um den Gipfel des Roque Agando wissenschaftlich untersuchen zu können. Zunächst war vorgesehen, mich per Hubschrauber auf der Gipfelplattform abzusetzen und nur das Filmteam aufsteigen zu lassen. Aber es kam ganz anders. Trotz aller Zusagen seitens der Inselverwaltung stand uns plötzlich doch kein Hubschrauber zur Verfügung. Es wurde uns auch mehrfach abgeraten, das Unternehmen überhaupt zu wagen, der Aufstieg sei viel zu steil und gefährlich und dergleichen Bedenken mehr.

Wir hatten uns die Sache aber in den Kopf gesetzt und wollten sie auch durchführen. So wurden zwei Seilschaften gebildet. Die eine mit Rüdiger Steuer und mir, die zweite mit dem Bergfilmer und Kameramann Martin Biock und der Toningenieurin Lydia Biock, beides Profis am Berg. Ich bin das nicht, habe noch nie am Seil gehangen. Vom Basiscamp aus, wo zwei weitere Kamerateams warteten, um den Aufstieg von unten aus zu filmen, betrachtete ich mit bangem Gefühl den steilen Riesen. Neugier und wohl auch ein wenig Besessenheit trieben mich schließlich dazu mitzumachen.

Der Zugang zum Gipfel ist nur über die schroffwandige Ostflanke möglich; der Fels ist glatt und rutschig, stellenweise zerbröckelt das Gestein unter den Füßen. Früher, zu Zeiten der Ureinwohner, muß sich ein ganz anderes Bild geboten haben, denn noch vor dem verheerenden Waldbrand von La Gomera war der Roque Agando bewaldet gewesen und bot dadurch Kletterhilfen. Dennoch muß der Aufstieg eine Mutprobe gewesen sein, vielleicht gehörte er zum Bestandteil eines Einweihungsrituals.

Das Unternehmen war gut vorbereitet, die drei Bergsteiger hatten noch einmal tags zuvor alle Haken am Fels überprüft und Flaschen als Trinkwasservorrat deponiert. Besonders diese letzte Maßnahme sollte sich später bei dem schweißtreibenden Unternehmen als segensreich erweisen. Mit den beiden Kamerateams unten verständigten wir uns über Sprechfunk.

Ich folgte allen Anweisungen Rüdiger Steuers, konzentrierte mich total auf den Fels, und so ging alles ohne Zwischenfall über die Bühne. Nach Stunden hatten wir es geschafft, gratulierten uns erschöpft auf der Gipfelplattform. Aber wir konnten uns nur eine kurze Verschnaufpause gönnen, denn nun begann ja erst die eigentliche Arbeit: wir mußten systematisch die Plattform absuchen. Außerdem wollten wir nicht auf dem Roque Agando übernachten, sondern noch vor Einbruch der Abenddämmerung wieder unten sein.

Die beiden Steinhaufen mit jeweils einem Radius von etwa fünf Metern und einer Höhe von 1,5 bis 2 Metern wirkten nur auf den ersten Blick als ungeordnet. Als wir den ersten abzutragen begannen, stießen wir bald auf große

Steinquader, die so schwer waren, daß sie drei erwachsene Männer nicht von der Stelle bewegen konnten. Diese Quader lagen sauber zu einer Rundform gefugt. Wer hatte sie errichtet und zu welchem Zweck?

Nach kurzer Zeit stießen wir auf sechs weitere Gefäße *(s. Abb. 9 im Farbteil)*, vier davon wie unser Steinkrug aus Phonolith, zwei aus leichterem roten Tuffgestein. Bei näherer Untersuchung entpuppten sich zwei der Gegenstände als zusammengehörende Teile, Ober- und Unterteil einer primitiven, archaischen Reibemühle. Unser Krug bot sich als Mörser an, ein weiterer Fund als Reibewanne, die anderen als Schalen. Als wir kurz darauf noch einen faustkeilartig geformten Stößel fanden, der genau in den Mörser paßte, sowie in der eingebackenen Humusschicht zwischen Steinen im Inneren des Hügels auf ein Lager verschiedenfarbener Erdpigmente stießen, war mir der Zweck der aufgefundenen Gegenstände klar: Es handelte sich um Werkzeuge zum Zerstoßen, Zermahlen und Anrühren von Erdpigmenten, also zur Farbstoffgewinnung. Mit etwas Trinkwasser rührte ich den roten Ockerfarbstoff an und bemalte mir damit Arme und Oberkörper. Die Farbe trocknete sofort an und ließ sich kaum noch von der Haut abreiben.

Hatte hier ein Initiationsritus stattgefunden, bei dem sich die Eingeweihten, vielleicht Jünglinge zur Männerweihe, unter Anleitung eines Medizinmannes bemalten? Sangen und tanzten sie dabei, fasteten und meditierten sie tagelang auf dem Gipfel des heiligen Berges, beteten sie die Sonne an oder Orahan? Als Rundpyramiden konnte man die beiden Steinhaufen nun wirklich nicht bezeichnen, dazu waren sie zu klein. Aber daß wir uns hier auf einem besonderen Platz befanden, daß hier geheimnisvolle Kulte der Guanchen stattgefunden hatten, wurde uns allen bald klar.

Wir suchten noch weiter, fanden aber keine weiteren Gegenstände mehr. Tiefer ins Innere der Steinanhäufungen konnten wir nicht vordringen, dazu hätte es irgendwelcher Hebewerkzeuge bedurft oder einer größeren Anzahl von

Arbeitskräften. Außerdem verging die Zeit wie im Flug, die Bergsteiger drängten zum Aufbruch; wir mußten ja noch mehrere Stunden für den Abstieg rechnen und wollten dabei keinesfalls in die Dunkelheit geraten.

Also versteckten wir die Funde in einer kleinen Höhle am Rand der Plattform. Dort liegen sie sicher, bis sie in ein entsprechendes Museum überführt werden können. Ein solches existiert auf La Gomera noch nicht, es fehlt an Geld und ausgebildeten Fachkräften. Und solange es kein Guanchenmuseum auf der Insel gibt, liegen die Fundstücke auf dem Gipfel des Roque Agando sicher. Eigentlich gehören sie ja auch dorthin. Aber wer weiß, welche Überraschungen sich noch im Kern der Steinhaufen befinden.

Die Pyramiden von Teneriffa

Im Frühjahr 1991 sorgten spektakuläre Funde auf Teneriffa für Aufregung, machten Schlagzeilen in der spanischen, britischen und deutschen Presse: Bei Güimar im Westen der Insel wurden zwei Pyramiden entdeckt. »Pyramid link between two worlds«, überschrieb die englische Zeitung *The European* ihren Leitartikel.

Dabei sind die Pyramiden von Güimar von erstaunlicher Größe: etwa 6 bis 7 Meter hoch, 10 mal 20 Meter in der Grundfläche die eine, 9 mal 35 Meter die andere. Sie bestehen aus sorgfältig geschichteten Steinquadern und sind terrassenförmig gestuft. Wie hatte man so große und auffällige Bauwerke übersehen können? Auch hier spielten wieder einmal die Trägheit der Anwohner und eine gewisse Ignoranz der Behörden eine Rolle. Die weithin sichtbaren Anlagen wurden als ein Haufen alter Steine abgetan, die »irgendwann von frühen Siedlern aufgetürmt worden seien, um das Ackerland von Steinen zu befreien«, »keinesfalls älter als dreihundert Jahre ...«

Die gleichen lapidaren Argumente wie in El Paso auf La Palma! Aber hier in Güimar kam alles anders. Irgend jemand machte Thor Heyerdahl auf die Funde aufmerksam, und er reiste mit einem Wissenschaftlerteam an, um die Angelegenheit näher in Augenschein zu nehmen *(s. Abb. 10 im Farbteil)*. Man muß dazu wissen, daß der 76 Jahre alte Heyerdahl seit einigen Jahren in Peru arbeitet und dort mit Walter Alva Pyramiden untersucht. Zum besseren Verständnis möchte ich an dieser Stelle einen Bericht der *Frankfurter Rundschau* vom 25. Mai 1991 zitieren. Er lautet:

DER TUT-ENCH-AMUN VON SIPAN
Peru wirbt mit einem sensationellen archologischen Fund

Peru hat es zur Zeit schwer, Touristen anzulocken: Guerillakämpfe, Überfälle und jetzt noch eine verheerende Cholera-Epidemie, die bereits 1300 Tote gefordert hat. Deshalb wirbt man jetzt besonders mit den archäologischen Schätzen, die in den letzten Jahren im »Land der Inkas« geborgen wurden und die von Wissenschaftlern mit der Entdeckung des Tut-Ench-Amun-Grabes in Ägypten gleichgesetzt werden. Im Februar 1987 stellte die Polizei in Lambayeque, in der Provinz Sipan im Nordwesten des Landes, geraubte Goldstücke von offenbar größtem Wert sicher. Der Hügel aus Lehmziegeln, in dem die Räuber gegraben hatten, war schon seit langem bekannt; ebenso die beiden danebenliegenden Lehmpyramiden.
Unter dem Druck, die Fundstätte vor weiteren Räubern sichern zu müssen, begann der Archäologe Dr. Walter Alva mit seinen Helfern zu graben. Was sie nach sechs Monaten unter tonnenschweren Schuttschichten fanden, war das erste unversehrte, vollständig erhaltene Herrschergrab des amerikanischen Kontinents – der wichtigste Fund aus der präkolumbianischen Epoche, der bislang gemacht wurde.
Dr. Alva war auf ein Mausoleum gestoßen, in dem offenbar eine ganze Reihe von Fürsten der Moche-Kultur (etwa 100 v. Chr. bis 600 n. Chr.) bestattet wurden. Die Mochicas, so weiß man heute, waren Meister der Metallbearbeitung und unterhielten vielfältige Handelsbeziehungen. Warum ihre

Kultur zu Ende ging, ist unbekannt. Die Funde von Sipan geben nun erstmals Aufschluß über ihre Gesellschaftsstruktur und ihre religiösen Riten.
Der Inhalt des ersten Grabes war der bislang sensationellste: Vor 1500 Jahren war dort ein 35 bis 40 Jahre alter Mochica-Fürst bestattet worden, zwischen insgesamt elf Schichten aus Standarten, Perlenketten und schwerem Gold- und Silberschmuck. Der »Herr von Sipan« war mit allen Insignien seiner weltlichen und religiösen Macht versehen.
Inzwischen ist der größte Teil des Fundes behutsam restauriert worden – und zwar im Römisch-Germanischen Zentralmuseum in Mainz, das als einziges über entsprechende Fertigkeiten und modernste Geräte verfügt. So wird bei korrodierten Metallen mittels eines brandneuen Verfahrens der Oxidationsvorgang rückgängig gemacht und die Patina-Schicht entfernt.
Zwei peruanische Restauratoren wurden bereits in Mainz ausgebildet und arbeiten wieder in der Ausgrabungsstätte. Ziel ist es, künftig alle Restaurierungsarbeiten in Lambayeque durchführen zu können. Doch wie lange dort überhaupt noch weitergegraben werden kann, ist unklar: Das bitterarme Peru hat kein Geld dafür übrig, und auch das Mainzer Museum kann nicht mehr Mittel zur Verfügung stellen. So verhandelt Dr. Alva zur Zeit mit deutschen Stiftungen, von denen er sich eine Finanzierung erhofft.
In Sipan gäbe es noch genug Schätze, die den wartenden Grabräubern in die Hände fallen könnten: Acht Gräber sind bislang in dem Mausoleum entdeckt worden, und allein in der Umgebung der Fundstätte sind noch etwa 20 weitere Pyramiden nicht erforscht – so etwa im nahegelegenen Tucume, wo Dr. Alva gemeinsam mit dem Norweger Thor Heyerdahl ein gewaltiges Projekt leitet.
Die Ausgrabungsstätten von Sipan und Tucume sind bereits für Touristen unzugänglich. Einige Fundstücke und eine getreue Nachbildung des Fürstengrabes sind im Brüning-Museum in Lambayeque ausgestellt. 1992 sollen die restlichen Stücke wieder von Mainz nach Peru gebracht werden. In einigen Jahren, so glaubt man, wird Sipan neben dem berühmten Machu Picchu zu einem der Höhepunkte des Südamerika-Tourismus gehören.

Jetzt wird klar, warum Thor Heyerdahl sofort von Peru nach Teneriffa auf den Kanarischen Inseln reiste! Die Übereinstimmung der Formen und verschiedene andere Hinweise hatten die Pyramidenfunde von Güimar für ihn interessant gemacht. Und Thor Heyerdahl hatte Glück: Sein auf den Kanaren ansässiger Landsmann, der norwegische Großunternehmer und Reeder Fred Olsen, erklärte sich bereit, die Forschungsarbeiten zu sponsern. Als erste Maßnahme kaufte er das ca. 80 000 qm große Gelände rund um die Pyramiden auf. Natürlich nicht ohne ökonomische Hintergedanken: hier soll, wenn die Arbeiten einmal abgeschlossen sind, ein Besucherzentrum mit audiovisuellen Vorführungen (Video und Dias) und Ausstellungen entstehen. Unter anderem soll z. B. dort die berühmte »Kon-Tiki« ausgestellt werden, das nach altperuanischem Vorbild erbaute Floß. Mit diesem hatte Thor Heyerdahl den Ozean überquert, um zu beweisen, daß die Besiedlung der polynesischen Inselwelt (vor allem die Osterinsel) von Peru aus durchaus möglich gewesen ist. Die Verhandlungen über den Ankauf des Geländes begannen genau zu dem Zeitpunkt, als die Voruntersuchungen des Heyerdahl-Teams abgeschlossen waren, und Thor Heyerdahl sich bereit erklärte, ab Herbst 1991 mit den planmäßigen Ausgrabungsarbeiten in Güimar zu beginnen.

Was war geschehen, was hatte Fred Olsen überzeugt? Nun, das Heyerdahl-Team konnte mit hochmodernem Gerät arbeiten, und es gelang ihnen auf Anhieb eine sensationelle Entdeckung: In den Pyramiden von Güimar liegt etwas begraben, Fremdkörper, deren Materie sich ganz deutlich vom Grund und Boden – Gestein, Erde, Lava – unterscheidet. Aber noch ist unklar, um was es sich handelt.

Diese Nachrichten erreichten mich zu einem Zeitpunkt, als ich an ganz anderen Stellen der Welt dem Geheimnis der Pyramiden auf der Spur war, nämlich in Ägypten und in der Bretagne (dazu mehr in den folgenden Kapiteln). Es ist klar, daß mich die Pyramidenfunde von Güimar erregten. »Überraschten« wäre der falsche Ausdruck, denn ich hatte solches schon seit längerem vermutet, spätestens seit meiner Arbeit an den Pyramidenresten von Garafia und El Paso auf La Palma. Ich war in die laufenden Forschungsprojekte viel zu eingespannt, um gleich alles stehen und liegen zu lassen und nach Teneriffa zu reisen. Also bat ich einen dortigen Bekannten, Walter B. Haehnel, der in dem kleinen malerischen Ort Garachico an der Nordküste lebt, um seine Mitarbeit. Sie erwies sich als äußerst hilfreich.

Walter B. Haehnel ist von Haus aus kein Archäologe, sondern Präparator. Aber natürlich interessieren ihn alle Dinge, die mit der geheimnisvollen Guanchen-Kultur in Zusammenhang stehen. Als man bei den Erdarbeiten zum Autobahnbau bei Maspalomas auf einen Friedhof der Ureinwohner stieß (davon habe ich schon erzählt), war er einer der ersten dort und versorgte mich mit aktuellem Fotomaterial. Es war auch geplant, ihn in die Dreharbeiten zum *Terra-X*-Film einzubinden, jedoch fiel die Fundstelle dem Druck zum Opfer, unter dem das Filmteam angesichts der ungeheuren Mengen an Material stand. Sehr zu meinem Leidwesen, ich hätte gern dort gefilmt, aber mehr als 45 Minuten Sendezeit standen uns nun nicht zur Verfügung.

Hier ist also Walter B. Haehnels Bericht, nachdem er die Pyramiden von Güimar ausgiebig besucht und fotografiert hatte *(s. Abb. 11–14 im Farbteil)*:

> Die Pyramiden befinden sich etwa 1 km in westnordwestlicher Richtung vom Stadtzentrum Güimar (Kirche) entfernt, westlich der Straße Chacaica. Es handelt sich nicht um zwei, sondern um drei Pyramiden, die zusammen mit einer aufgehöhten Plattform (Plateau) einen zusammenhängenden Komplex bilden. Die gesamte Anlage erstreckt sich in Ost-West-Richtung und besitzt eine Länge von mehr als 120 Metern. Alle drei Pyramiden haben etwa die gleiche Höhe, je nach Geländeverlauf zwischen fünf und sieben Metern.

Am Ostrand der Anlage liegt die Ost-Pyramide mit 10 mal 20 Metern quer zur Längsachse der Anlage, also in Nord-Süd-Richtung. In der Mitte der Westseite dieser Pyramide führt eine schmale, ca. 70 cm breite Treppe nach oben. Die Ost-Pyramide hat acht Stufen. An der Ostseite befindet sich an der Nordostecke ein kleiner, quadratischer Anbau, der ebenfalls mit drei Stufen terrassiert ist. Der Anbau ist an der Süd- und Ostseite etwa 2,5 Meter hoch, die Nordseite ist verschüttet. An der Ostseite des Anbaus, noch tiefer liegend, führt eine etwa ein Meter breite und ebenso hohe Mauer nach Süden, im Abstand von etwa vier Metern von der Basis der Pyramide. An der Südseite der Pyramide geht die Mauer in einem leichten Winkel an die Pyramidenbasis heran und setzt sich danach wieder in Südrichtung fort. Unmittelbar an der Westseite dieser Mauer befindet sich eine schiefe Ebene (Rampe) von etwa 10 Metern Länge und einer Erhöhung von einem Meter auf die untere Terrasse der Pyramide an der Südostecke. Diese Rampe ist mit ca. einem Meter erstaunlich schmal.
Westlich der Ost-Pyramide schließt sich eine durch Mauern begrenzte und aufgehöhte Fläche an, das Plateau. Dieses Plateau ist 40 bzw. 45 Meter lang (in der Ost-West-Linie) und 22 Meter breit. Die Nordmauer des Plateaus ist außen 2 Meter hoch, innen ca. 30 cm. Diese Mauer erstreckt sich in gerader Linie in Ost-West-Richtung die gesamte Anlage von 120 Metern und sogar noch weiter entlang. Die Ost-Pyramide, das Plateau, die Mittel- und West-Pyramide werden durch diese Mauer im Norden begrenzt. Die Südmauer des Plateaus ist 1,5 Meter breit, innen 50 cm hoch. Außen, also nach Süden hin, ist sie durch vier Terrassen abgestützt, wodurch sie an der Außenseite ca. 4,5 Meter hoch ist. Das Gelände liegt hier viel tiefer.
Das Plateau ist schwach nach Westen geneigt. An der Südwestecke des Plateaus führt eine Rampe in Süd-Nord-Richtung. Sie ist 22 Meter lang, oben 2 Meter hoch und mit maximal einem Meter Breite viel zu schmal, um mit einem Karren hinaufzufahren. An der südöstlichen Ecke des Plateaus führt die zuvor genannte Treppe auf das Plateau hinauf zur Südwestecke der Ost-Pyramide.
Im Westen anschließend und in die Fläche des Plateaus eingreifend, erstreckt sich in Ost-West-Richtung die Mittel-Pyramide. Sie ist 35 Meter lang und 16 Meter breit. Sie besitzt

sechs Stufen, ihre Oberfläche ist schwach nach Westen geneigt. An der Südwestecke der Mittel-Pyramide führt eine schmale Treppe nach oben und zwar genau dort, wo sich die Mittel- und die West-Pyramide berühren und einen einspringenden Winkel bilden, weil die West-Pyramide etwas schmaler als die Mittel-Pyramide ist.

Die West-Pyramide hat folgende Maße: 35 Meter lang und am Westende 9 Meter breit. Sie erstreckt sich in der gleichen Ost-West-Richtung wie die Mittel-Pyramide. Sie hat nur fünf Stufen. Die Oberfläche der Pyramide ist schwach nach Osten geneigt.

Hervorzuheben ist die Tatsache, daß die Mittel- und die West-Pyramide unmittelbar ineinander übergehen. Man erkennt diese Zweiteilung nur daran, daß die West-Pyramide schmaler als die Mittel-Pyramide ist und daß die Stufen der West-Pyramide etwas steiler sind. An ihrer Südseite ist die unterste Terrasse der Pyramide ca. einen Meter breit. 10 Meter vom Westende an beginnt auf dieser Terrasse eine schiefe Ebene von ca. 7 Metern Länge, die ca. 1 Meter tiefer führt. Die Terrasse setzt sich bis an die Treppe im Winkel zur Mittel-Pyramide fort. In der Mitte der Westseite der Pyramide führt ebenfalls eine schmale Treppe nach oben.

Westlich der West-Pyramide setzt sich die Nordmauer ca. 50 Meter lang fort. Das Gelände westlich der Mauer ist ebenfalls z.T. aufgefüllt und eingeebnet. Nach Westen hin steigt das Gelände an, so daß eine Auffüllung dort nicht erforderlich wurde. Diese Fläche wird von einer Mauer, die sich ca. 20 Meter lang von der Westseite der West-Pyramide nach Süden erstreckt und dann im rechten Winkel nach Westen geht, eingefaßt. Es ist zu vermuten, daß dieser aufgefüllte Teil ebenfalls zur Anlage gehörte.

Die Pyramiden selbst sind aus vulkanischen Gesteinsbrokken von 30 bis 40 cm Größe ohne Bindemittel aufgebaut. Die Ecken sind jeweils aus größeren Steinen konstruiert. Die Oberflächen der drei Pyramiden sind mit grobem Kies vulkanischen Ursprungs bedeckt wie im übrigen auch die Terrassen. Die vorhandenen Treppen sind aus größeren Steinen in normaler Stufenhöhe aufgebaut.

So viel zu Walter B. Haehnels äußerst präzisem und detailfreudigem Bericht, der übrigens den ersten und einzigen Lagebericht darstellt, der von den Pyramiden von Güimar existiert. Es sind dazu noch einige Anmerkungen zu machen:

Gegen die erste, vorschnelle Äußerung der Anwohner und der Verwaltung von Teneriffa, es handele sich um Lesesteinhaufen, sprechen einige konstruktive Eigenheiten der Anlage. Da ist zunächst die Lage. Walter B. Haehnel weist mit Recht darauf hin, daß die drei Pyramiden mit dem Plateau an einer Stelle errichtet wurden, wo das Gelände nach Süden abfällt. Dadurch mußte die Südseite der Anlage wesentlich höher errichtet werden als die Nordseite. Die Differenz beträgt zum Teil mehr als vier Meter. Wäre die ganze Anlage um etwa zwanzig Meter weiter nach Norden verlegt worden, hätte sie sich auf ebenem Gelände befunden, ohne daß die umfangreichen Aufschüttungen notwendig gewesen wären. Es muß also einen bestimmten Grund geben, warum die Pyramiden gerade dort stehen, wo sie sind – nämlich exakt nach den Himmelsrichtungen und womöglich noch anderen Gesichtspunkten ausgerichtet. Aber welchen? Es fällt auf, daß die Nordmauer der Anlage schnurgerade auf einen markanten Vulkankegel hinweist, die 276 Meter hohe und 3,5 km entfernte Montana Grande. Ist das reiner Zufall?

Alle drei Pyramiden besitzen an der Westseite eine Treppe. Bei der Mittel-Pyramide befindet sich die Treppe nicht in der Mitte der Seite, sondern seitlich versetzt in einem Winkel. Wenn es bloß darum ging, auf einen Steinhügel hinaufzukommen (warum eigentlich, wenn kein kultisch zwingender Grund dafür vorliegt?), so hätte man dort auch eine Treppe an der Ostseite anlegen können, die vom Plateau aus viel leichter zu erreichen gewesen wäre. Aber nein, es mußte die Westseite – die der untergehenden Sonne – sein. Dem Bauplan liegt offensichtlich ein astronomisches Schema zugrunde.

Möglicherweise besaß die Mittel-Pyramide auch eine solche Treppe in der Mitte der Westseite, bevor die West-Pyramide angebaut wurde. Das ließe sich relativ leicht überprüfen, wenn man oben an der Kontaktstelle beider Pyramiden eine Grabung durchführen würde. Wenn dort in der Mitte tatsächlich eine Treppe zum Vorschein kommen sollte, wäre der Beweis erbracht, daß die West-Pyramide später als die Mittel-Pyramide erbaut bzw. angebaut wurde, was nach Lage der Dinge zu vermuten ist.

Da ist weiterhin der merkwürdige Anbau an der Ost-Pyramide mit seinen exakt 7 mal 7 Metern Grundfläche und den drei Stufen. Ungewöhnlich feine Spielereien für nutzlose Lesesteine... Oder die seltsamen schiefen Ebenen oder Rampen: Sie sind viel zu schmal, um mit Fahrzeugen oder Karren hinaufzufahren... Oder die Tatsache, daß die Erbauer sich solche Mühe gaben, die Steilheit der West-Pyramide an die Mittel-Pyramide anzupassen, als wolle man alles besonders ästhetisch gestalten. Und das bei bloßen Steinhaufen? Und seit wann unternimmt man solche großen Anstrengungen, mit Erdaufschüttungen eine ebene Grundfläche zu erzielen, nur um dort irgendwelche Feldsteine loszuwerden? Nein, dem ganzen Pyramidenkomplex liegt eine wohlüberlegte, systematische Planung zugrunde, die es noch zu enträtseln gilt.

Und das ist lediglich der Anfang der Forschung, denn wie sich schon sehr bald herausstellen wird, handelt es sich gar nicht um drei, sondern um neun oder noch mehr Pyramiden, um einen Anlagenkomplex von gewaltigen Ausmaßen also.

Abb. 24: Lage der Pyramiden von Güimar (Maßstab 1 : 80.000)

Grabmale der letzten Guanchen-Könige?

Als Walter B. Haehnel das nächste Mal in Begleitung eines befreundeten Architekten das Gelände von Güimar aufsuchte, um seine Lagepläne zu überprüfen, erlebte er eine große Überraschung. Sie verfehlten mit dem Auto eine Abzweigung und gelangten auf Straßen, die nördlich und westlich um das Gelände herumführten. Und plötzlich standen sie vor einer weiteren Pyramide in der Südwestecke des Areals. Sie sieht genauso aus wie die anderen, befindet sich im gleichen Erhaltungszustand, nur steht sie jetzt in unmittelbarer Nähe von neuen Wohnhäusern. Vom Westende dieser Pyramide führt eine ca. 280 Meter lange Mauer direkt auf die Stelle zu, an der die Mittel- und die West-Pyramide aneinanderstoßen. Wieder nur ein Zufall? Aber das war noch lange nicht alles: etwa 40 bis 50 Meter vom Anfang dieses Weges am Westende der Pyramide Nr. 4 entfernt befindet sich westlich des Weges in erhöhter Lage der Rest einer weiteren Pyramide (Nr. 5), deren westlicher Teil bis zur Hälfte abgetragen worden ist. Geht man nun den Zentralweg weiter nach Norden, so sieht man auf halbem Wege etwa 50 bis 60 Meter entfernt eine weitere Pyramide liegen (Nr. 7). 20 Meter weiter auf dem Weg liegt unmittelbar am Zentralweg eine kleine, unscheinbare Pyramide (Nr. 8), die an eine weitere, dahinterliegende Pyramide (Nr. 9) angebaut ist. Etwa in gleicher Ost-West-Linie wie diese beiden Bauwerke erstreckt sich die Pyramide Nr. 6 ungefähr 30 bis 40 Meter entfernt westlich des Weges an der tiefsten Stelle in einer Art Mulde, die das Gelände hier bildet.

Also nicht zwei Pyramiden, wie das Thor-Heyerdahl-Team zunächst annahm, sondern mindestens neun, wenn nicht mehr, denn im Gelände sind weitere terrassierte Teile auszumachen. Das verblüffende ist vor allem eine auffällige Gemeinsamkeit aller Bauwerke: die Pyramiden liegen allesamt in exakter Ost-West-Ausrichtung (mit einer Ausnahme, Pyramide Nr. 1), ebenso auch die Treppen, die von Westen nach Osten (zum Sonnenaufgang) führen. Das Ausmaß der gesamten Anlage ist viel größer als zunächst vermutet. Es scheint sich um einen riesigen Komplex von astronomisch aufeinander ausgerichteten Gebäuden zu handeln, um eine Zone von kultischer Bedeutung, und es würde mich nicht wundern, wenn hier auch die Bestattung hoher Persönlichkeiten eine gewisse Rolle gespielt hätte. Vielleicht sind die Pyramiden – neben ihrer offensichtlichen Tempelfunktion – Grabmale, vielleicht liegen hier Mumien von Guanchenwürdenträgern begraben?

Es gibt im Lageplan ein paar weitere Besonderheiten, die mir sogleich ins Auge sprangen. Da führen nämlich drei Straßen auf das Gelände, die nicht ganz alltägliche Namen tragen, um es einmal vorsichtig auszudrücken. Die eine, im rechten Winkel nach Westen von der Avenida Venezuela abzweigend, heißt Anton Guanche. Das mag noch gerade angehen. Aber dann zweigen zwei weitere Straßen ab, die geradezu verräterische Namen besitzen: Mencey Anaterva und Mencey Acaymo. *Mencey* bedeutet in der Guanchensprache soviel wie »König«, die Straßen heißen also verdeutscht »König Anaterva« bzw. »König Acaymo«. Es war nicht schwer, etwas Näheres über diese beiden Guanchenkönige herauszufinden.

Dr. Salvador Lopez Herrera, Historiker und Professor an der Universität Madrid, kann aufgrund der vorliegenden und sehr genauen Chroniken über die Eroberung Teneriffas folgende Informationen zusammenfassen:

> Aus den wenigen erhaltenen Überlieferungen weiß man, daß die Insel Teneriffa einige Zeit lang von nur einem König regiert wurde. Der letzte dieser *Menceys* war Tinerfe der Große, der seinen Hof in Adeje hielt. Sein erstgeborener Sohn, Bentinerfe oder Bentenuhya, lehnte sich gegen die Autorität seines Vaters auf; diesem Beispiel folgten seine acht Brüder, die das Reich von Adeje unter sich aufteilten und den Tod des unglücklichen Tinerfe verursachten.

Die neun Reiche, die auf diese Weise gegründet wurden, trugen die Namen: Tahoro, Güimar oder Goimar, Abona, Adeje, Daute, Icod oder Benicoden, Tacoronte, Tegueste und Naga oder Anaga. Bentenuhya, der ehrgeiziger und kühner als seine Brüder war, erhielt mit dem Distrikt von Tahoro die Stellung des ersten Mencey der Insel. Für kurze Zeit folgte ihm Imobach, der das Reich seines Großvaters wiederherstellen wollte und sich zum absoluten Herrscher der gesamten Insel machte. Aber sein Vorhaben wurde von seinen Verwandten nicht akzeptiert. Ibomach folgte sein Sohn Bencomo, dessen Mut ihm einen besonderen Platz in den Annalen der Eroberung einräumt. Die übrigen Söhne Tinerfes und ihre Abkömmlinge regierten in folgender Reihenfolge:
Acaymo, Mencey von Güimar, war ständiger Fürsprecher der Europäer und vererbte seinem Sohn und Nachfolger *Anaterva* seine positive Haltung den Eroberern gegenüber, die von ihm bei den schwierigsten Entscheidungen große Hilfe erhielten – *(es folgt eine Aufzählung der Erbfolge in den übrigen Stammesgebieten)*. Bei der Ankunft der Eroberungstruppen unter der Führung des Statthalters Alonso Fernandez de Lugo war die Insel auf diese Art geteilt, und um die Ausführungen des vorigen Abschnitts kurz zu fassen, herrschten folgende Menceys: *Anaterva* in Güimar (...)

Die Chroniken berichten weiter, wie der Konquistador Alonso Fernandez de Lugo am 1. Mai 1494 mit fünfzehn Schiffen, eintausend schwerbewaffneten Soldaten, einhundertzwanzig Pferden und Hunderten von Guanchensklaven, die von anderen Inseln stammen, am Strand von Anaza (wo heute die Hauptstadt der Insel liegt, St. Cruz de Tenerife) vor Anker geht. Auf seiten der Guanchen kommt es aber zu Streitigkeiten über die weitere Vorgehensweise. Einige Könige drängen zum Kampf und schließen ein Verteidigungsbündnis, andere treten aus Neidgefühlen heraus diesem Bündnis nicht bei und wollen ihre jeweiligen Stammesgebiete mit dem eigenen Heer verteidigen. Eine einzige Ausnahme bildete Anaterva von Güimar, der im geheimen auf der Seite der Spanier stand, denen er auf Anraten des Einsiedlers Anton ein treuer Freund war...

Da haben wir ja unseren dritten Straßennamen: *Anton Guanche!*

Der Kampf begann übrigens äußerst ungünstig für die spanischen Eroberungstruppen, denn sie gerieten in der Schlucht von Acentejo in eine Falle und wurden, obgleich sie mit Mut und Disziplin kämpften, vernichtend geschlagen: 900 Tote blieben auf dem Schlachtfeld zurück, General de Lugo erlitt eine Verletzung am Mund, verlor einige Zähne und entkam nur knapp dem Tod. Er vertauschte seine rote Mütze mit der eines Soldaten. Die Guanchen verfolgten und töteten diesen, und de Lugo konnte fliehen. Mit Hilfe von dreißig Guanchen von Güimar und einem Pferd konnte der General das befestigte Lager von Santa Cruz erreichen. Nur etwa zweihundert Spanier überlebten die Schlacht, die insgesamt auf beiden Seiten wohl mehr als zweitausend Tote gefordert hatte. Salvador Lopez Herrera schreibt in seinem Werk *Die Kanarischen Inseln. Ein geschichtlicher Überblick:* »Das war die schwerste Niederlage, die die Spanier während der gesamten Eroberung der Kanarischen Inseln erlitten hatten.«

Sie führte dazu, daß sich die Spanier zunächst wieder nach Gran Canaria zurückziehen müssen. Bezeichnenderweise nehmen sie dabei ihre Helfer aus Güimar nicht als Freunde, sondern als Sklaven mit, um sie gewinnbringend auf den Sklavenmärkten des spanischen Festlands zu verkaufen. Erst nach der erneuten Invasion, schweren Kämpfen und vor allem einer schrecklichen Epidemie, die die Guanchenstämme heimsuchte, gelang es den Spaniern 1495, die Insel Teneriffa endgültig zu unterwerfen.

Was bedeutet dies alles für unsere Untersuchungen? Zunächst einmal, daß die heutigen Einwohner von Güimar dankbar waren und ihren hilfreichen Guanchenfreunden ein Denkmal setzten, indem sie drei neue Straßen nach ihnen benannten – eine nette Geste der Versöhnung. Das Geschichtsbewußtsein beginnt allmählich auch auf Teneriffa zu wachsen, man entsinnt sich der eigenen Identität und Historie. Und ganz so zufällig wurden die Namen der alten Guanchenkönige wohl doch nicht gewählt, denn das Verblüffendste kommt noch: das ganze Gebiet wird von den Einheimischen schon seit langer Zeit *Valle Sagrado* (Heiliges Tal) genannt. Ein Zufall?

Thor Heyerdahl allerdings sieht das anders. Für ihn sind die Übereinstimmungen mit den Pyramiden Mesopotamiens unübersehbar. Ähnlich denkt der spanische Forscher Kitin Munoz. Seiner Meinung nach handelt es sich um ausgeklügelte und durchdachte Bauten von ganz besonderer Form, die ihn an Polynesien erinnern: »Ich hätte nie gedacht, auf den Kanarischen Inseln auf etwas dermaßen Aufsehenerregendes zu stoßen. Das wird weite Kreise ziehen!«

Man müßte sich das Gelände genauer ansehen, am besten abschnittweise aus dem Flugzeug heraus fotografieren, um das System des Pyramidenkomplexes zu erfassen und zu verstehen. Aber schon jetzt würde ich das *Valle Sagrado,* das Heilige Tal, das kanarische »Tal der Könige« nennen, denn vielleicht sind hier all die alten Könige von Güimar bestattet nebst ihren engsten Verwandten und Beratern. Natürlich auch der letzte amtierende König, Anaterva, der von seinem Volk bestattet wurde, lange bevor aus Spanien die ersten Siedler eintrafen.

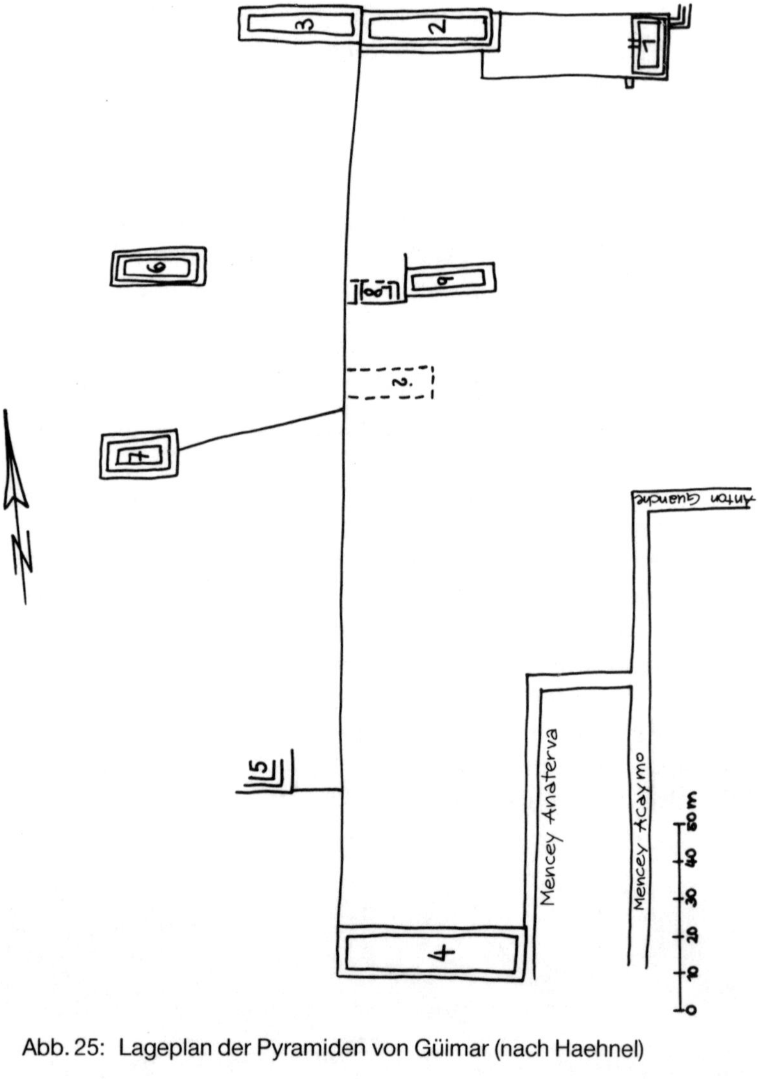

Abb. 25: Lageplan der Pyramiden von Güimar (nach Haehnel)

Neue Entdeckungen

Aber nicht nur an der Ostküste von Teneriffa wurden Pyramiden entdeckt, auch der Norden weist welche auf, so bei der Ortschaft Icod de los Vinos, die wegen des riesigen und wirklich sehenswerten Drachenbaums ständig viele Touristen anlockt. In Icod befand sich der Königssitz von Chincanayro, einem Sohn von Tinerfe dem Großen, sowie dessen Thronfolger Pelicar.

Eine sehr formschöne Pyramide befindet sich dort im Ortsteil Barrio Santa Barbara. Sie liegt auffällig im offenen Gelände, etwa einhundertfünfzig Meter von der Hauptstraße entfernt. Jeder, der vorbeifährt, kann sie sehen. Im Gegensatz zu den Pyramiden von Güimar, die alle einen rechtwinkligen Grundriß aufweisen, ist diese fünfeckig. Sie besitzt sechs Stufen an der Südseite und neun an der Nordseite. Bis auf die abgerutschten Ecken ist ihr Erhaltungsstand als gut zu bezeichnen. Die Höhe beträgt 7 bis 9 Meter, je nachdem, von welcher Seite aus man sie betrachtet, denn nach Norden zu fällt das Gelände ab. Die Stufen sind mit 30 bis 40 cm wesentlich schmaler als die von Güimar, wodurch die Pyramide von Icod steiler ausfällt. Ihre Lage ist so orientiert, daß die Ostseite etwa 35 Grad von der Nord-Süd-Richtung nach Westen aufweist. Das vulkanische Gestein, aus dem sie besteht, ist stark mit Flechten bewachsen, was mit den wesentlich feuchteren Klimaverhältnissen der Nordküste zusammenhängen kann.

Walter B. Haehnel, der auch diese Pyramide vermaß, weist darauf hin, daß sich etwa 80 Meter nordöstlich davon der Rest einer weiteren Pyramide befindet, die jetzt noch in einer Länge von ca. 15 Metern erhalten ist. Sie besitzt sieben gut erhaltene Stufen und liegt exakt in Nord-Süd-Richtung. Am Südende wurde vermutlich ein Stück abgetragen, weil hier ein moderner Hausbau unmittelbar an die Pyramide anstößt. Der ebenfalls abgetragene Nordteil ist in seiner früheren Größe nicht mehr genau rekonstruierbar.

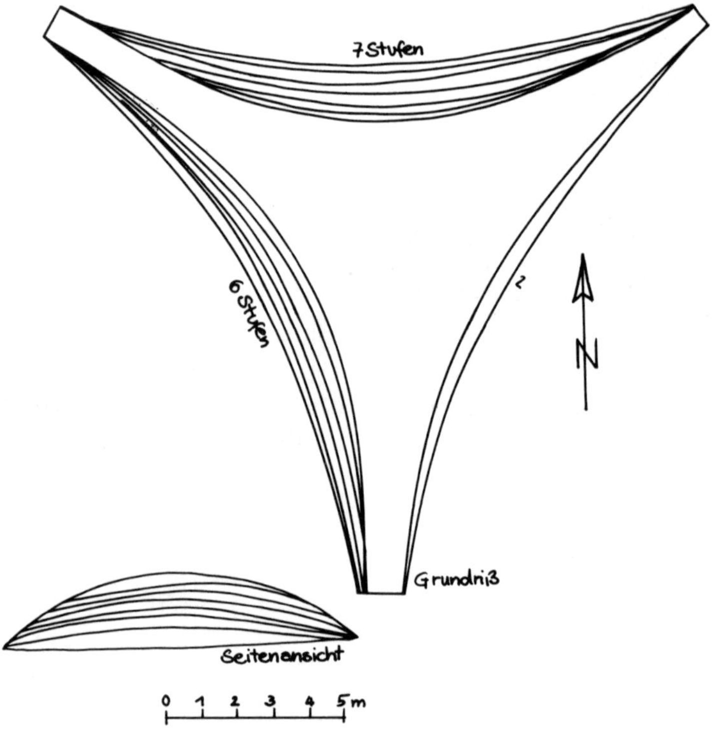

Abb. 26: Seitenansicht und Grundriß der Dreiecks-Pyramide C Santa Barbara, Icod de los Vinos (nach Haehnel)

Neben diesen beiden, in ihren Strukturen deutlich als Pyramiden erkennbaren Anlagen – und es befinden sich wahrscheinlich noch weitere Pyramidenreste in der Umgebung – sieht man deutlich zahlreiche terrassierte Mauerreste und Steinhaufen in dem größtenteils überwucherten Gelände um die Pyramiden herum. Unmittelbar an der Westseite eines erhöht liegenden Hauses z. B. sind Mauerreste mit Terrassen sowie eine – genau wie in Güimar – nach Osten orientierte uralte Treppe auszumachen. Insge-

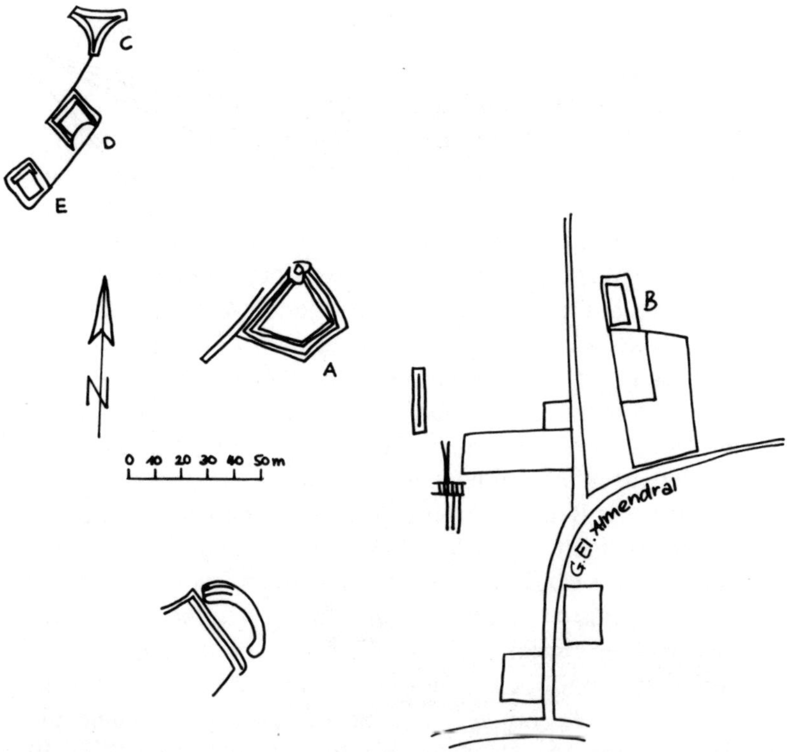

Abb. 27: Pyramidenkomplex Santa Barbara, Icod de los Vinos (nach Haehnel)

samt befindet sich der Pyramidenbezirk von Icod in einem, vorsichtig ausgedrückt, verwahrlosten Zustand, d. h. wahrscheinlich wurde schon viel Gestein als Baumaterial für Häuser, Mauern usw. verwendet.

Bei den nachfolgenden Geländeuntersuchungen stieß Walter B. Haehnel auf ein uraltes Gebäude, besser gesagt auf eine Steinanhäufung von äußerst merkwürdiger Form: Das Gebilde ruht auf einer trapezförmigen Grundfläche und ist etwa 5 Meter hoch. Die vier Seiten sind 23 Meter,

20 Meter bzw. 18 und 10 Meter lang und jeweils stufenförmig in sechs Terrassen gegliedert. Die Anlage liegt insgesamt in Ost-West-Richtung orientiert und weist mit seiner Spitze genau nach Norden. Die Auswertung von Luftbildaufnahmen ergab, daß sich in unmittelbarer Nähe noch weitere merkwürdige Steinanhäufungen und Reste von konstruierten Gebäuden befinden. Noch hat niemand genauer das Gelände untersucht oder dort gegraben. Wie an so vielen Stellen auf den Kanarischen Inseln gestaltet sich die archäologische Spurensuche zu einem Wettlauf mit der Zeit, denn bereits drohen an vielen Plätzen Bulldozer und Planierraupen. Straßenbau ist angesagt, und zumeist haben die Arbeiter schneller ein interessantes Gelände vernichtet, als man es untersuchen kann.

Das beste Beispiel dafür ist die Pyramide von La Mancha im Bezirk Icod de los Vinos. Walter B. Haehnel erfuhr aus der Zeitung, daß sie abgerissen werden sollte, um einer Straßentrasse zu weichen. Also fuhr er schnellstens zum Tatort, um sie wenigstens für die Nachwelt noch einmal zu vermessen und zu fotografieren. Das Ergebnis ist eindrucksvoll: Die Länge der Pyramide betrug 45 Meter, die Breite 13 bis 16 Meter, die Höhe ca. 8 Meter mit 8 bis 10 jeweils 40 cm breiten Terrassenstufen. Bei genauerer Untersuchung stellte sich heraus, daß der Komplex weder rechtwinklig war, noch parallele Seiten besaß. Am Südwestende war sie schmaler als am Nordostende, was dem Ganzen ein leicht rhomboederartiges Aussehen verlieh. Ausgerichtet war die Längsachse in Südwest-Nordost-Richtung. Deutlich war noch an der Nordwestseite eine Treppe zu erkennen, deren oberer Bereich vollständig erhalten aus der Ruine ragte. Aber die Zerstörung war bereits unübersehbar, die Südostecke war abgerissen, und der Straßenbau schritt voran. In letzter Minute sprach sich der Bürgermeister von Icod de los Vinos für einen Baustopp aus. Seine Intervention kam zu spät, die Pyramide war bereits abgerissen, und von der einst so imposanten Anlage nur noch ein plattgewalzter Geröllhaufen übrig. Man kann diese Maßnahme nur als Barbarei bezeichnen, denn zweifellos wurde hier in blinder Hast ein Baudenkmal von unschätzbarem Wert zerstört. Was davon geblieben ist, sind lediglich die Aufnahmen von Walter B. Haehnel, die allein noch den Verlust dokumentieren *(s. Abb. 15 im Farbteil)*.

Neben der großen, nun zerstörten Pyramide von La Mancha gibt es aber noch eine kleinere, recht versteckt liegende Anlage von besonderer Form. Sie besitzt einen rechtwinkligen Anbau von gleicher Höhe wie der übrige, ca. 5 Meter hohe Teil. Die Seitenlänge beträgt 16 bzw. 17 Meter, wobei die Seiten ringsum durch vier Terrassen gestuft sind. Von dieser Pyramide aus führt eine 8 Meter lange Mauer nach Nordwest und stößt dort senkrecht auf eine ca. 150 Meter lange Mauer. Genau am Schnittpunkt befindet sich in der Mauer eine kleine, sehr alte, sechsstufige Treppe. An der langen Mauer liegt eine bogenförmige Konstruktion von etwa 60 Metern Länge und ca. 5 Metern Breite mit Stufen, die 2 Meter hinaufführen. Am Nordostende der langen Mauer stieß Haehnel auf einen Pyramidenrest, der an seiner Nordostecke noch Stufen erkennen ließ. Hier befinden sich noch drei weitere alte Treppen, deren Funktion nicht klar erkennbar ist. Wahrscheinlich liegt dem La-Mancha-Komplex ein ähnlich kompliziertes System zugrunde wie dem Pyramidengelände von Güimar.

Nun, da die Bevölkerung durch so viele Funde in kurzer Folge auf die Problematik aufmerksam geworden ist, kommen täglich neue Hinweise auf merkwürdige Steinhaufen und pyramidenähnliche Gebilde. So stieß Haehnel in der Nähe der Badebucht San Marco bei der Gemarkung La Suerte auf eine weitere Pyramide. Bis auf zwei Abbruchstellen, an denen die Terrassen abgerutscht sind, und einer modernen Anschüttung an der Südseite ist der Bau noch recht gut erhalten. Die Steine sind von uralten Flechten überwachsen. Dieser Komplex, der an seiner Nordseite 7 Meter hoch ist, besitzt wieder einmal keine rechten Winkel und ist aufgrund seines Zustandes recht schwer exakt zu vermessen. Die Längsachse der Pyramide verläuft genau in Nord-Süd-Richtung.

Wie im Falle von Güimar, wo der Flurname *Valle Sagrado* (Heiliges Tal) bereits deutliche Hinweise auf die kanarischen Ureinwohner gibt, liegen die Pyramiden von Santa Barbara, La Mancha und La Suerte im Gebiet der Gemeinde Icod de los Vinos – die möglicherweise zu einem einzigen großen Kultbezirk gehören – in der Nähe eines Platzes mit äußerst interessanter Bedeutung: an der Küste befindet sich nämlich eine große Höhle, die *Cueva del Rey* – die Höhle des Königs. Wieder bloß ein Zufall, oder verbirgt sich mehr dahinter? Man müßte die Höhle vom Meer aus näher in Augenschein nehmen.

Abb. 28: Lage der Pyramidenkomplexe rund um Icod de los Vinos (Maßstab 1 : 50.000)

In all diese Voruntersuchungen hinein platzte die Nachricht, daß Thor Heyerdahl pünktlich wie vereinbart zum Beginn der Grabungsarbeiten auf Teneriffa eingetroffen war, aber kurz darauf wieder in Richtung Peru abreisen mußte. Was war geschehen? Hatte nicht Fred Olsen das Pyramidengelände von Güimar extra in der Absicht gekauft, damit sein Landsmann und Freund Heyerdahl dort ungestört arbeiten konnte?

Wie sich herausstellte, hatte diese vorsorgliche Maßnahme wenig genutzt. Die Behörden hatten die ganze Sache kurzerhand zur »Angelegenheit nationalen Interesses« erklärt und Heyerdahl die Grabungserlaubnis entzogen. An seiner Stelle rückten Juan Francisco Navarro-Mederos und seine Kollegin Maria de La Cruz Jiminez Gomez von der Universität La Laguna an, um die Grabungen selbst durchzuführen. Offenbar gönnte man Heyerdahl seinen Erfolg nicht und wollte, wie so oft in der Vergangenheit, verhindern, daß ein Ausländer den Ruhm einstreicht. Ein schwerer Rückschlag für die Wissenschaft, denn mit zwei Vertretern einer vorgefaßten Meinung – daß es sich nämlich bei den entdeckten Gebäuden unmöglich um Pyramiden der Ureinwohner handelt – hat man den Bock zum Gärtner gemacht. Die genannten Wissenschaftler ignorierten in der Vergangenheit mehrfach Entdeckungen durch ausländische Kollegen und sind auch ansonsten recht umstritten. Diese Entwicklung ist mehr als bedauerlich, und ich kann die Frustration verstehen, der sich Heyerdahl ausgesetzt sah. Nun werden, wenn nicht ein Wunder geschieht, die Pyramiden von Teneriffa weiter Flechten ansetzen und ihr Geheimnis bewahren!

Abb. 29: Die Grabplatte von Palenque mit ihren Reliefdarstellungen (siehe nächste Seite)

Die Suche nach dem Ursprung:
Pyramiden in Ägypten, Mesopotamien,
Mittel- und Südamerika

Was ist eigentlich eine Pyramide?

Die Bezeichnung »Pyramide« stammt von den Griechen, leitet sich von *pyramis* ab und bezeichnet eine Art von spitzem Kuchen. Die Ägypter selber nannten die Bauwerke *mer*, es ist aber nicht überliefert, was dieses Wort bedeutet. Interessant in diesem Zusammenhang ist auch die Übersetzung des Wortes *Pharao*. Sie lautet nämlich »Hohes Haus« und bezieht sich auf die Regierungsform oder auch auf den Palast, den Hof des Königs (etwa vergleichbar damit, was wir unter der Bezeichnung »das Weiße Haus« verstehen), kann sich jedoch auch auf die Pyramiden beziehen. Pyramiden sind Königsgräber, Kultdenkmäler und Symbole der staatlichen Macht in einem. Zeitlich lassen sich die klassischen Pyramiden der Ägypter von der 3. Dynastie des Alten Reiches (um 2750 v. Chr.) bis zum Beginn des Neuen Reiches (17. Dynastie, um 1600 v. Chr.) einordnen. Es folgten aber weitere Pyramiden in der Spätzeit (25. Dynastie der äthiopischen Herrschaft) sowie die des kuschitischen Reiches tief im Süden des Sudan.

Davor gab es als Grabbau die sogenannte *Mastaba*. Sie geht auf die ältere Form des einfachen, rechteckigen Sandhaufens zurück, der in der Frühzeit die Gräber bedeckte. Die älteste Mastaba liegt bei Sakkara (wo sich auch die erste Stufenpyramide befindet) und zeigt noch deutlich die technologische Fortentwicklung: die Anhäufung von Erde wird ringsum mit Wänden aus Lehmziegeln verkleidet, der Form soll Beständigkeit verliehen werden. Diese Art von Grabbauten tauchen in der 1. Dynastie (sogenannte frühgeschichtliche oder Thinitenzeit, um 3200 v. Chr.) auf. Gegen Ende der 1. Dynastie (um 2800 v. Chr.) wird die Bauweise immer solider, die vier Seitenwände aus Ziegeln werden nun stufenförmig angelegt, das Dach über dem Erdhügel im Innern wird zur begehbaren Plattform.

Es erscheint mir wichtig, an dieser Stelle einmal zu hinterfragen, was dieser Erdhügel, die ihn umkleidende Außenhülle aus festen Ziegeln, die Stufen und die bei den späteren klassischen Pyramiden glatte Außenfassade eigentlich bedeuten sollen. Warum wurde diese Form, diese Architektur gewählt? Welche Symbolform stellt sie dar, welche religiöse Vorstellung verbirgt sich dahinter?

In der ägyptischen Schöpfungsgeschichte taucht die Erde als ein Urhügel aus dem Weltenmeer auf. Der Hügel wird zum Symbol des Lebens, des Überlebens, ja des ewigen Lebens. Manche Wissenschaftler weisen darauf hin, daß diese Vorstellungen auch einen durchaus konkreten Erfahrungshintergrund besitzen können – sie würden dann eine Erinnerung an die Sintflut sein, die, wie wir heute wissen, tatsächlich stattgefunden hat. Von diesem Urhügel ging alles neue Leben aus, er wird zum Symbol für die Überwindung des Todes und für das ewige Sein.

Der einfache Grabhügel als Abbild des Urhügels ist jedoch in ägyptischer Landschaft nicht sehr beständig. Der Wind weht den Sand der Wüste darüber, deckt ihn ein, läßt das Denkmal, das für die Ewigkeit bestimmt sein sollte, leicht vergehen. Also mußte der Urhügel durch starke Wände geschützt werden. Ein Haus entstand, ein Totenhaus, das den Häusern der Lebenden nachgeformt war. Die Mastaba sah genauso aus wie ein ägyptisches Wohnhaus der Frühzeit, denn man glaubte ja, daß die Seelen der Verstorbenen in den Gräbern weiterlebten. Diese Vorstellung vom Leben nach dem Tode ist in vielen anderen Kulturen der Welt verbreitet. Man nannte die Grabbezirke »Stadt der Toten«, Nekropolis, und diese Zonen waren im allgemeinen tabu, wurden von den Lebenden gemieden bzw. nur zu Kultzwecken besucht. Das heimliche Grausen vor Friedhöfen setzt sich bis in unsere Tage fort; im Spukmärchen ist der Friedhof ein Synonym für einen Ort, an dem nächtens die Seelen der Toten herumirren.

Damit wird uns das Symbol des Erdhügels und der Mastaba verständlich, die sie umgebenden Vorstellungen sind erdgebunden. Völlig anders aber waren die Ideen und Bilder der Sonnenreligion, die in Heliopolis nahe der alten Hauptstadt Memphis entstand. Hier glaubte man, daß der Pharao ein direkter Sohn der Sonne sei und folglich nach seinem Tode zu ihr aufsteigen oder sogar mit ihr verschmelzen würde. Die Sonne war Gott und das Leben, alles stammte von ihr ab. Wir kennen Darstellungen aus der Amarna-Zeit Echnatons, wo die göttliche Sonne mit ihren Strahlen, deren Enden kleine Händchen besitzen, den Pharao, seine Familie, die ihn umgebenden Menschen, Tiere und Pflanzen streichelt. Und zu ihr, der göttlichen Sonne, steigt nach dem Tode alles Lebendige zum ewigen Sein auf. Die religiöse Vorstellung verlagert sich also von ihrer Erdgebundenheit zum Himmel, dort leben die Seelen, und die Erde, der Grabhügel, wird nur zu einem Übergangsstadium.

Der berühmte Architekt Imhotep, der zuvor Priester des Sonnenkultes in Heliopolis (der Name bedeutet »Lichtstadt«) war, baute aus diesem Bewußtsein heraus in Sakkara konsequenterweise die erste Stufenpyramide, indem er eine Mastaba über der anderen errichtete. Über die dadurch entstehende Treppe sollte sein Pharao Djoser nach dem Tode hinauf zur Sonne steigen. Über ihn und die erstaunlichen Architekturleistungen von Sakkara aber mehr im nächsten Kapitel. Verfolgen wir zunächst die Entwicklung zur späteren klassischen Pyramidenform mit ihren glatten Außenseiten. Die rein geometrische Form der späteren Königsgräber symbolisiert wahrscheinlich die Strahlen der Sonne, so wie man sie sieht, wenn sie durch einen Wolkenriß leuchtet. Ein großes Haus war die Pyramide aber immer noch, das große Haus des Pharao, der von der Spitze aus zum Himmel aufsteigen und von dort natürlich auch wieder zurückkehren konnte, um die Opferspeisen zu verzehren, die von der Priesterschaft Tag für Tag in besonderen Pyramidentempeln für ihn niedergelegt wurden.

Wir sehen also – in der Sprache des Designs ausgedrückt – bei der Pyramidenarchitektur eine konsequente Entwicklung von der einfachsten, archaischsten Form (Erdhügel) bis zur kompliziertesten (absolute Geometrie, perfekte Konstruktion) bei gleichzeitiger Verlagerung ihrer inhaltlichen Symbolbedeutung vom erdgebundenen zum himmlischen Denken. Dazwischen liegen viele Versuche, die Idee immer besser bis hin zur Idealform auszudrücken.

Zu Imhoteps Zeiten in der 3. Dynastie setzt sich das Grabmal des Pharaos erstmals deutlich von allen übrigen Gräbern ab, die in Mastabaform bleiben. Die Idee der Sonnenpyramide entsteht. Dabei ist die Mehrstufenpyramide von Sakkara noch keine Pyramide im klassischen Sinne. Sie besitzt keine quadratische, sondern eine rechteckige Grundfläche. Erbaut wurde sie aus feinem weißem Kalkstein, der in der Umgebung abgebaut wurde. Von der 125 mal 109 Meter großen Grundfläche steigt sie in sechs Stufen bis 61 Meter an. Man hat die Konstruktion inzwischen eingehend untersucht und festgestellt, daß sie in ihrem Kern noch die alten Ideen des Urhügels und der Mastaba repräsentiert. In mehreren Bauperioden wurde dann die Ummantelung darüber errichtet. Unter der Pyramide liegen die Grabkammern Pharao Djosers und elf seiner Familienmitglieder; es handelt sich also um eine Art Familiengruft, tief im gewachsenen Felsboden. Neben den eigentlichen Grabkammern stieß man auf zahlreiche weitere Gänge und Kammern, deren Wände mit kostbaren blauen Fayencen ausgekleidet waren. Sie ahmen Schilfmatten nach. Daneben existieren wunderbare Darstellungen an den Wänden, die den Pharao beim Vollzug verschiedener Zeremonien zeigen. Um den Erdhügel und die Mastaba herum wurde dann eine Umfassungsmauer aus Kalkstein errichtet, die eigentliche Basis der mächtigen Mehrstufenpyramide *(s. Abb. 21 im Farbteil)*.

Um diese Pyramide herum erstreckt sich eine Anlage gewaltigen Ausmaßes, die Höfe, Tempel und andere Kultgebäude umfaßt. Offenbar hat man hier den Regierungspalast des Pharaos nachgebaut, damit er noch nach seinem Tode regieren kann. Auffallend dabei ist, daß viele Dinge sozusagen versteinert dargestellt wurden: die Säulen ahmen Pflanzenstengel, besonders die Papyruspflanze nach, ihre Kapitelle stellen die Blüten dar.

Drei Nachfolger Pharao Djosers haben ähnliche, wenn auch nicht dermaßen architektonisch ausgereifte Stufenpyramiden errichten lassen. Eine von ihnen, die des Pharao Sechemchet, wurde erst 1954 entdeckt. Man fand die Sargkammer in verschlossenem Zustand, nichts deutete auf Grabräuber hin, und dennoch war der Alabastersarkophag leer, als man ihn öffnete. Diese Tatsache verblüffte die Wissenschaft. Das Phänomen zeigte sich übrigens auch bei anderen Pyramiden, weshalb man von Scheinbauten sprach und die wirklichen Gräber der Pharaonen an ganz anderen Orten vermutete. Sollten spätere Grabplünderer getäuscht werden, oder sind die Pyramiden vielleicht doch nicht in allererster Linie Königsgräber? Stellen sie vielmehr steinerne Symbole einer großen, kühnen Idee dar?

Als nächste Entwicklungsstufe im Pyramidenbau kann die unvollendete Pyramide von Medum, etwa 50 km südlich von Sakkara gelegen, genannt werden. Sie entstand unter der 3. bis 4. Dynastie und wurde wahrscheinlich von Pharao Snofru (um 2650 v. Chr.) errichtet. Zunächst wurde eine achtstufige Pyramide errichtet, die Stufen später ausgefüllt, so daß die Außenseiten nun eine glatte Fläche vom Boden bis zur Spitze bildeten. Die Spitze ist heute zerstört, läßt sich aber noch ahnen. Aus irgendeinem Grund wurde die Pyramide von Medum aber nicht zu Ende gebaut.

Ungewöhnlich sind auch die beiden Pyramiden von Dahschur, südlich von Sakkara. Die südliche wurde unter dem Namen »Knickpyramide« bekannt, weil sie etwa von ihrer Mitte an eine plötzliche Verringerung des Neigungswinkels aufweist. Normalerweise beträgt der Neigungswinkel bei

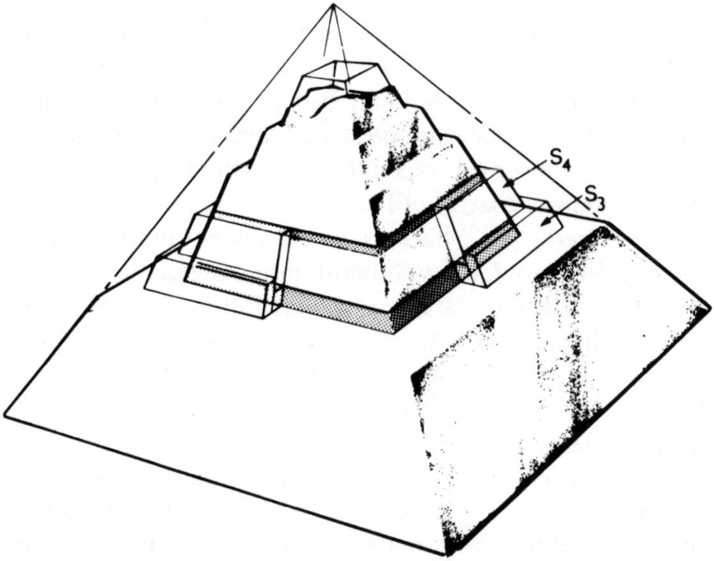

Abb. 30: Schematisches Diagramm der Pyramide von Medum (nach Mendelssohn)

den klassischen Pyramiden 52 Grad. Bei der nördlichen Pyramide von Dahschur (»Rote Pyramide« genannt) beträgt er dagegen lediglich 43 Grad (ähnlich dem oberen Teil der »Knickpyramide«). Man schreibt alle drei Pyramiden, die von Medum und die beiden von Dahschur, Pharao Snofru zu, weil einige aufgefundene Inschriften in diese Richtung weisen. Sein Sohn und Nachfolger Cheops ließ bei Gise eine ungewöhnlich große Pyramide für sich errichten. Sie bedeckt eine Grundfläche von mehr als vier Hektar und ist mit 147 Metern fast so hoch wie der Kölner Dom. Auffallend an der Cheopspyramide *(s. Abb. 17 im Farbteil)* ist, daß die Seiten exakt nach den vier Himmelsrichtungen ausgerichtet sind. Der kolossale Bau besteht aus Sandstein, der in unmittelbarer Nähe gebrochen wurde. Die Sandsteinblöcke wurden nach Vollendung der Konstruktion mit einer Schicht feinstem Kalkstein, der von den Steinbrüchen aus Tura an der Ostseite des Nils stammt, glatt abgedeckt. Heute finden wir von dieser Abdeckung nur noch geringe Reste an der Spitze. Der einstige, sicherlich in der Sonne glänzende Belag wurde von späteren Generationen für Bauzwecke geraubt. Offenbar wurde der Bauplan für die Cheopspyramide während der Arbeit zweimal geändert: die ursprüngliche Grabkammer tief unter der Erde wurde aufgegeben und der zu ihr führende Korridor verlängert. Am Ende dieses leicht aufsteigenden Ganges wurde schließlich der Sarkophag des Herrschers in einer zusätzlichen Kammer deponiert und die Zugänge durch komplizierte Falltürmechanismen verriegelt.

Es wurde bereits viel über die Cheopspyramide spekuliert und bis in unsere Tage hinein ständig nach weiteren versteckten Kammern gesucht (siehe auch das Kapitel »Mit Ultraschall auf der Suche nach der Kammer des Wissens«). Wesentlich spektakulärer erscheinen mir indes die fünf großen Schiffsbeisetzungen südlich des Totentempels nahe der Pyramide (siehe das Kapitel »Der Schiffsfriedhof von Kairo«). Ganz in der Nähe dieser Schiffe liegen drei weitere kleinere Pyramiden, in denen vermutlich einst die Gräber der Königinnen untergebracht waren *(s. Abb. 25 im Farbteil)*.

Cheops Thronfolger Chepren ließ nahe der Cheopspyramide eine vergleichbar große und eindrucksvolle Pyramide für sich errichten *(s. Abb. 19 im Farbteil)*. Die von Pharao Mykerinos dagegen erreicht in ihren Ausmaßen kaum die Hälfte der Größe, und die nachfolgenden sind oft noch kleiner. Reicher dagegen werden nun der Innenschmuck und die Wandbemalung der Pyramiden. Bei Unas, dem letzten Pharao der 5. Dynastie, und seinen Nachfolgern sind die Wände mit Totensprüchen, den sogenannten Pyramidentexten, bedeckt.

In den Wirren der Ersten Zwischenzeit (2280 bis 2052 v. Chr.) geht der Glanz der Pyramidenbauten zu Ende. Erst Mentuhotep, König der 11. Dynastie, greift die Formensprache im Mittleren Reich wieder auf (um 2050 v. Chr.). Sein terrassenförmig angelegter Totentempel am Fuße einer steilen Felswand gegenüber von Theben wird von einer kleine Pyramide gekrönt. Die Pharaonen der 12. Dynastie dagegen kehren zu den Bauformen des Alten Reiches zurück und lassen ihre Pyramiden wieder in der Umgebung von Memphis erbauen. Immer kleiner werden die Bauwerke nun, und die wenig solide Bauweise war nicht mehr für die Ewigkeit gedacht. Die thebanischen Pharaonen der 17. Dynastie (um 1560 v. Chr.) besaßen nur noch winzige Ziegelpyramiden, von denen heute kaum noch Reste erhalten sind. Aber die Formensprache wird auch noch später, selbst über das Ende des ägyptischen Reiches hinaus, beibehalten. Die äthiopischen Könige und Königinnen von Napata und Meroe in Nubien lassen solche Grabanlagen bauen (3. Jhdt. v. Chr. bis 3. Jhdt. n. Chr.). Keine von ihnen reicht aber auch nur annähernd an die vollendete Architektur des Alten Reiches in Ägypten heran.

Wir hatten die Pyramiden als Königsgräber, Kultdenkmale und Symbole der staatlichen Macht bezeichnet. Gerade der letzte Gesichtspunkt gerät in der wissenschaftlichen Betrachtung der Bauwerke meist zu kurz. Es war einem Außenseiter vorbehalten, das allgemeine Interesse auf diesen Tatbestand zu lenken. Kurt Mendelssohn, kein Ägyptologe, sondern Physiker (es gelang ihm, Helium zu verflüssigen), wies als erster akribisch nach, daß der Pyramidenbau vorrangig politischen Zielen diente. Seiner Meinung nach mußten Pyramiden erbaut werden, um eine neue Gesellschaftsform, nämlich den Staat in einem durchaus modernen Sinne, durchzusetzen.

Der Nil als gewaltige Lebensader des Landes prägte von jeher den Alltag Ägyptens. Durch ihn und sein rhythmisches Anschwellen, das riesige, fruchtbare Schlammassen mit sich brachte, wurden die drei Jahreszeiten des alten Ägyptens bestimmt: Überschwemmung, Saat und Ernte. In der Überschwemmungsperiode, die fast vier Monate anhielt, ruhte mehr oder weniger jegliche Arbeit, lag das Leben in Ägypten brach. Es war eine Jahreszeit, die planmäßige Vorratswirtschaft erforderlich machte. Wenn sie zu lange anhielt, konnte sie – ähnlich der Dürre – verheerende Folgen nach sich ziehen: Hunger, Unruhe, Revolte, offener Bürgerkrieg, der durch die Verteilung der Macht an zahlreiche Gaufürsten leicht außer Kontrolle geraten konnte und das Land in solchen Zeiten anfällig für Angriffe von außerhalb machte.

Genau in dieser Überschwemmungsphase begann Imhotep als Großwesir des Pharao Djoser und oberster Baumeister des Reiches die Bautätigkeit an der großen Stufenpyramide von Sakkara. Der Pyramidenbau geriet dadurch zu einer Art Arbeitsbeschaffungsmaßnahme gewaltigen Ausmaßes, die gesamte Bevölkerung wurde planmäßig mit Nahrungsvorräten versorgt (übrigens auch ärztlich), ein Beamtenapparat entstand, eine Polizei, es wurden Gesetze und Verordnungen zur Vermessung, Bearbeitung und Versteuerung der Felder erlassen und, da so viele wehrfähige Männer an der Baustelle von Sakkara versammelt waren, konnte auch jederzeit für den Notfall eine Verteidigungsarmee aufgestellt werden. Mit diesen Maßnahmen und ihren Begleitumständen entstand ein modernes Staatswesen, und das für alle sichtbare Zeichen dieser neuen Entwicklung war die Pyramide von Sakkara – ein durchaus weltliches Zeichen von königlicher Macht, kollektiver Leistung und sozialer Ordnung. Die neueren Erkenntnisse der Ägyptologie, vor allem aber Untersuchungen zu den Pyramiden in Mexiko haben inzwischen Kurt Mendelssohns kühne Thesen bestätigen können.

Man mag die drei großen Pyramiden von Gise für Weltwunder halten und sich an der perfekten Bauleistung berauschen, man mag über die mathematischen, geometrischen und physikalischen Kenntnisse der damaligen Architekten staunen und davon träumen, welche Geheimnisse in versteckten Kammern verborgen sind, oder darüber streiten, ob es in den Pyramiden verborgene, undefinierbare Gesetzmäßigkeiten gibt oder nicht – sie sind allesamt *nur* perfektionistische Ausformungen eines großen Plans, der mit Imhotep und der Stufenpyramide von Sakkara begann. Hier in Sakkara, wo sich der alte erdhafte Urhügelkult und die neue Sonnenreligion trafen, wo ein einzelnes Bauprojekt zum Heranwachsen des modernen Staatswesens führte, liegt das eigentliche Wunder und große Geheimnis. Hier beginnt die Pyramide zu wachsen, entsteht ein plötzlicher Technologiesprung, ein Innovationsschub beträchtlichen Ausmaßes; hier sehen wir uns einer Hochkultur gegenüber, die scheinbar aus primitiven Anfangsstadien von einem Tag zum anderen zur Blüte gelangt. Hier scheint für das Verständnis der ägyptischen Kultur und Religion ein Dreh- und Angelpunkt zu liegen. Es lohnt sich also, sich einmal näher mit jenem mysteriösen Imhotep zu beschäftigen, um den bereits zu seinen Lebzeiten ein erstaunlicher Kult entstand. Glanz und Namen der Pharaonen schwanden mit ihrem Tod dahin, der Ruhm Imhoteps aber hielt sich seltsamerweise über Jahrtausende hinweg. Warum? Was wissen wir über ihn?

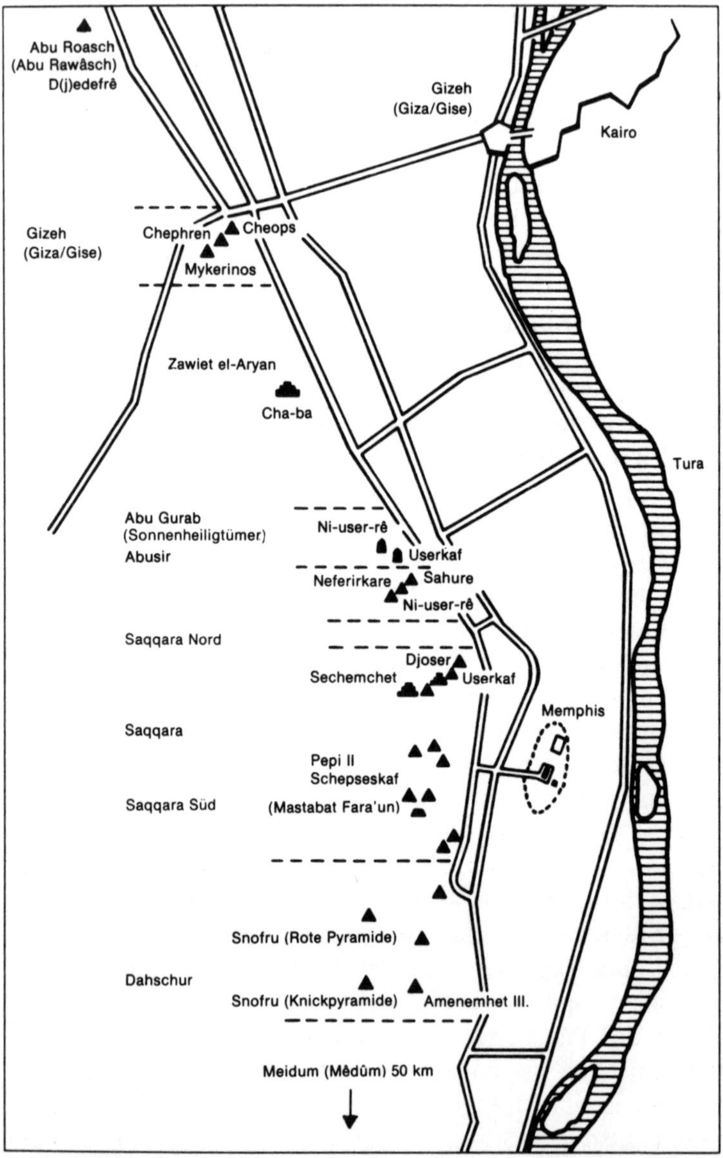

Abb. 31: Lageplan der großen ägyptischen Pyramiden (nach Mendelssohn)

Imhotep – der Vater des Steinhauses

Es ist nicht leicht, ein Portrait dieses ersten, namentlich bekannten Universalgenies der Weltgeschichte zu zeichnen, zu vielschichtig ist die Persönlichkeit, allzu oft haben die Jahrhunderte und Jahrtausende nach ihm die Gewichte verlagert, ausgeschmückt und umgeformt. Es sei an dieser Stelle daher auf die beiden Roman-Biographien verwiesen, die im Anhang des Bandes aufgeführt sind.

Der Name Imhotep bedeutet wörtlich übersetzt »gekommen in Frieden« und könnte sein Weihename sein, den er als Hohepriester des Sonnengottes Re in Heliopolis verliehen bekam. Dort war er auch Vorlesepriester und Vorsteher der Ibis-Priesterschaft, eine Gruppierung von damals außerordentlicher Bedeutung, denn der Ibis soll es den Mythen zufolge gewesen sein, der den Menschen die Schrift brachte: Mit seinem Schnabel formte er Zeichen im Sand, die die Menschen als göttliche Zeichen erkannten und daraus die Schrift entwickelten.

Das Amt des Vorlesepriesters beinhaltet einen seltsamen, in mystischem Dunkel liegenden Kult. Der Legende nach empfing Imhotep in der Wüste nördlich von Memphis, genau an jenem Ort, an dem er später seine berühmte Stufenpyramide erbaute, ein göttliches Buch, das aus dem Himmel herabkam (oder von den weisen Ibissen seines Heiligtums gebracht wurde). Dieses Buch enthielt die genauen Konstruktionspläne, nach denen Imhotep sein erstes größeres Bauwerk, den Tempel von Edfu, anlegte, und es soll auch die Ideen zur mehrstufigen Pyramide enthalten haben. Später wurde dieses Buch »Gottesbuch« oder »Buch der Weisheiten« genannt und erfreute sich in der altägyptischen Bevölkerung außerordentlicher Beliebtheit. An jedem 21. Tag des zweiten Monats der Winterjahreszeit (also zur Sonnenwende am 21. Dezember) las der Vorlesepriester aus diesem Buch der Bevölkerung vor.

Abgesehen davon, daß in diesem Ritus bereits allerlei

Kernpunkte späterer Religionen enthalten sind – »Am Anfang war das Wort«, Moses' Empfang der Gesetzestafeln usw. –, ist der Hinweis auf die Sonnenwendfeier (aus der unsere heutige Weihnacht abgeleitet wurde) und das Auftauchen (und spätere Verschwinden) von so konkreten Bauplänen, wie sie zur Anlage eines Tempels und erst recht einer Stufenpyramide vonnöten sind, außerordentlich interessant. Über den geheimnisvollen Ibis-Kult ist uns recht wenig bekannt, außer daß der Ibis als eine Metamorphose Gottes und daher als heiliges Tier galt. Mumifizierte Ibisse wurden nahe dem Grab Imhoteps in Sakkara aufgefunden.

Was nun den Inhalt des Buches anbelangt, so divergierten die Ansichten darüber im Laufe der Geschichte erheblich. Ein ausgesprochen religiöses Werk, eine Art Moral- und Verhaltenskodex ähnlich der Bibel kann es wohl nicht gewesen sein, denn es ist nicht bekannt, daß sich die Götterverehrung im Alten Reich seit Imhotep entscheidend verändert hätte. Ein Staats- oder Gesetzeswerk scheidet ebenfalls aus, weil ein solches bzw. einzelne Pharaonenerlasse separat zu diesem Buch genannt werden (z. B. Pharao Djosers Erlaß über das »Zwölfmeilenland«). Schon eher käme eine erzählende Sittengeschichte in Betracht. Von einem solchen Werk wird nämlich im Mittleren Reich gesprochen, ebenso erwähnen es griechische Geschichtsschreiber. Dagegen spricht allerdings, daß ein so populäres Buch im Volk bekannt gewesen sein müßte. Es hätte also nicht unter Verwendung kultischer Rituale und noch dazu an einem einzigen Tag im Jahr dem Volk vorgelesen werden müssen. War es also ein Weisheits- und Einweihungsbuch, noch dazu eines, das Erinnerungen an die Zeit vor der Sintflut und die wahre Herkunft der Pharaonen enthielt?

Wir wissen ferner – und diesmal gesichert –, daß Imhotep oberster Leiter der Handwerkerschaft, Architekt, Bildhauer, Arzt, Schreiber, Himmelskundiger, Zauberer, Forscher, Philosoph und Wesir sowie Siegelbewahrer seines Königs, Pharao Djoser, war.

Als Bildhauer wird ihm z. B. die Statue Djosers zugesprochen. Die Steinplastik, eine der ersten Plastiken überhaupt, ist von großer Ausdruckskraft. Sie sitzt (noch heute) in einem kleinen kastenartigen Gebäude vor Djosers Mausoleum in Sakkara.

Die medizinischen Kenntnisse erwarb Imhotep bereits früh im Tempel, dem ein »Haus des Lebens« angeschlossen war. Die ägyptische Medizin befand sich damals auf einem hochentwickelten Niveau. Beweise dafür liefern Ausgrabungen von hochspezialisiertem, ärztlichem Instrumentarium sowie fachgerecht trepanierten Schädeln. Die Bezeichnung »Oberster Königlicher Schädelbohrer« galt als ranghöchster Ehrentitel in der Ärzteschaft. Aus ägyptischen und griechischen Quellen sind uns Rezepturen bekannt, die beweisen, daß zur damaligen Zeit eine große Anzahl von Substanzen und Pflanzen bekannt war, vielerlei Heilmittel, Tränke, Salben, Zäpfchen und Mittel zur Inhalation. Für viele innere Organe und Krankheitszustände besaßen die Ägypter spezielle Hieroglyphen. Die bekannteste in diesem Zusammenhang dürfte das R-Zeichen unserer heutigen Rezeptblöcke sein, das sich aus der Hieroglyphe »Horus-Auge« entwickelt hat.

Es ist ferner bekannt, daß die Ägypter hervorragende Kenntnisse in Anatomie und innerer Medizin besaßen, dies vor allem durch die hochentwickelte Kunst des Mumifizierens und der Notwendigkeit, die leicht verweslichen inneren Organe dabei zu entfernen.

Über Imhoteps Leistungen als Arzt weiß man nichts Genaueres. Er genoß aber einen recht guten Ruf und wurde in griechischer Zeit als Gott der Heilkunst verehrt bzw. mit Äskulap verglichen.

Auf seine Rolle als Schreiber wurde bereits im Zusammenhang mit seinem Weisheitsbuch verwiesen. Dokumentiert ist ferner, daß er darüber hinaus als Oberster Getreideschreiber des Pharaos tätig war (eine Funktion, die man mit der eines heutigen Wirtschaftsministers vergleichen könnte).

Dies erklärt aber nicht, warum spätere Generationen aus ihm, der nicht einmal ein Pharao war, eine Gottheit machten, die größte Verehrung genoß. Als »Gott der Schreiber« wurde er bereits ab dem Mittleren Reich verehrt. Alle Schreiber opferten vor Beginn ihrer Arbeit symbolisch einen Tropfen aus ihrem Wassernapf. Darum lautet der Hieroglyphenspruch der Buchrolle, die die Imhotep-Statuetten stets in der Hand halten: »Der erste Tropfen aus dem Napf eines jeden Schreibers für deinen Ka, o Imhotep!« Als *Ka* wurde bei den Ägyptern die Lebenskraft bezeichnet, eine Art zweites Ich, das den Menschen sein ganzes Leben hindurch begleitet. Ich besitze selbst die Replik einer solchen Imhotep-Statuette. Sie steht auf meinem Schreibtisch und erfüllt für mich die Funktion eines Schutzpatrons *(s. Abb. 30 und 31 im Farbteil)*.

Über seine Fähigkeiten als Himmelskundiger und Zauberer wird berichtet, daß er mit der Frau des Pharaos darin wetteiferte, Götterfiguren herzustellen, die sie beseelt zugunsten der Ägypter mit in die Schlacht schickten. Man mag über diese Form von abergläubischem Verhalten lächeln. Die Erwähnung des Vorgangs in ägyptischen Dokumenten entspricht durchaus dem damaligen Weltbild und macht zudem die Vertrauensstellung am Hof und das Ansehen deutlich, das Imhotep im Umkreis des Pharaos genoß.

Auch als Forscher machte sich Imhotep einen Namen, indem er eine Expedition zu den Quellen des Nils sandte. Der ganze Vorgang wird als »nubischer Feldzug ins Zwölfmeilenland« bezeichnet und findet sich mit vielen aufschlußreichen Detailangaben auf zahllosen Steinstelen graviert wieder.

Die größte Bedeutung kommt Imhotep aber als Architekt zu. Zu Recht darf er als »Vater des Steinhauses« gelten, denn mit der Stufenpyramide von Sakkara brach er mit aller architektonischen Tradition und lieferte mit dem Bau das Vorbild für sämtliche Pyramiden, die danach in Ägypten errichtet wurden. Die Baumeister der großen Cheops- und Chefren-Pyramide können mit Recht als seine Schüler und Nachfolger bezeichnet werden.

Das zuvor Genannte weist Imhotep als eine ungewöhnliche Persönlichkeit mit ungewöhnlichen Fähigkeiten aus. Es wird von daher verständlich, daß sein Ruhm bereits zu Lebzeiten den seines Königs überstrahlte und das Andenken an ihn so lange Zeit anhielt, ja nicht einmal im Laufe der Zeit sich abschwächte, sondern eher noch an Kraft und Bedeutung zunahm. Selbst in den vom Ägyptischen Reich so weit entfernten Gebieten wie den Balearen wurden Imhotep-Statuetten gefunden, die zudem viele Jahrhunderte jünger sind und auf einen langen Zeitraum seiner Verehrung hinweisen. Hängt dies alles mit seinem Hauptwerk – der großen Stufenpyramide von Sakkara – zusammen? Wenn ja, wie kommt es, daß gerade dieses Bauwerk einen solch nachhaltigen Eindruck auf die Menschen machte? Verschweigt die Aufzählung seiner Taten und Fähigkeiten eine Besonderheit, die wir zum besseren Verständnis kennen müßten?

Es wird angenommen, daß Imhotep ein naher Verwandter des Pharao Djoser war oder zumindest aus der Familie des Herrschergeschlechts stammte. Und diese umgibt ja bekanntlich bis heute die Aura des Rätselhaften. Eine Art Geheimbund, die »Gefolgschaft des Horus«, spielt dabei eine nicht unbeträchtliche Rolle. Imhotep soll ein Mitglied dieser Gefolgschaft gewesen sein. Gab ihm das den Mut und das Anrecht, so revolutionär in Rat und Tat aufzutreten, zum Konstrukteur nicht nur der ersten Pyramide, sondern auch des ersten modernen Staatswesens zu werden?

Meine Forschungsreise nach Ägypten im Frühjahr 1989 konzentrierte sich vor allem auf Sakkara, die Pharaonen der 3. Dynastie des Alten Reiches und das Umfeld jenes legendären Mannes Imhotep, dessen wirkungsvolle Spuren noch an so manchen Plätzen zu finden sind. Bei dem Besuch der Tempelanlage Kom Ombo begleiteten mich mehrere Ärzte. Irgendwann standen wir vor einem Relief an der Tempelwand, das in akribischer Genauigkeit Imhoteps medizinische Instrumentensammlung zeigt *(s. Abb. 28 im Farbteil)*. Wir studierten die Darstellung genau, bis einer der Ärzte, ein namhafter Chirurg, plötzlich überrascht ausrief: »Mit genau diesem Besteck operiere ich heute auch. Das ist ja perfekt, auf dem neuesten Stand der Technik!«

Ein ähnliches Erlebnis hatte ich in Sakkara, als wir vor dem Serdab des Pharao Djoser nahe seinem Mausoleum standen. Der Serdab ist ein schmales, etwa körpergroßes Steinhaus, in das man durch einen Sehschlitz in Augenhöhe ins Innere blicken kann. Man sieht hinein und tritt sofort seltsam berührt wieder zurück, denn der Blick trifft genau in die Augen der darin sitzenden Ka-Figur Pharao Djosers. Die Steinplastik ist so lebensecht gemeißelt und von einer solchen Ausdruckskraft, daß man im ersten Moment glaubt, einen lebendigen Menschen vor sich zu haben – das Werk Imhoteps, und man muß unwillkürlich an die Zaubergeschichte mit den »beseelten« Götterfiguren denken.

Auch hier staunte ein kunstbewanderter Architekt über die kühne Modernität der Plastik. Er war übrigens felsenfest davon überzeugt, daß die eigentliche Pionierleistung, die man ein echtes »Weltwunder« nennen dürfte, im Bau der Stufenpyramide von Sakkara bestand und nicht in den großen Pyramiden von Gise, die er etwas abwertend einen »gefällig geschönten Abklatsch« davon nannte.

Woher kommt diese so plötzlich und völlig ohne Vorbild auftauchende Modernität in der ägyptischen Kultur? Gab es wirklich keinerlei Vorläufer zur Kulturrevolution des Imhotep? Was passierte in der 3. Dynastie des Alten Reiches oder kurz davor? Ja, man sollte die Fragestellung noch mehr zuspitzen, um die ganze Tragweite des Umbruchs in der ägyptischen Gesellschaft zu begreifen, die sich so langsam und linear von steinzeitlichen Jägern und Sammlern zu zivilisierten und seßhaften Nilanreinern entwickelt hatte.

Waren die alten Pharaonen wirklich Ägypter? Zu schnell und so völlig fremdartig tauchen mit den Pharaonen nämlich bahnbrechende Neuerungen in Ägypten auf – eine Schrift, eine neue Religion, perfekte Medizinkenntnisse, eine überraschend neuartige Architektur, moderne Staatsformen. Und stets gehen sie von jener geheimnisvollen »Gefolgschaft des Horus« aus, von der alle erste Pharaonen abstammen. Der Horusfalke selbst wird zum göttlichen Wesen, zum Schutzpatron der Könige, zur Symbolfigur eines neuen, modernen Bewußtseins.

Waren die Pharaonen wirklich Ägypter?

Die Geschichte des Ägyptischen Reiches beginnt mit einem legendären König namens Menes oder – nach anderen Quellen – Narmer. Er soll um das Jahr 3000 v. Chr. gelebt haben und gilt als Reichseiner und Begründer der großen Pharaonendynastien, über die wir durch die sogenannten Königslisten, archäologische Funde, die diese Liste bestätigen, aber auch durch zuverlässige ägyptische und griechische Chronisten recht gut Bescheid wissen.

Gemeinhin bezeichnet man den Zeitraum der ersten und zweiten Dynastie als »archaische Periode« oder »Thinitenzeit«. Ihre Könige stammten aus der oberägyptischen Stadt Thinis, Abydos war ihre Nekropole. Pharao Narmers Name wurde zwar auf einer Schminkpalette gefunden, es existieren auch sonst einige Fundhinweise auf ihn, dennoch gilt er immer noch als eine legendäre Gestalt in der Frühzeit des alten Ägyptens. Er soll diverse Kriegszüge gegen aufständische Gaufürsten unternommen und so die beiden Landesteile Unter- und Oberägypten vereinigt haben.

Die Darstellungen auf besagter Schminkpalette zeigen seine Heldentaten: in der Pose des Siegers triumphiert er über seine geschlagenen Feinde. Auf der einen Seite der Palette trägt er die weiße Krone Oberägyptens, auf der anderen die rote Unterägyptens. Später präsentieren sich die Pharaonen nur noch mit der sogenannten Doppelkrone dem Volk. Desweiteren wird ihm die Gründung der neuen Reichshauptstadt Memphis zugeschrieben, da er die Sümpfe dort trockenlegen ließ. Als neue Nekropole wird Sakkara gewählt, in der später, in der 3. Dynastie, Imhotep für seinen Pharao Djoser die große Stufenpyramide baut.

Abb. 32: Eine Seite der berühmten Schminkpalette des Narmer

Die moderne Ägyptologie beginnt ihre historische Zeitrechnung aber längst nicht mehr mit der 1. Dynastie und jenem legendären Pharao Narmer, sondern greift weiter zurück. Sie rechnet mit »Minus-Dynastien«, d. h. mit Pharaonen vor Narmer.

Vieles von dieser archaischen, vordynastischen Zeit liegt im dunkeln. Gesichert wissen wir nur, daß sich größere Veränderungen in Kultur- und Lebensweise der Ägypter vollzogen. Das spiegeln z. B. die Bestattungsgebräuche wider; anstelle der einfachen Grabhügel werden nun architektonisch monumentale Steinbauten errichtet *(Mastabas)*. Auch die Schrift ist plötzlich da, und zwar in einer bereits entwickelten Form, die weit über das Stadium einer einfachen Bilderschrift hinausgeht. Die einzelnen Hieroglyphenzeichen besitzen schon Lautbedeutung, d. h. es handelt sich um eine komplett ausgeformte Silbenschrift. Wo aber sind dafür die Vorstufen zu finden? Bei den einfachen und vergleichsweise primitiven Stämmen des frühen Ägyptens sicherlich nicht. Diese Hieroglyphenschrift muß also, darin sind sich alle Ägyptologen und Linguisten einig, von außen nach Ägypten importiert worden sein. Aber woher?

Man hat den Ursprung in Altmesopotamien, im Land Sumer vermutet, aber diese Theorie ließ sich bisher nicht durch Funde bestätigen. Es liegt eher der Verdacht nahe, daß die altägyptische und altmesopotamische Kultur gemeinsame Wurzeln besaßen, denn auch dort, im Zweistromland des Euphrat und Tigris, tritt eine annähernd vergleichbare Hochkultur wie in Ägypten ganz plötzlich und ohne jede Vorankündigung zutage.

Was ist also in jenem dunklen Zeitalter, in den ein-, zweihundert Jahren vor Pharao Narmer und der 1. Dynastie in Ägypten passiert? Es drangen fremde Eroberer aus dem Mittelmeerraum ins Nildelta ein. Sie kamen mit Schiffen, eroberten zunächst das Delta, dann weite Teile Unterägyptens, führten lange, erbitterte Kriege gegen die alteingesessene Urbevölkerung Oberägyptens und übernahmen schließlich mit jenem ersten Pharao Narmer die Oberhoheit über ganz Ägypten. Sie nannten sich »die Gefolgschaft des Horus«, und der Horusfalke war ihr Wappentier, ihr siegreiches Feldzeichen. Auch auf Narmers kultischer Schminkpalette sitzt der Horusfalke triumphierend über den unterworfenen Feinden, bald steht er als gottgleiches Wesen in der damaligen religiösen Werteskala weit über den Totemzeichen der verschiedenen ägyptischen Stämme.

Jeder dieser Stämme besaß sein eigenes Totemtier. Ihre Religion war animistisch, d. h. es wurde noch eine Art vorzeitliche magische Tierverehrung praktiziert. Aus diesen Stämmen entstanden später die ägyptischen Reichsgaue, aus den Totemtieren die zu Göttern erhobenen Krokodile, Schakale, Hasen, Löwen, Ibisse usw.

In noch späterer Zeit formte man diese Tiergötter zu Zwitterwesen um, die bereits Menschengestalt, aber noch Tierköpfe besaßen. Je mehr die Hauptgötter wie Amun, Re usw. an Bedeutung gewannen und der Monotheismus zunahm (vorläufiger Höhepunkt: der Sonnenkult des Echnaton in Amarna), desto tiefer sanken die lokalen Tiergötter zu bloßen Hilfsgeistern und Schutzpatronen ab.

Der Horusfalke war also das neue Wappentier der fremden Eroberer aus dem Mittelmeer. Kein anderes Symbol außer diesem findet sich in der ägyptischen Kultur mit der Macht des Pharaos verbunden. Es gibt Darstellungen, in denen ein riesiger Horusfalke schützend seine Schwingen über den Pharao und seinen Thron hält, ja, der Horusfalke wird zum Synonym des Pharaos selbst und zu einem Ehrentitel (z. B. Pharao Horus-Aha). Im Tempel von Edfu, den der Horusverehrer Imhotep erbaute, stehen riesige, formvollendete Horusplastiken *(s. Abb. 29 im Farbteil)*, und in der Hieroglyphenschrift reicht die Darstellung eines Falken, um damit sofort und unmißverständlich auszudrükken, daß es sich dabei um einen Gottkönig handelt.

Dabei war der Horus nur ein Symbol der fremden Eroberer, kein eigentlicher Gott ihrer Glaubenswelt. Dies war allein der Sonnengott Ra oder Re. Die »Gefolgschaft des Horus« betete also – im Gegensatz zur ägyptischen Urbevölkerung – die Sonne an, und es gelang ihr, diesen Glauben nach und nach geschickt durchzusetzen. Die alten Götter verschmolzen mit ihrem »Re« (Amun-Re, Aton, usw.), wurden in ihrer ursprünglichen Bedeutung überlagert und verschwanden zum größten Teil. Wie dieser Religions- und auch blutige politische Krieg verlief und zu welchen Mythen er führte, wird im folgenden Kapitel geschildert (»Osiris wird wieder lebendig«).

Fassen wir vorerst zusammen: Etwa um 3400 v. Chr. fand eine großangelegte, planmäßige Invasion Ägyptens durch fremde Eroberer statt. Diese Leute kamen mit Schiffen aus dem Mittelmeerraum und drangen auf dem Nil durch das Delta ins Landesinnere vor. Sie beteten die Sonne an und verbreiteten diese neue Religion in ganz Ägypten. Ihr Schutzpatron, Wappentier und Feldzeichen war der Horusfalke. Sie selbst nannten sich »die Gefolgschaft des Horus«. Diese Eindringlinge waren keine Ägypter, sondern wurden es erst im Laufe vieler Jahrhunderte von blutigen Eroberungskriegen gegen die Urbevölkerung des Landes. Sie brachten eine perfekt ausgebildete Lautschrift, die Hieroglyphen, mit. Ihre Bestattungsrituale waren anders beschaffen und ihre Architektur auch. Ihre Könige nannten sich *Pharao* (großes Haus) und waren die Begründer der ersten Dynastien. Sie hielten sich rein und mischten sich nicht mit der Urbevölkerung, was die merkwürdigen Inzestverhältnisse in ihren Herrscherhäusern erklärt (Schwesternehe). Die gesamte Führungsschicht des Landes, alle Berater des Königs, die hohen Beamten, Heerführer usw. mußten der »Gefolgschaft des Horus« angehörigen, die bald den Charakter eines Geheimbundes annahm. Auch Pharao Djoser stammte von der »Gefolgschaft des Horus« ab, ebenso sein Berater Imhotep, die graue Eminenz der 3. Dynastie und der heimliche Herrscher Ägyptens. Mit der Stufenpyramide von Sakkara krönt Imhotep die bisherige ägyptische Architektur und verdeutlicht auf eindrucksvolle Weise den Charakter der Sonnenreligion der Eroberer: über die Stufen der großen Pyramide würde einst Djoser, des Sonnengottes Sohn auf Erden, zu seinem Vater aufsteigen. Und zusätzlich schafft Imhotep mit der gewaltigen

Bauleistung, die alle Kräfte der Bevölkerung in Anspruch nimmt, die Gründung eines modernen Staatswesens.

Der Horus in Imhoteps Tempel von Edfu, das alles beobachtende Horusfalkenauge als Zeichen göttlicher und medizinischer Macht (Rezeptzeichen), Zehntausende von Horusfalken als Kleinamulette für den Aberglauben der Bevölkerung, mumifizierte Horusfalken in den Gräbern der herrschenden Schicht – überall stoßen wir von nun an auf den Falken, der zum Symbol ägyptischer Großmacht wird. Woher kam dieser Horusfalke geflogen?

Ja, es ist richtig, die zunächst so provokant klingende Aussage stimmt: die frühen Pharaonen waren keine Ägypter! Auch der mit Abstand bekannteste Mythos Ägyptens – der Osiris-Mythos – belegt, wenn man ihn aufmerksam liest und vor allem nicht als Märchen, sondern als historische Erinnerung betrachtet, diese Feststellung. Hier wird Geschichte erzählt, eine Geschichte, die tatsächlich stattgefunden hat. Und in ihr liegt zugleich der erste Grundstein für die große Pyramide verborgen.

Osiris wird wieder lebendig

Die wichtigsten Personen des Osiris-Mythos sind außer ihm selbst Isis, Seth und natürlich Horus.

Lesen wir die Geschichte erst einmal im Originaltext (es existieren viele ähnliche Versionen), bevor wir sie in unsere Verständniswelt übersetzt interpretieren:

> Am ersten der fünf zusätzlichen Tage des Jahres wurde Osiris geboren, und er wurde sogleich König der Welt, denn sein zweiter Name war Wennenofer, das heißt: das Wesen, das ewig gut ist. Osiris war der älteste Sohn des Erdgottes Geb und der Himmelsgöttin Nut, seine Schwester und Gemahlin hieß Isis, die andere Schwester Nephthys, und sein böser, neidischer Bruder hieß Seth.

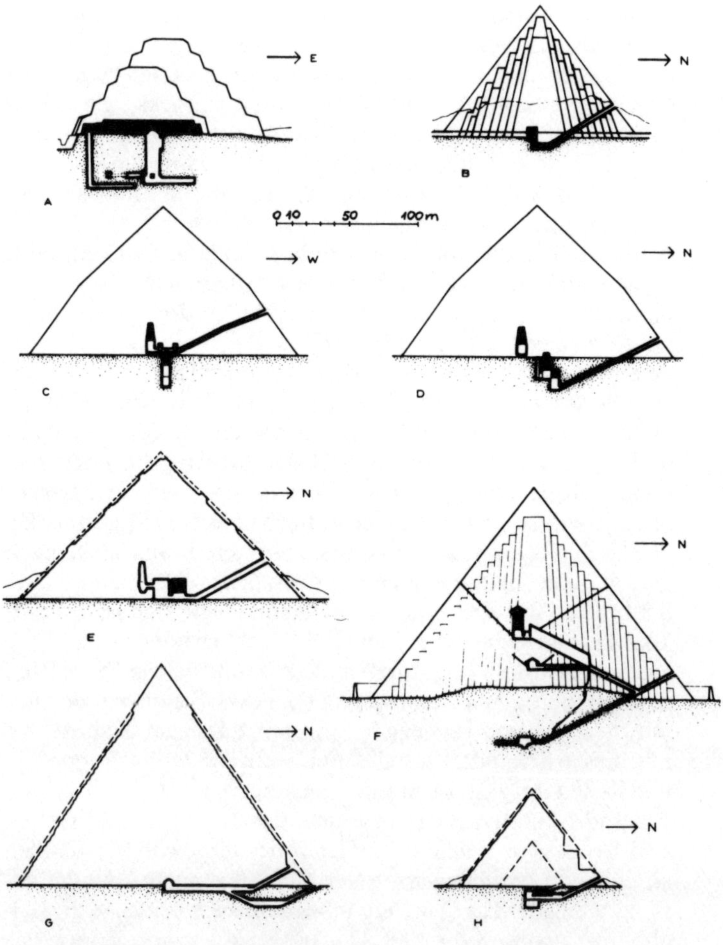

Abb. 33: Die sieben großen Pyramiden des Alten Reiches im Aufriß:
A: Djosers Stufenpyramide bei Sakkara (in verschiedenen Bauphasen)
B: Pyramide von Medum (Petries Rekonstruktion)
C und D: Knickpyramide Dahschur-Süd
E: Die »Rote Pyramide« (Dahschur-Nord)
F: Cheops-Pyramide (nach Borchardt)
G: Chephren-Pyramide
H: Mykerinos-Pyramide (nach Mendelssohn)

Kaum war Osiris auf den irdischen Thron gelangt, da befreite er alsbald das Volk von Ägypten von seinem entbehrungsreichen Leben und von den wilden Tieren. Er zeigte ihnen die Früchte der Erde, gab ihnen Gesetze und lehrte sie, die Götter zu achten. Später durchzog er den ganzen Erdkreis, um ihm seine Künste zu schenken. Wahrlich groß waren die Taten des Osiris und wahrlich groß auch die Liebe, die ihm das Volk von Ägypten entgegenbrachte.

Nur einer neidete ihm diese Achtung, und das war sein mißgünstiger Bruder Seth. Seth suchte sich zweiundsiebzig Komplizen und entsann einen Plan, Osiris zu verderben. Heimlich nahm er das Maß vom Körper des Osiris und ließ danach einen prächtig verzierten Sarkophag anfertigen. Am Tag des Erntefestes wurde der Sarkophag während des Mahles in die Halle getragen. Bei seinem Anblick waren alle Gäste erstaunt und entzückt, denn solch eine feine Arbeit hatte noch niemand gesehen. Seth aber lachte und versprach, den Sarkophag jenem zu schenken, der ihn genau ausfüllen könne. Da beeilten sich die Gäste, ihn auszuprobieren, und einer nach dem anderen legte sich hinein, jedoch paßte er keinem.

Schließlich war Osiris an der Reihe und legte sich in den Sarkophag, und siehe da: er füllte ihn in ganzer Länge und Breite aus. Als Osiris so lag, stürzten die zweiundsiebzig Komplizen des Seth herbei und schlossen den Deckel. Sie umwanden ihn mit Stricken und versiegelten ihn mit flüssigem Blei. Als sie mit dieser Schandtat fertig waren, warfen sie ihn in den Nil und ließen ihn zum Meer hinuntertreiben.

Isis und Nephthys aber begannen, den Leichnam des Gatten und Bruders zu suchen. Im Hafen des fernen Byblos fanden sie ihn und brachten ihn unter Gefahren nach Ägypten zurück. Weil aber Isis dem Seth mißtraute, versteckte sie die Leiche und glaubte sie sicher. Der böse Seth spürte jedoch das Versteck auf, zerstückelte die Leiche und verstreute die einzelnen Teile über das ganze Land. Da begann die Suche von neuem, und an jedem Ort, an dem Isis ein Körperteil des Osiris fand, begrub sie es und erklärte den Platz zum heiligen Ort. Als sie alle Teile gefunden hatte, versuchten Isis und Nephthys durch ihre Klage die Götter zu bewegen, dem Ka des Osiris neues Leben einzuhauchen, damit er wieder auferstehe von den Toten und auf Erden wandele wie zuvor. Über dem Haupt des Toten bewegten sie ihre Flügel hin und her, um den

Hauch des Lebens zu erzeugen, doch es mißlang. Osiris wurde zum Gott des Totenreiches im Westen, wo er über alle wacht, die zu ihm einkehren. Nachts leuchtet sein Licht als finstere Sonne, als Mond, und zeigt uns den Weg, auf daß wir den Tod nicht zu fürchten brauchen, denn an seinem Ende steht mit dem Aufgang der Sonne der neue Tag, der uns Leben schenkt.
Isis aber empfing von ihrem toten Gemahl einen Sohn, den Knaben Horus, den sie lange Zeit heimlich in den Sümpfen von Chemmis im Delta aufzog, um so den Nachforschungen des rastlosen Seth zu entgehen. Als Horus groß war, kam er zurück, um seinen Vater zu rächen, bekämpfte mutig den Seth und zwang ihn zum Rückzug. Horus erhielt auf Ratschluß der Götter die Herrschaft über das Delta, während Seth König von Oberägypten blieb. So wurden die Reiche geteilt, und erst Pharao Menes – dessen Name gepriesen sei in alle Ewigkeit – konnte die Reiche vereinen, weshalb er als erster die Doppelkrone beider Länder auf seinem Haupte trug.
Wir Menschen aber sollen im Gedenken an Osiris kleine Figuren aus Nilschlamm formen, der mit Getreidekörnern vermengt ist, und sie auf Lehmbetten legen, damit die Körner sprießen können. Denn wie Osiris, so stirbt auch die Erde Ägyptens alljährlich unter der Sommerhitze, entsteht wieder neu, wenn die Wasser zurückweichen, und öffnet sich für ein neues Leben…

Soweit der äußerst aufschlußreiche Mythos. Er erzählt uns von einem König, der von den Göttern abstammt. Mit diesem Nachweis wird sein Anspruch als alleiniger Gottkönig gerechtfertigt. Osiris gehört offensichtlich der Rasse fremder Eroberer an, denn er befreit das Volk von Ägypten und läßt sich als Kulturbringer feiern. Verheiratet ist er gemäß den Sitten der Fremden mit seiner Schwester, um das Blut der Dynastie rein zu halten.

Mit Seth dürfte nicht sein leiblicher Bruder gemeint sein, sondern der einzige ernstzunehmende Gegner in Ägypten, der der Invasion der Fremden Paroli bot: der Gott Seth von Ombos bei Theben, wahrscheinlich der Herrscher der Urbevölkerung im südlichen Oberägypten. Seine zweiundsiebzig Komplizen mögen Stammeshäuptlinge der alteingesessenen Bevölkerung gewesen sein. Im Kampf mit Seth kommt Osiris um. Dabei sind die Hinweise auf einen hölzernen Sarg (Schiff), das über den Nil zurück zum Mittelmeer getrieben wird, deutlich. Mit Schiffen kamen die Fremden, und mit Schiffen flohen sie wieder. Der Hafen von Byblos im fernen Libanon mag ein Fingerzeig in Richtung der seefahrenden Phönizier sein, deren Herkunft und Heimat noch weitgehend im dunkeln liegen.

Die »Gefolgschaft des Horus« kommt aber nach der Niederlage zurück, rächt sich und zwingt die Ägypter zum Rückzug. Von da an gibt es zwei Reiche: Oberägypten unter der Regentschaft der Einheimischen und das unterägyptische Deltagebiet, das von nun an den Horusverehrern gehört. Erst mit Pharao Menes/Narmer kommt es zur endgültigen Vereinigung des Reiches und dem eigentlichen Beginn der Pharaonendynastien – ein später Triumph der Horusgefolgschaft.

Ferner berichtet der Mythos über die Sonnenreligion der Eroberer: der Lauf der Sonne, Auf- und Untergang, inklusive des nächtlichen Sonnenersatzes, Mond, werden mit Leben, Tod und Wiedergeburt gleichgesetzt. Der Westen gilt als Totenreich, weil dort die Sonne stirbt. Osiris wird, da er nun Herrscher ist, gleichsam zur dunklen Seite des lebenspendenden Lichtgottes Re (Ra).

Es geht aber auch um Bestattungsriten. Seth, der in der ägyptischen Kunst von nun an oft als roter, schakalköpfiger Schurke in vielerlei schmachvollen Karikaturen dargestellt wird, fungiert zugleich als erster Grabräuber. Man muß also den Leichnam vor ihm schützen, ihn täuschen, ja für die Unversehrtheit mumifizierter Leichen besondere Häuser bauen, Häuser, die für die Ewigkeit halten – Pyramiden eben.

Auch die merkwürdige Handlung der Isis, die Körperteile ihres toten Gemahls Osiris über das ganze Land zu verteilen und jeden Begräbnisplatz zum heiligen Ort zu erklären, findet Bestätigung durch archäologische Funde. Heute geht die Wissenschaft davon aus, daß jeder Pharao (der alten Zeit) zumindest drei Grabstellen besaß: eine im unterägyptischen Delta, in Buto, der alten Hauptstadt der Invasoren (heute unter gewaltigen Massen aus Nilschlamm begraben), eine zweite im oberägyptischen Abydos (nahe der Hauptstadt der Thinitenzeit) und eine dritte in Sakkara, der Nekropole der neuen Hauptstadt Memphis, die genau an der Grenze von Ober- und Unterägypten lag und als »Waage der beiden Länder« galt.

Diese drei Grabstellen des Pharaos machten es erforderlich, daß zumindest zwei der drei Gräber symbolische Scheingräber waren (und tatsächlich wurden erstaunlich viele leere Bestattungsplätze ausgegraben) oder daß der Leichnam tatsächlich zerstückelt werden mußte (auch dazu sind Funde bekanntgeworden, die einen solchen Ritus belegen).

Der Konflikt zwischen den Fremden, der »Gefolgschaft des Horus«, und den alteingesessenen ägyptischen Seth-Anhängern muß tief gesessen haben; er schwelte lange weiter, aller Reichseinigung zum Trotz, und führte immer wieder zu blutigen Revolten und Bürgerkriegen. Es handelte sich um einen nur schwer überbrückbaren Religionsstreit, den erbitterten Wettkampf zweier so unterschiedlicher Glaubensauffassungen. Immer wieder ist in der ägyptischen Geschichte von Unruhen die Rede, Archäologen registrierten systematische Plünderungen und Zerstörungen an Gräbern von Angehörigen der regierenden Schicht, die nur auf Racheakte der andersgläubigen Urbevölkerung zurückgeführt werden können.

Schließlich setzte sich der Wiederauferstehungsglaube des Osiris-Mythos durch und übte – mehrere tausend Jahre später – einen prägenden Einfluß auf die Entstehung der christlichen Heilslehre aus: Isis mit dem Horusknaben im Arm lieferte die Vorlage für das Bild der Mutter Gottes mit dem Jesuskind.

Die Schiffsfriedhöfe von Kairo

Im Jahre 1945 entdeckte der ägyptische Archäologe Kamal el-Malakh an der Südfront der Cheopspyramide zwei Reihen mächtiger Kalksteinblöcke im Boden. Sie überdeckten eine aus dem Fels geschlagene bootsförmige Mulde *(s. Abb. 23 und 24 im Farbteil)*. In ihr lagerte ein in sechshundert Einzelteile zerlegtes Schiff aus Zedernholz. Durch die hermetische Abgeschlossenheit in der versiegelten Gruft war das Holz noch vollständig intakt.

Man setzte die Teile des Schiffes sorgfältig zusammen und erhielt eine 43 Meter lange, 8 Meter breite, am Bug 5 Meter und am Heck 7 Meter hohe, schlanke Jacht. Es stellte sich heraus, daß die Grabkammer für das Schiff etwas zu klein geraten war; aus diesem Grund hatte man den Bug aus Papyrusbündeln bei der Bestattung einfach abgesägt und danebengelegt (oder deutet diese Tatsache auf eine bewußt rituell-symbolische Zerstörung hin?). Das Schiff weist keinen einzigen Metallnagel auf, vielmehr sind alle Planken im sogenannten Holzstichverfahren mit Hanfseilen so zusammengenäht, daß sie bei in Feuchtigkeit aufquellenden Planken und gleichzeitigem Zusammenziehen der Hanfseile absolute Wasserdichtheit garantieren. Das Schiff besitzt zwölf 9 Meter lange Ruder, zwei davon dienten zum Steuern vom Heck aus. Eine Kajüte sowie ein schattenspendender Baldachinvorbau gehören zur weiteren, recht prunkvollen Ausstattung *(s. Abb. 26 im Farbteil)*.

Das 40-Tonnen-Schiff kann heute in einem eigens dafür errichteten Museum bewundert werden. Ideal ist der Aufenthaltsort in dem häßlichen Betonbau allerdings nicht – die sinkende Luftfeuchtigkeit, die Hitze im oberirdischen Wüstenklima und die ultraviolette Strahlung setzen dem Schiff heute weitaus mehr zu als die knapp fünftausend Jahre seiner Einlagerung in der Felsengruft. Aus diesem Grund hat der *World Ship Trust* mit umfangreichen Rettungsmaßnahmen begonnen: als neuer, besserer Standort für das wunderbare Schiff ist eine künstliche, klimatisierte Höhle am Plateau unterhalb der Cheopspyramide vorgesehen.

Schon seit den Tagen Kamal el-Malakhs wurden weitere unterirdische Schiffsgräber rund um die Pyramiden von Gise vermutet. Erst 1987 gelang es, diese Plätze dank modernster Weltraumtechnik zu orten und zu untersuchen. Zunächst tastete man mit Radargeräten den Boden ab und ortete auf diese Weise einen weiteren Hohlraum. Unter Luftabschluß drang ein Bohrer in die Kammer, anschließend senkte man eine Videokamera durch das 9 cm schmale Bohrloch und fotografierte den Innenraum per Fernsteuerung. Die ursprünglich für Aufnahmen im Inneren von Kernreaktoren konstruierte Kamera war mit einer Fiberglasoptik ausgestattet, die keinerlei Wärme bei der Ausleuchtung des Raumes verursacht. Der mit dem schwierigen Projekt beauftragte Wissenschaftler Farouk al Baz, der bereits am amerikanischen Apollo-Weltraumunternehmen maßgeblich beteiligt war, ließ sogar echte Luft aus der Pharaonenzeit in die Kammer pumpen, um das Risiko eines plötzlichen Zerfalls des Fundstückes zu vermeiden. Vergebens – die zweite Barke Pharao Cheops bestand nämlich nur noch aus Holzresten, die unter Schilfmatten moderten. Lediglich Teile des Bugs standen noch aufrecht. Bis eine Rekonstruktion dieser Reste möglich sein wird, schloß man die Kammer erneut luftdicht ab und versiegelte sie.

Mittlerweile sind vier weitere Kammern mit Bootsresten bekannt, und es werden noch weitere dieser Art vermutet. Die Wissenschaftler sprechen daher bereits von einem regelrechten Schiffsfriedhof bei Kairo.

Als man in den älteren Bezirken der Nekropole von Sakkara nahe der großen Stufenpyramide nach Überresten aus der Zeit des Pharao Horus-Aha (des ersten Herrschers nach Narmers Reichseinigung) suchte, stieß man nahe seiner Totenresidenz ebenfalls auf eine längliche, schiffsförmige Grube von beachtlichen Ausmaßen, die ganz ohne

Zweifel einst für die königliche Barke bestimmt gewesen sein muß. Sie war allerdings bereits zerstört und enthielt keinerlei Schiffsreste mehr.

Die erste Erklärung der Ägyptologen für die verblüffenden Schiffsfriedhöfe lautete: es muß sich um Kultbarken der Pharaonen handeln, um Totenschiffe, die eng mit den religiösen Vorstellungen des Alten Reiches zusammenhängen. Es sei ein Ausdruck der Überzeugung, nach dem Tod wie die Sonne auf einer Mondsichel durch die Nacht zu fahren, um nach Überwindung derselben wieder ans Tageslicht des Ewigen Lebens zurückzukehren. Also keine echten Schiffe, sondern Symbole! Nach Ansicht der Esoteriker wären die Sonnenbarken keine echten, gebrauchsfähigen Schiffe, sondern Symbole, mit denen man versuchte, die Vorgänge am Himmel nachzuahmen: Nacht für Nacht segelte in der Vorstellung der Ägypter eine Barke mit der verdunkelten Sonne über den Himmel. Sie besaß die Form der (in Ägypten liegenden) Mondsichel und sah daher einem Schiff mit hochgezogenem Bug und Steven in der Tat recht ähnlich. Die Grundüberzeugung der Astrologie besagt, daß die Signale des Himmels unbedingt beachtet werden müssen, denn »unten wie oben« lautet das ewige, unverrückbare Gesetz der Entsprechungen. Also ahmte man mit der Kultbarke auf der Erde die himmlischen Vorgänge nach und handelte dabei offensichtlich in Übereinstimmung mit dem Willen der Götter und ihren Botschaften.

Gut, diese Gedanken sind angesichts der offenkundigen Neigung der alten Ägypter zu Magie, Zauberei und Symbolik nicht ganz abwegig. Sie haben das einfache Volk bestimmt überzeugt, und es wird sicherlich beeindruckend gewesen sein, den Pharao bei speziellen Kulthandlungen auf großen, prachtvoll ausgeschmückten Barken auf dem Nil vorüberfahren zu sehen. Aber dies alles trifft wohl nicht restlos den Grund für den emsigen Schiffsbau im Alten Reich und für die Schiffsfriedhöfe am Fuße der Pyramiden.

Thor Heyerdahl sagt angesichts der Schiffsfunde: »Sie

sind so vollendet stromlinienförmig und elegant, daß die Wikinger nichts Anmutigeres oder Schiffsmäßigeres erbauten, als sie einige Jahrtausende später in kleineren Fahrzeugen von ähnlicher Linie über die Hochsee fuhren... Die vollendeten Formen des Cheops-Schiffes waren unverkennbar und in hoher Vollendung für wirkliche Ozeanreisen spezialisiert. Die quer- und längsgerichteten Krümmungen des Schiffskörpers mit dem elegant aufwärts geschwungenen und äußerst hohen Bug und Heck besaßen alle charakteristischen Merkmale, die man nur an seetüchtigen Schiffen findet, bestimmt, auf Brechern und hochgehenden Wellen zu reiten... Diese komplizierte Form war eigentlich überflüssig, da die Pharaonen-Fahrzeuge hauptsächlich auf dem Nil benutzt wurden, wo sich die Wellen höchstens sanft kräuselten und wo Barken und flache Flöße für alle Dienste ausgereicht hätten...«

Es ist wichtig, an dieser Stelle zu ergänzen, daß die angeblichen Sonnen-, Toten- oder für sonst einen Zweck bestimmten Kultschiffe konkrete Gebrauchsspuren aufweisen: Die Taue haben Furchen in die Planken gescheuert, selbst der Anlegesteg weist die Abdrücke zahlreicher Fußtritte auf. Das Cheops-Schiff zumindest ist tatsächlich in Gebrauch gewesen. Die Frage stellt sich dabei nur: lediglich auf dem Nil oder – seiner Konstruktionsform entsprechend – auch über hohe See?

Thor Heyerdahl verneint letzteres entschieden. Seiner Meinung nach ist die vollendet maritime Gestalt des Schiffes irreführend: Es wäre bei der ersten Begegnung mit hohen Wellen auseinandergebrochen. »Pharao Cheops, der vor fast fünftausend Jahren an den ruhigen Ufern des Nils lebte, ließ ein Schiff nähen, gestäbt und mit Zargenverbindungen aneinandergefügt, ohne etwas von der Notwendigkeit innerer Spanten zu wissen, und erhielt so ein Schiff, das nur im Wellengekräusel des Flusses bestehen konnte, obwohl es nach architektonischen Linien gebaut war, die auch später niemals von irgendeiner seefahrenden

Nation übertroffen wurden. Offensichtlich waren die Linien des Cheops-Schiffes von Schiffsbauern mit langer und gründlicher Tradition in der Ozeanfahrt geschaffen worden.«

Aber wer waren diese Leute? Liegt der Gedanke nicht nahe, daß es sich bei den Schiffsbestattungen lediglich um Nachbildungen der einstigen stolzen Flotte handelt, mit der die ersten Pharaonen, die »Gefolgschaft des Horus«, einst in das Nildelta einliefen? Der langanhaltende Kult um die Schiffe erhielte so einen einleuchtenden Sinn: Mit solchen hochseetüchtigen Schiffen kamen die Vorfahren der stolzen Pharaonen einst an, nachdem sie das Mittelmeer und möglicherweise darüber hinaus den Atlantik überquert hatten – nicht ohne unterwegs auf verschiedenen Inseln und Küsten ihre Spuren hinterlassen zu haben. Mit diesen Schiffen eroberten sie Ägypten, indem sie den Nil aufwärts fuhren, mit einem solchen erreichte der sagenhafte König Osiris auch den Süden, wo er im Kampf gegen die Eingeborenen unter dem Kommando Seths unterlag und umkam. Und möglicherweise schickte Seth den Leichnam Osiris' in einem solchen Schiff aufs offene Meer hinaus, oder die Anhänger des erschlagenen Königs flüchteten mit den restlichen Schiffen und dem Leichnam ihres Anführers nach Norden zurück.

Nach Thor Heyerdahl waren die Zedernholzschiffe des Cheops Nachbildungen früherer Schiffe, die wahrscheinlich aus Papyrusbinsen bestanden, während der Bauplan des Papyrusschiffes bereits zu einer Zeit entwickelt war, als die ersten Dynastien anfingen, Pyramiden entlang des Nils zu errichten. Denn: »Besonders auffallend ist, daß alle diese ersten Holzschiffe die Gestalt der Papyrusboote bis in jede Einzelheit nachahmen, sogar die hochgezogenen Bögen von Bug und Heck, die in der charakteristischen Wellenbrecherform des Papyrusprototypes enden. Der Zimmermann, der mit starrem Holz arbeitete, mußte sich unendlicher Mühe unterziehen, um die äußerst schwierigen Kurven zu kopieren, die sich bei den biegsamen Papyrusstengeln ganz natürlich ergaben.«

Nun, Heyerdahl hat die Hochseetüchtigkeit solcher frühen Papyrusboote durch seine experimentellen Reisen eindrucksvoll unter Beweis gestellt und mit ihnen sogar die riesige Entfernung zwischen Afrika und Amerika überwunden.

Ob nun Holz- oder Papyrusschiffe – eines ist deutlich geworden: die alten Pharaonen waren keine Ägypter, sondern Seefahrer unbekannter Herkunft. Mit großen Schiffen kamen sie aus dem Mittelmeer und fielen erobernd ins Nildelta ein. An den Ufern des Stroms bauten sie ihre Stützpunkte, legten Schiffsfriedhöfe an und erbauten Pyramiden in deren Nähe.

Wir hatten von Spuren der »Gefolgschaft des Horus« auf Inseln und an der Küste gesprochen. Sie sind spärlich, aber dennoch nicht zu übersehen.

Der Flug des Horusfalken

Bei meiner Forschungsarbeit in Ägypten fielen mir – außer dem ungewöhnlichen Aufwand, der von den frühdynastischen Eroberern bei der Konservierung und Beerdigung ihrer Schiffe betrieben wurde – einige weitere Dinge auf. Zunächst war es die eindeutig megalithische Bauweise an den Tempelanlagen von Sakkara nahe der Stufenpyramide. Ich meine jetzt nicht den modellhaften Nachbau von Pharao Djosers Regierungspalast mit seiner prunkvollen und reich verzierten Ausstattung, sondern den wesentlich älteren Teil seines Totentempels, der archaisch und beinahe unterirdisch anmutet. Hier wurden nämlich riesige Felsblöcke verwendet, zudem in einer konstruktiven Weise, die an Dolmenarchitektur erinnert und – an die Tempel auf Malta.

Ich hatte in früheren Jahren auf den Mittelmeerinseln Malta und Gozo, die strategisch dominant und den Seeweg vom westlichen zum östlichen Mittelmeer beherrschend zwischen Europa (Sizilien) und Afrika (Karthago, Tunesien) liegen, gearbeitet. Der Vergleich beider Baustile, der Tempelkultur Maltas und der des alten Ägyptens, weist erstaunlich viele Parallelen auf. Die Sache hat nur einen Haken: die megalithischen Tempel Maltas wurden rund eintausend Jahre früher als die ältesten Steinbauten Ägyptens errichtet! Könnte es also sein, daß maltesische Architekten im Dienste Imhoteps mit den Bauarbeiten von Sakkara beauftragt waren? Zum Zeitpunkt von Djosers Totentempelbau allerdings waren Malta und Gozo bereits menschenleer. Die Wissenschaft rätselt noch immer über das so abrupt einsetzende Ende der maltesischen Tempelkultur und darüber, wohin die gesamte Bevölkerung der Inseln so plötzlich verschwand. Sind die Maltis systematisch nach Ägypten ausgewandert? Stammt die »Gefolgschaft des Horus« von der heiligen Insel Malta, die in der Antike als »Nabel der Welt« galt? Oder handelt es sich um ein ganz anderes Volk, das von viel weiter herkam, mit hochseetüchtigen Schiffen über den Atlantik vielleicht, und das die strategisch interessant liegenden Inseln im Mittelmeer nur als Stützpunkt nutzte? Ein Stützpunkthafen, eine Kolonie allerdings, an der sich die Religion ihrer Betreiber zu architektonischen Höchstleistungen entfaltete?

Wenn man die vielen Dutzend riesiger Tempelanlagen, von der jede einzelne so eindrucksvoll ist, daß sie getrost mit Stonehenge oder den Menhirreihen von Carnac wetteifern könnte, besucht, den Blick von den gewaltigen, aber dennoch fein verzierten Riesenquadern der Umfassungsmauern kaum lösen kann, aber dennoch zwischendurch zum azurblauen Himmel aufblickt, so sieht man Falken schweben. Es sind die berühmten Malteserfalken, der »Horus«... Tatsächlich hießen dort früher die Falken so! Aber nicht nur das – sie genossen religiöse Verehrung, galten als

Warner, Verkünder, ihr Flug wurde zu Orakelzwecken gedeutet. Hierzu spielte das Einatmen gerösteter Kümmelpflanzen eine gewisse halluzinogene Rolle. Der Ort, von dem die Priesterinnen Maltas und Gozos die für die Orakelschau so wichtige Pflanze holten, war die dazwischenliegende kleine Insel Comino, die Kümmelinsel, die nach dem häufigen Vorkommen des Krauts ihren Namen erhielt. Die Priesterinnen, möglicherweise auch die gesamte Bevölkerung der heiligen Inseln, gehörten zur »Gefolgschaft des Horus«. Sind sie es gewesen, die den Abbruch, den Transport und den Bau mit riesigen Kalksteinblöcken zur Vollendung entwickelten, die ihre Kunst mit nach Ägypten brachten und deshalb Tempel und Pyramiden errichten konnten?

Wie gesagt, etwa tausend Jahre liegen dazwischen, und ihr Exodus mag lange und mühevoll gewesen sein, bis der Horus endlich über dem geeinten ägyptischen Großreich triumphieren konnte.

Ich weise mit Nachdruck darauf hin, daß dies nur eine Hypothese von mir darstellt. Es gibt noch andere, die nachzuprüfen sich lohnt. Zum Beispiel der Hinweis auf das phönizische Byblos, der im Osiris-Mythos erstmalig auftaucht. Später, sehr viel später, existieren, wie wir noch sehen werden, sehr viel intensivere Beziehungen zwischen den Phöniziern und Ägypten, und allesamt haben sie mit Schiffen und kühnen Seefahrten zu tun.

Mit Ultraschall auf der Suche nach der Kammer des Wissens

Alle paar Jahre bricht mit jedesmal unerwarteter Heftigkeit das ägyptische Pyramiden-Fieber aus. Dann beherrschen Schlagzeilen wie »Birgt die Cheopspyramide eine bislang noch unentdeckte Grabkammer?«, »Wo liegen die Schätze des Pharaos verborgen?« und »Wird das Geheimnis der Pyramiden jetzt endlich entschlüsselt?« die Titelseiten der Weltpresse. Vor kurzem war es wieder einmal soweit. Da hatten nämlich die beiden französischen Architekten Gilles Dormiou und Jean-Patrice Goidin nach langwierigen Vermessungsarbeiten mit Hilfe eines neu entwickelten Dichtigkeits-Meßgerätes behauptet, mit einiger Gewißheit angeben zu können, wo die Mumie Pharao Cheops liegt (man hat sie ja bis heute nicht gefunden): in einem Geheimtrakt des Pyramideninneren, unterhalb der bisher als Pharaonengruft bezeichneten Kammer.

Ahmed Kadri, der Leiter der ägyptischen Altertumsverwaltung, gab die Einwilligung zu den Forschungsarbeiten. Als ich in Gise war, war die Cheopspyramide gerade für den Publikumsverkehr gesperrt – in dem zur sogenannten Königinnen-Grabkammer führenden Korridor wurden acht Löcher von jeweils drei Millimeter Durchmesser gebohrt, um die kürzlich entdeckten Hohlräume dahinter zu untersuchen. Auch hier kamen wieder Spezialkameras zum Einsatz, um ferngesteuert zu erkunden, ob es sich um zufällig entstandene Hohlräume handelte oder um die langgesuchte »geheime Grabkammer«, in der manche zudem noch sagenhafte Schätze erwarten.

Mittlerweile meldete sich auch noch ein deutscher Wissenschaftler, der angeblich auf rein mathematischem Wege errechnet haben will, wo sich die »Kammer des Wissens«, eine Art zentraler Datenbank der alten Ägypter, in der alle Kenntnisse der damaligen Zeit aufbewahrt worden seien, befindet.

Um es gleich vorwegzunehmen: Wieder einmal, wie so oft, wurden alle hochgesteckten Erwartungen enttäuscht. Das Ergebnis der aufwendigen Untersuchungen war gleich Null, die Filme der Spezialkameras blieben schwarz, auch die Ultraschallmessungen erbrachten nichts. Es darf weiter nach verborgenen Kammern gesucht werden.
Bereits vor einem Jahrzehnt hatten amerikanische Experten mehr als drei Jahre lang das Innere der Cheopspyramide mit kosmischen Strahlen auf der Suche nach unbekannten Kammern abgetastet. Die Ergebnisse der Meßserien blieben ungenau und widersprüchlich. Weder konnten exakte Hohlräume nachgewiesen, noch ihre Nichtexistenz eindeutig bewiesen werden.

Der russische Wissenschaftler Anatolik Wassilijew ist dagegen nach wie vor der Meinung, daß Cheops Mumie nebst seinem kostbaren Grabschmuck noch irgendwo versteckt in der Pyramide lagern. Für ihn sind die vielen Gänge und Kammern, die man bereits kennt, lediglich Teile eines viel größeren und reichlich komplizierten Labyrinths, das damals zum Schutz des einbalsamierten Pharaos angelegt worden sei.

Dabei weiß man, daß Hohlräume im Inneren der Pyramiden keine Seltenheit sind. Sie entstehen sogar häufig, ohne der geniale Plan eines altägyptischen Architekten zu sein, z. B. durch Erdverschiebungen. In der Knickpyramide von Dahschur, dreißig Kilometer südlich von Kairo, gibt es mehrere solcher natürlicher Hohlräume. Allerdings liegt bei der Knickpyramide ja auch ein »verunglückter Bau« vor, wie es der Physiker Kurt Mendelssohn ausdrückt, d. h. der Bau stürzte infolge von Instabilität noch während seiner Errichtung ein.

Wahrscheinlich sind die einfachen Erklärungen noch immer die besten. Als Archäologen nämlich die Sargkammer Cheops aufspürten und dort nur noch das Unterteil des Königs-Sarkophags fanden, keinen Deckel, keine Mumie, weder Schmuck noch die üblichen Grabbeigaben, vermuteten sie sofort, daß hier Grabräuber am Werk gewesen sein mußten. Und sie waren das wohl auch. Die Chephren-Pyramide ist ja ebenfalls leer aufgefunden worden, der im Boden eingelassene Sarkophag aus Granit lag mit zerbrochenem Deckel da. Man hat übrigens auch in der Chephren-Pyramide nach Hohlräumen und versteckten Mumienkammern gesucht. Vergeblich – die Radarsignale der untersuchenden Physikergruppe wurden durch den unerwartet hohen Feuchtigkeitsgehalt des Gesteins buchstäblich aufgesogen.

Leer war auch die Mykerinos-Pyramide, geplündert die kleineren Pyramiden östlich der Cheopspyramide. Sie wurden für die Lieblingsfrau Cheops (Merit-ites), seine Tochter und für König Henutsen erbaut. Ganz in der Nähe fand man durch Zufall in einem 25 Meter tiefen Schacht die Grabkammer von Cheops Mutter, die einst neben Pharao Snofru auf dem Thron gesessen hatte. Auch ihr Sarg war leer. Mittlerweile weiß man, daß ihre Mumie bereits zu Lebzeiten Cheops von Grabräubern gestohlen wurde.

Wegen ihrer seltsamen Begleitumstände sei hier die Geschichte Hetepheres kurz erzählt: Sie wurde nach ihrem Tod zunächst in der kleinen Pyramide vor der bereits mehrmals erwähnten »Knickpyramide« von Dahschur beigesetzt. Kurz nach dem Begräbnis wurde ihre Mumie mitsamt dem wertvollen Schmuck gestohlen. Die Räuber gingen mit großer Hast vor (vielleicht wurden sie sogar gestört), denn die kostbaren Grabbeigaben wie Bett, Reisezelt, Sänfte, Stuhl, der Alabastersarg, Gold- und Emaillierarbeiten, Schmuckkästen mit Ringen, Armbändern und Anhängern aus Türkis, Karneol und Lapislazuli blieben unberührt liegen. Pharao Cheops wurde über den unverschämten Raub informiert und ließ in großer Hast den Sarg nach Gise überführen. Doch seine Beamten betrogen ihn oder wagten den Mumienraub nicht einzugestehen. So versiegelten sie eiligst den leeren Sarg, setzten ihn im Schacht bei und ließen Cheops im Glauben, er habe die sterblichen Überreste seiner Mutter in Sicherheit gebracht.

Was die permanente Überschätzung des altägyptischen Wissens anbelangt und ihre »übermenschlichen« Leistungen beim Pyramidenbau, von denen immer wieder geschwärmt wird, so beruht sie einzig und allein auf unreflektierter Fantasterei. Erich von Däniken, der noch in den siebziger Jahren lauthals behaupten konnte, normale Menschen hätten die Pyramiden niemals erbauen können, weil ihnen die nötige Technik fehlte, von daher müßten die Pyramiden also Landemarkierungen für Außerirdische sein, schweigt heute betreten.

Eine Handvoll Japaner hat es ihm und der Welt vorgeführt, daß der Bau der Pyramiden kein Wunder, sondern durchaus ohne Kräne, Bulldozer und Flaschenzüge, allein mit den damaligen Mitteln und Werkzeugen des alten Ägyptens, möglich war: Neben der Cheopspyramide errichteten sie in erstaunlich kurzer Zeit eine kleine, maßstabgetreue Pyramide.

Viele Menschen können offenbar ohne den Glauben an Wunder nicht leben. Wenn nicht das Ungeheuer von Loch Ness auftaucht, der Yeti im Himalaja oder neue Reliquien von Jesus, dann muß es eben das Geheimnis der Pyramiden sein, das kurz vor der Auflösung steht. Die meisten von ihnen glauben ohnehin, daß die Pyramiden eine Art geheimnisvollen Weltkalender darstellen mit in Stein verewigter Rechenakrobatik. Und daß dort magische Kräfte wirken, Erdstrahlen oder andere übernatürliche Kräfte, die dafür sorgen, daß die Körper der Menschen darin frisch bleiben – bei den kleinen Pyramiden aus Plexiglas, die als Mini-Kühlschrank oder Energiewächter angeboten werden, tut es auch ein Steak oder Spiegelei. Diese Leute sollten mal ins Innere der Pyramiden steigen – tatsächlich ist die Luft darin alles andere als frisch, sie ist einfach so muffig, wie es im Inneren eines solchen Gebäudes nun mal sein muß. Und was die Mini-Kühlschränke anbelangt... ach, schweigen wir lieber zu all diesem heillosen Unfug!

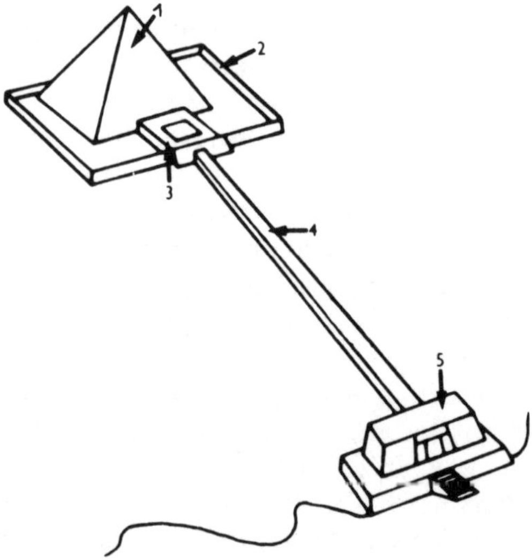

Abb. 34: Klassischer Pyramidenkomplex.
1. Pyramide, 2. Hof mit Temenos-Mauer, 3. Totentempel,
4. Prozessionsstraße, 5. Taltempel am Nil

Pyramiden in Mesopotamien, Arabien, im Tal des Indus und auf den Malediven

Fast gleichzeitig mit der Ankunft der »Gefolgschaft des Horus« in Ägypten beginnen auch in Altmesopotamien, im Lande Sumer, die ersten Königsdynastien. Auch dort kommt es plötzlich zu umwälzenden Veränderungen in nahezu allen Bereichen des Lebens. Die sogenannten sumerischen Königslisten beginnen mit den Königen »nach der großen Flut« und nennen als erste Hauptstadt des Reiches Kis. Diese Stadt lag einst am Ufer des Euphrat, etwa 14 km östlich von Babylon. Dort fanden Archäologen auch die ältesten Tempelterrassen, die von den Ausgräbern aufgrund ihrer ungewöhnlichen Form *Zikkurat* (Stufenturm) genannt werden.

Es scheint, als wären »nach der großen Flut« nicht nur in Ägypten, sondern auch hier in Sumer fremde Eroberer angekommen. Sie wirkten als Kulturbringer und Träger einer neuen Religion mit ausgeprägten Ritualen. Auf dem Gipfel des Ruinenhügels von Kis wurden zwei frühdynastische Zikkurate ausgegraben, deren Basis unmittelbar über einer deutlich erkennbaren Flutschicht lag. Ihr Verlauf läßt sich überall noch im Grabungsfeld verfolgen. In den Schichten darunter liegen Ruinen einfacher Siedlungen, doch an keiner Stelle wurde auch nur annähernd eine solche Monumentalarchitektur entdeckt, die sich mit den sumerischen Stufenpyramiden »nach der großen Flut« vergleichen ließe.

Es ist nicht ohne Bedeutung, daß der wichtigste Mythos im alten Mesopotamien, der sich auch im berühmten Gilgamesch-Epos – der wohl ältesten Dichtkunst der Welt – wiederfindet, ausführlich über eine schreckliche Sintflut berichtet. Alles, was vorher war, alle Städte, seien dabei vernichtet worden. Der Beginn der neuen Kulturblüte sei durch die Ankunft von »Fischmenschen« erreicht worden (ohne Identität und Herkunft dieser ominösen Wesen näher zu erläutern). Auch der Bau eines gewaltigen Schiffes, über den im Epos genaue Maße und detaillierte Konstruktionsanweisungen genannt werden, spielt dabei eine entscheidende Rolle. Die Arche-Noah-Geschichte der Bibel dürfte hier ihren Ursprung haben, wie ja so vieles aus dem ägyptisch-sumerischen Glauben später in abgewandelter Form Eingang in die christlichen Glaubensvorstellungen fand. Zum Beispiel auch der sagenumwobene Turm zu Babel, den die Nachkommen Noahs erbaut haben sollen, um den Himmel zu erreichen.

Zikkurate, die der Beschreibung des Turms zu Babel entsprechen, wurden in den alten Städten Sumers, in Ur, Eridu, Urik, Aquar Ouf und Tschoga Zanbil (in der Nähe von Susa) gefunden. Es waren große, stufenförmig angelegte Tempel aus luftgetrockneten Lehmziegeln, die mit Lagen aus Schilfmatten verstärkt wurden. Der besterhaltene von ihnen steht im Ausgrabungsgebiet von Ur im Süden des heutigen Irak. Der Tempel war dem Mondgott Nanna geweiht. Die vier Ecken der Zikkurat sind exakt nach den Himmelsrichtungen ausgerichtet, die Grundmauern nehmen eine Fläche von 61 mal 45 Metern ein. Der Kern besteht aus ungebrannten Ziegeln, die rund um die Überreste eines früheren Stufenturms geschichtet wurden. Um diesen Kern herum wurde der massive Bau in Form einer dreistufigen Pyramide hochgezogen. Als Entstehungszeitraum nimmt man etwa 2100 v. Chr. an, als sein Erbauer wird der Sumererkönig Urnammu bezeichnet. In der Nähe der Anlage legte der britische Archäologe Leonard Woolley in den Grabungen von 1922 bis 1934 das berühmte, reich ausgestattete Mausoleum des Königs Abargi frei.

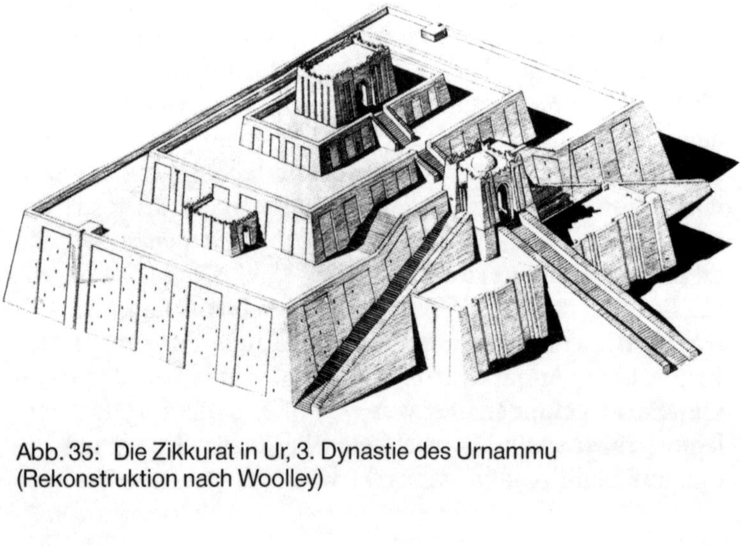

Abb. 35: Die Zikkurat in Ur, 3. Dynastie des Urnammu (Rekonstruktion nach Woolley)

Die stark beschädigte Zikkurat von Aquar Quf bei Dur Kurigalzu besitzt noch immer eine Höhe von 57 Metern. Sie gehörte zu einer antiken Verwaltungshauptstadt, die der Kossäerkönig Kurigalzu im 15. Jahrhundert v. Chr. westlich von Bagdad gründete.

Der größte bisher aufgefundene Tempelturm ist der von Tschoga Zanbil, der um 1250 v. Chr. von König Untasch-Gal errichtet wurde. Er war dem Gott Inschuschinak geweiht und befand sich innerhalb der gemauerten Einfriedung der alten Stadt und Königsresidenz. Der Konstruktionsaufbau entspricht den etwa zwanzig weiteren Zikkuraten, die man heute kennt, nur die Fassade unterschied sich von den anderen durch ihre Pracht: ursprünglich war er mit in Trockenöfen gebrannten Kacheln verkleidet, die metallisch blaugrün glänzten.

In der Schöpfungsgeschichte der Bibel heißt es: »Es hatte aber alle Welt einerlei Zunge und Sprache. Als sie nun nach Osten zogen, fanden sie eine Ebene im Lande Sinear und wohnten daselbst... Und sprachen: Wohlauf, laßt uns eine Stadt und einen Turm bauen, des Spitze bis an den Himmel reiche.« Und weiter: »Da fuhr der Herr hernieder, daß er sähe die Stadt und den Turm.« Als er erkannte, daß die Menschen in ihrem Tun fortfahren würden, verwirrte er ihre Sprache, damit sie sich nicht länger verständigen konnten. »So zerstreute sie der Herr von dort in Länder, daß sie aufhören mußten, die Stadt zu bauen.«

Es ist also von »verschiedenen Zungen« und Sprachverwirrung die Rede. Merkwürdigerweise gehört die sumerische Sprache weder zur indoeuropäischen noch zur semitischen Sprachfamilie, ja, man kann sie überhaupt nicht mit irgendeiner bekannten Sprache vergleichen. Das Sumerische wird zu den sogenannten agglutimierenden Sprachen gerechnet, einem Sprachtypus, bei dem es weder eine Deklination noch eine Konjugation gibt, sondern bei dem unveränderliche Wörter nach festen Regeln aneinandergereiht werden. Andere agglutimierende Sprachen sind z. B.

das Finnisch-Ungarische, das Elamische (nach Sumers altem Nachbarland Elam) und das Baskische, aber die Wörter selbst sind mit diesen Sprachen nicht verwandt. Kann der Bibelhinweis bedeuten, daß Menschen verschiedener Abstammung und Sprache am Bau der Zikkurate beteiligt waren? Dies würde ein weiteres Indiz dafür sein, daß die Begründer der ersten Dynastien (genau wie in Ägypten) keine Sumerer, sondern fremde Einwanderer waren.

Daß zumindest zur damaligen Zeit ein reger Fernhandel über Seestraßen stattfand, dürfte inzwischen durch zahlreiche Funde bewiesen sein. So lagen z. B. in dem bereits genannten Königsfriedhof von Ur große Mengen von Perlen und Schmuckstücken mit Lapislazuli, die aus dem fernen Afghanistan herangeschafft worden sein müssen. In anderen mesopotamischen Grabungen stieß man auf Stempelsiegel und Schriftzeichen, die eindeutig aus dem Tal des Indus stammen und zur dortigen Hochkultur von Harappa, Mehrgarh und Mohenjo-Daro gehören.

Thor Heyerdahls Theorie, daß die frühen Hochkulturen sich über den Seeweg ausgebreitet hätten, gewinnt durch solche Funde mehr und mehr an Bedeutung. Beinahe sensationell wird die Angelegenheit aber, wenn wir die Ausbreitung der Stufenpyramiden genauer unter die Lupe nehmen.

Bei seiner Tigris-Expedition segelte er ja bekanntlich mit der originalgetreuen Rekonstruktion eines altsumerischen Binsenschiffs die alten Routen ab – durch den Arabischen Golf, die Straße von Hormus, den Golf von Oman bis zum Tal des Indus, weiter durchs Arabische Meer und den Golf von Oman bis zur afrikanischen Küste (Dschibuti). Dabei untersuchte er auch die kleine sumerische Zikkurat auf der Insel Bahrain. Bahrain liegt genau an der alten Seehandelsstraße, die von den sumerischen Häfen Ur und Uruk zu den einst mächtigen Stadtstaaten im Industal führt. Es ist das legendäre Dilmun, von dem schon im Gilgamesch-Epos die Rede ist, ein mystischer Ort, an dem der unsterbliche Ziusudra, der letzte Überlebende der Sintflut, gewohnt haben soll. Der alte Priesterkönig, der der Menschheit mit seinem Schiff zu ewigem Leben verhalf, galt nicht nur bei den Sumerern als Kulturheld, sondern wurde auch von den Babyloniern, Assyrern und den Hethitern unter dem Namen Utunipischtim verehrt. Als Noah fand er Eingang in die Lehren der Hebräer, Christen und Moslems.

Vielleicht war die Stufenpyramide von Bahrein sein Grabmal, zumindest aber der Tempel, in dem er angebetet wurde. Die Ausgrabungen am Fuß der Anlage förderten jedenfalls größere Mengen von Kultobjekten wie Topfscherben, Lapislazulikugeln, Alabastervasen, Kupferblech, Armreifen, die kupferne Figur eines Vogels, einen gegossenen Stierkopf sowie die Statue eines nackten Mannes in Beterhaltung mit runden Augen und kahlgeschorenem Kopf zutage – allesamt Gegenstände, die auch im frühdynastischen Sumer als Opfergaben Verwendung fanden.

Bahrein (Dilmun), wie die Ostküste der Arabischen Halbinsel insgesamt, ist reich an archäologisch interessanten Stätten, wurde allerdings bisher nur wenig erforscht. Der Pyramidenfund dort beweist, daß die Insel von den alten Sumerern regelmäßig aufgesucht wurde, ja sogar wohl ein Handelszentrum war.

Es existieren noch weitere sumerische Stützpunkte an der alten Seeroute nach Indien, die eine ähnliche Bedeutung besaßen. Im Norden des Oman, etwa drei Autostunden von der Hauptstadt Maskat entfernt, liegt inmitten einer von Bergen umgebenen Hochebene eine große Anlage, die aus dem 3. vorchristlichen Jahrtausend stammt. Sie ist erst vor kurzem entdeckt worden.

Amerikanische Bergbauingenieure hatten mit Genehmigung des Sultans das weitgehend unbekannte Gebiet auf der Suche nach Bodenschätzen durchforscht, hieß es doch, hier lägen große Kupferminen aus frühgeschichtlicher Zeit verborgen. Mitten in den uralten Abraumhalden stießen sie auf die Überreste eines Kultbaues in Form eines rechteckigen, künstlich terrassierten Hügels mit stufig ansteigenden Steinmauern und einer Mittelrampe, die zur oberen Plattform führt. Es war die erste Pyramide, die man außerhalb Ägyptens und Mesopotamiens in der Alten Welt fand.

Die Ausgrabungen dort haben erst kürzlich begonnen. Thor Heyerdahl schreibt dazu: »Dies war eine Stufenpyramide des Typs, wie wir sie schon oft zwischen den präkolumbischen Ruinen in Mexiko gesehen hatten. Gleichzeitig war sie von der Anlage her wie eine mesopotamische Zikkurat (...). Riesige natürliche Blöcke hatte man zu Mauern eines rechteckigen Bauwerks zusammengefügt, das sich in massiven, übereinanderliegenden Terrassen aus der Ebene erhob; vier dieser Terrassen waren über dem Erdboden zu erkennen. Die Ecken zeigten in die vier Haupthimmelsrichtungen, und die guterhaltene, mit Steinen eingefaßte Rampe führte auf einer Seite genau in der Mitte nach oben, was charakteristisch für die Tempelpyramiden der Sonnenanbeter in Mesopotamien und im präkolumbischen Amerika ist (...).«

Reste von terrassierten Pyramidenbergen finden sich auch im Tal des Indus, in jenen erst in jüngster Zeit in den Blickpunkt gerückten Kulturen von Harappa, Mehrgarh und Mohenjo-Daro (auf deutsch: »Hügel der Toten«), wenngleich große Teile davon auch vor etwa 1500 Jahren von buddhistischen Mönchen abgetragen, verwüstet und für ihre Zwecke umgebaut wurden. Das Gipfelheiligtum von Mohenjo-Daro, jetzt der zerfallene Rest einer buddhistischen Stupa, eines Rundtempel-Turmes, war ursprünglich quadratisch und stufenförmig. Um diese Stufenpyramide herum wurde vor rund viereinhalbtausend Jahren eine regelrechte Großstadt nach fertig ausgereiften Plänen erfahrener Städtebauer errichtet. Man kann einfach nur staunen, wenn man die vollendete Konstruktion der Häuser und Stadtviertel sieht, die Paläste und Monumentalbauten, die perfekten Kanalsysteme für Trink- und Abwasser, das öffentliche Schwimmbad, die vielen

Schmucksäulen, die Plastiken. Die Keramik Mohenjo-Daro verdient im wahrsten Sinne des Wortes die Bezeichnung Hochkultur.

Interessanterweise wurden die Städte im Indus um 3000 v. Chr. oder sogar noch etwas früher gegründet – also genau zu dem Zeitpunkt, als die »Gefolgschaft des Horus« Ägypten erreichte, die Pharaonendynastien begannen, am Nil Stufenpyramiden errichtet wurden und in Mesopotamien die Königsdynastien ihre Zikkurate bauen ließen.

Und wieder einmal muß man an die »babylonische Sprachverwirrung« denken, wenn man die Skelettfunde des Harappa-Friedhofs (Tal des Indus) betrachtet. Der indische Wissenschaftler F. A. Khan stellte fest, daß hier nicht weniger als vier verschiedene Menschentypen begraben lagen: ein »Mittelmeer«-Typ mittlerer Größe mit länglichem Schädel, schmaler, beherrschender Nase und länglichem Gesicht; ein ähnlicher Typus, der aber kräftiger gebaut und von großer Statur war; ein dritter Typus mit Rundkopf und ein vierter, den man als echten Mongolen bezeichnen könnte. Diese Entdeckungen warfen Fragen auf, die bis heute nicht beantwortet werden konnten.

Ägypten, Mesopotamien und das Tal des Indus – drei gleichzeitig erwachende, nein sich schlagartig zu erstaunlicher Blüte entfaltende Hochkulturen, die sozusagen aus der Steinzeit auftauchen und ohne jegliche Entwicklungsstadien quasi von einem Tag zum anderen eine erstaunlich moderne Technologie vorweisen. Drei Kulturen auch, die allesamt hochseetüchtige Seefahrer hervorbrachten, einer Sonnenreligion anhingen und Stufenpyramiden erbauten. Wenn dies keine Übereinstimmungen sind, die sehr, sehr nachdenklich machen …

Im Jahre 1978 suchte Thor Heyerdahl die dem indischen Subkontinent vorgelagerte Inselgruppe der Malediven auf. Von diesem Teil der Welt war bislang wenig archäologisch Interessantes bekanntgeworden. Dennoch folgte der Forscher einer vagen Spur und fand im Urwald der Insel Fua

Mulaku eine Stufenpyramide mit quadratischem Grundriß sowie deutliche Überreste der Sonnenreligion: mehrere gravierte Steine mit dem Symbol der geflügelten Sonne sowie Sonnenräder, Hakenkreuze und andere Zeichen, die den Hieroglyphen des Industales erstaunlich ähnlich sahen. Ein weiterer Fund, die Überreste eines Tempels bei Nilandu, stellten sich gleichfalls als Sonnenpyramide heraus: »Ein massiver Kern aus Sand war ursprünglich durch eine steinerne Verkleidung mit klassischen Profilen zusammengehalten und zu einer Art Pyramide gestaltet worden, die auf die Sonne ausgerichtet war und an einer Seite eine von Mauern eingefaßte Rampe aufwies. Karbondatierungen der Füllung sowie einer von Erde bedeckten Mauer, die den gesamten Tempelbereich einschloß, ergaben, daß dieser religiöse Komplex um 550 n. Chr. neu aufgebaut worden war, denn die Füllung bestand zum Teil aus kunstvoll behauenen Steinen eines älteren Bauwerks« (Heyerdahl). Überraschend war auch der Fund einer megalithischen Mauer von so feiner Konstruktion, daß dazu nur der Vergleich mit den meisterlich zusammengefügten Inka-Mauern und denen von Mohenjo-Daro einfällt.

In die letztgenannte Richtung weisen noch weitere frühgeschichtliche Funde auf den Malediven. Dies und andere Indizien entlang der uralten Handelsrouten weisen darauf hin, daß sich die Idee der Stufenpyramide und der untrennbar dazugehörenden Sonnenreligion vor etwa fünftausend Jahren von einer uns fremden Kultur rund um den Indischen Ozean auf dem Seeweg verbreitet hat.

Nur im Umkreis des Indischen Ozeans oder auch an anderen Teilen der Erde?

Ein Pharao läßt Afrika umsegeln

Die frühe Hochseeschiffahrt besitzt eine viel weiter in die Vorzeit hineinreichende Tradition, als wir bisher annahmen. Rund 2100 Jahre vor der Umsegelung des afrikanischen Kontinents durch den berühmten portugiesischen Seemann Vasco da Gama bewältigten bereits Phönizier mit viel einfacheren Booten die Strecke.

609 bis 593 v. Chr. regierte ein Pharao namens Necho II in Ägypten. Es war ein mächtiger und phantasievoller Herrscher mit ehrgeizigen Plänen. So versuchte er bereits, einen schiffbaren Kanal vom Mittelmeer zum Roten Meer zu bauen, erstaunlicherweise genau an der Stelle, wo sich heute der Suezkanal befindet. Er besaß nämlich eine Flotte im Mittelmeer und eine zweite im Roten Meer und suchte nun nach einer Möglichkeit, die Schiffe von einer Flotte zur anderen zu transferieren. Der Plan mißlang; bei den schwierigen Bauarbeiten kamen mehr als 120000 Menschen um. Der Pharao war aber so besessen von seiner Idee, daß er nicht aufgab – er suchte das damals sagenumwobene Sambesi-Gold und andere Schätze in fernen Ländern. Also rüstete er eine phönizische Flotte und gab ihr den Befehl, der Küstenlinie Afrikas zu folgen, bis sie die »Säulen des Herkules« (die Straße von Gibraltar) erreichten und von dort durch das Mittelmeer nach Ägypten zurückzukehren. Offenbar war Necho und den Ägyptern der damaligen Zeit genau bekannt, daß Afrika von Wasser umgeben ist!

Der griechische Geschichtsschreiber Herodot (490 bis 420 v. Chr.), der selbst weite Reisen nach Asien und Afrika unternahm, berichtet darüber: »Die Phönizier verließen Ägypten über das Meer von Eritrea und segelten in den südlichen Ozean. Wenn der Herbst kam, gingen sie an Land, wo immer sie sich gerade befanden, und nachdem sie ein Stück Land mit Korn besät hatten, warteten sie, bis es reif zum Schneiden war. Wenn es dann soweit war, machten sie sich wieder auf den Weg; und so kam es, daß zwei ganze

Jahre vergingen; erst im dritten Jahr hatten sie die Säulen des Herkules hinter sich gelassen und waren somit auf der Heimreise. Bei ihrer Rückkunft erklärten sie, daß sie auf ihrer Fahrt um Libyen *(gemeint ist Afrika)* herum die Sonne zur Rechten hatten. Auf diese Weise wurde die Ausdehnung Libyens *(Afrikas)* bekannt.«

Mit Bedacht hatte der Pharao gerade die seekundigen und wagemutigen Phönizier zur Durchführung seines Planes gewählt. Von ihnen wußte man, daß sie eine bereits Jahrtausende alte Kenntnis in Nautik besaßen und Seewege benutzten, die der übrigen Welt unbekannt waren.

Indem die phönizische Flotte Afrika im Uhrzeigersinn umfuhr, hatte sie die günstigste Richtung gewählt. Von Eritrea aus trieb sie zunächst ein frischer Nordwind voran. In der südlichen Hälfte des Roten Meeres mußte sie zwar gegen den Südwind ankämpfen, aber nach ihrer Einfahrt in den Indischen Ozean halfen ihr wieder die Strömung und die Winde, die entlang der ostafrikanischen Küste trieben. Am Kap der Guten Hoffnung hatte sie es auch viel leichter als Vasco da Gama, der von West nach Ost gegen den Sturm ankreuzen mußte. Jenseits des Kaps kommen die Winde größtenteils aus südlicher Richtung. Erst gegen den Kanarenstrom, nahe der westafrikanischen Küste, muß es für sie äußerst schwierig geworden sein. Dennoch schaffte sie es und kam wohlbehalten nach rund 21 000 Kilometern Seeweg wieder in Ägypten an. Die Überwindung der Einbahnstraße Kanarenstrom war für die Phönizier, die bereits lange zuvor die schwierigen Seeverhältnisse im Golf von Biscaya meisterten, also durchaus möglich. Oder umgingen sie ihn, indem sie weit nach Westen aufs Meer hinausfuhren, an den Kanarischen Inseln vorbei, Richtung Amerika, und über die geeignetere Route, Madeira und die Azoren passierend, zurückkehrten?

Es ist bekannt, daß die Küste Westafrikas zu den Standardrouten der Phönizier gehörte. Hier trieben sie regen Handel, legten Stützpunkthäfen an, gründeten Siedlungen.

Auch auf den Kanarischen Inseln ist ihre Anwesenheit durch Amphorenfunde dokumentiert. Wahrscheinlich sammelten sie hier die Orchilla-Flechte ein, ein preisgünstiger Ersatzstoff für das kostbare Purpur. Nicht umsonst wurden die Kanaren in der Antike auch Purpurinseln genannt.

Es ist durchaus möglich, daß sie bei ihren Handelsreisen im westlichen Atlantik auch Amerika entdeckten. Dies kann, wenn man die zahlreichen Funde auf dem amerikanischen Festland richtig deutet, bereits im 10. oder 12. Jahrhundert vor Christus gewesen sein. Wir werden uns noch ausführlicher mit den Spuren der Phönizier auf amerikanischem Boden befassen. Wichtig ist zunächst einmal festzuhalten, daß sie die afrikanische Küste rundum genauestens kannten, die Kanarischen Inseln, die Azoren und Madeira und die berüchtigte Sargasso-See unmittelbar vor der amerikanischen Küste!

Auch vom Mittelmeer aus – also in entgegengesetzter Richtung zu Pharao Nechos Expedition – unternahmen die Phönizier planmäßig Fahrten nach Westafrika, zu den Inseln im Atlantik und hinüber zum amerikanischen Kontinent. Namentlich bekannt ist beispielsweise ein Admiral Hanno, der im 5. Jahrhundert v. Chr. von Karthago aus (Karthago war eine bedeutende phönizische Siedlung im heutigen Tunesien) planmäßig Auswanderungen organisierte. Mit sechzig Schiffen zu je fünfzig Ruderern und insgesamt 30 000 Männern und Frauen an Bord passierten sie die Straße von Gibraltar (Die Säulen des Herkules, phönizisch *Melkarth* genannt) und gründeten an der westafrikanischen Küste Kolonien. Die Meerenge von Gibraltar beherrschten sie sowieso schon durch die große Stadt Gades (Cadiz) mit ihrem Seehafen. Von hier aus konnten sie mit dem Passat und dem Kanarenstrom die Kanarischen Inseln erreichen und darüber hinaus noch die Antilleninseln, das Karibische Meer und den Golf von Mexiko.

Andere phönizische Expeditionen (unter Leitung von Himilko) führten sie an der spanischen, portugiesischen und bretonischen Küste entlang bis nach England. Karthago wurde durch diese ausgedehnten und ergiebigen Seereisen zeitweilig zum Zentrum des Handelsimperiums, und von dort aus kam es immer wieder aufgrund der Überbevölkerung zu planmäßigen Kolonialbestrebungen. Im Jahre 150 v. Chr., als die beiden Punischen Kriege gegen das aufstrebende Römische Reich die Bevölkerung Karthagos bereits stark dezimiert hatten, zählte man dort die Einwohner noch immer auf über 700 000 Menschen.

Aussiedlungen und Neugründungen von Städten am Rande der Meere waren schon immer vorherrschende Politik der Phönizier gewesen. Karthago selbst, dessen Name übersetzt »Neustadt« bedeutet, war am Anfang auch bloß eine kleine Kolonie gewesen, bevor sie zur »Königin des Mittelmeeres« aufblühte. Die Macht ihres Imperiums beruhte eindeutig auf dem Wagemut und der erstaunlichen nautischen Kenntnis ihrer Seefahrer.

Ihre Kapitäne besaßen astronomische und mathematische Kenntnisse, die sie von den Ägyptern und Babyloniern gelernt hatten, sie konnten mit dem Gnonom (schattenspendender Stab, eine Art früher Sonnenuhr) umgehen und orientierten sich nachts am Polarstern und dem Sternbild des Großen und Kleinen Bären. Auch sogenannte Astrolabien setzten die Phönizier zur Kursberechnung ihrer Schiffe ein. Teile solcher Instrumente wurden in Mesopotamien aufgefunden; sie stammen aus dem 7. Jahrhundert v. Chr.

Wenn wir also den Gedanken konsequent fortführen, könnten die Phönizier die Übermittler des Wissens der alten Hochkulturen Ägypten, Mesopotamien, Tal des Indus zur Neuen Welt Amerika gewesen sein, mit allem, was damit zusammenhängt: Schrift, Pyramidenbau, Sonnenreligion, die Kunst der Mumifizierung und der Schädelbohrung (Trepanation), um nur ein paar Merkmale zu nennen. Denn genau diese Dinge finden wir in den alten präkolumbischen Kulturen Amerikas wieder. Es wird in diesem Zusammenhang immer darauf hingewiesen, daß zwischen dem alten, frühdynastischen Ägypten und dem Entstehen der Hochkulturen Amerikas ein riesiger zeitlicher Abstand besteht. Das ist richtig, aber man darf sich den Verlauf der Geschichte keinesfalls linear vorstellen. Es hat Sprünge und Schübe gegeben, Zeiten mit Rückschlägen und Verwirrung, in der altes Wissen in Vergessenheit geriet. Insgesamt hat die Kultur der Phönizier ja über mehrere Jahrtausende bestanden, und sie gilt weniger als eigenständige, sondern vielmehr als »Übermittler-Kultur«, d.h. die Phönizier griffen alles auf, was ihnen wichtig und wertvoll erschien, und tauschten es in ihren fernen Kolonien gegen neue Erfahrungen ein.

Erstaunlicherweise wissen wir sowohl über die Herkunft der Phönizier als auch über den Verlauf ihrer durch Höhen und Tiefen geprägten Geschichte herzlich wenig. Ein Grund mehr dafür, einmal Fakten und Beweismaterial über sie zusammenzutragen und den Versuch zu starten, aus diesen Mosaiksteinchen ein anschauliches Bild zusammenzufügen.

Das Rätsel der Phönizier

Aus den Geschichtsbüchern erfahren wir über den Ursprung des rätselhaften Volkes der Phönizier nur sehr wenig. Es wird zumeist als Seefahrervolk bezeichnet, dem ihre jeweiligen Nachbarn ganz unterschiedliche Namen geben: Phöniker, Sidonier, Kanaanäer, Punier, Karthager usw. Als Siedlungsgebiete werden vor allem die Küstenzone des Libanon genannt, die nordafrikanische Küste und bestimmte Mittelmeerinseln, wobei stets von Kolonien gesprochen wird. Der eigentliche Ursprungsort bleibt indes unbekannt. Von ihrer Sprache wird gesagt, daß sie dem Hebräischen nahesteht und zum kanaanäischen Zweig der semitischen

Sprachen gerechnet wird, wobei allerdings die Herkunft der kanaanäischen Sprache noch völlig ungeklärt ist. Man kennt die phönizische Schrift nur aus Inschriften (z. B. aus der Grabinschrift des Königs Achiram um 1000 v. Chr.). Solche Inschriften wurden in Ägypten, Malta, Attika (Griechenland) und Zypern gefunden. Diese Schrift gilt als Grundlage der westsemitischen Alphabete und damit auch der europäischen, mongolischen und indischen Schriften. Ohne die phönizische Schriftentwicklung könnten Sie, verehrte Leserin, lieber Leser, dieses Buch heute nicht lesen!

Über die Religion der Phönizier ist nach den bisher zugänglichen Quellen lediglich bekannt, daß sie am stärksten mit dem Glauben im alten Kanaan verwandt sein soll. Es gab einen Gott Baal, der in den jeweiligen Kolonien unterschiedlich benannt wurde (Melkart u. ä.), sowie eine weibliche Gottheit namens Astarte und viele andere, die aus den Glaubensvorstellungen ihrer Nachbarn übernommen wurden.

Merkwürdigerweise brachten die Phönizier selbst ihren Namen und ihre Religion mit dem Vogel Phönix in Verbindung. Dieser Vogel wurde auch im alten Ägypten verehrt. Es soll sich dabei um eine Art Bachstelze oder Reiher handeln, die bei der Weltschöpfung auf dem Urhügel erschien. Wer denkt dabei nicht sofort an den Urhügel-Mythos, der bei den Begräbnisriten der Ägypter eine so große Rolle spielte und in letzter Konsequenz zum Bau der großen Pyramiden führte?

Der Vogel Phönix wurde als ein Verkörperung des Sonnengottes (!) angesehen und besaß in Heliopolis (der Heimat Imhoteps!) eine eigene Wohnstätte. Er wird auch als die Seele von Osiris betrachtet, als Sinnbild des durch den Tod sich erneuernden Lebens. Bei den Römern erhielt der Phönix-Mythos im 1. Jahrhundert n. Chr. eine Neuinterpretation, die sich allmählich über die ganze Welt verbreitete: In gewissen Abständen soll sich der Vogel Phönix selbst verbrennen und aus der Asche neu aufsteigen (ähnlich wie die Phönizier in unregelmäßigen Intervallen ihre jeweilige Heimat aufgaben, zur See fuhren und in anderen Gebieten der Erde ihre Kolonien errichteten). Christliche Dichter und Kirchenväter übertrugen das Sinnbild auf Christus, seine Hingabe an den Tod, die Auferstehung und das Ewige Leben.

Die Phönizier selbst (und auch die Griechen) betrachteten den Phönix als ihren Stammvater, den Vater des Kadmos und der Europa. Die Verwandtschaft des Phönix mit dem so oft schon zitierten Horusfalken wird offenkundig, wenn man bedenkt, daß beide den Sonnengott repräsentieren, die Auferstehung und das Ewige Leben. Gehörten die Phönizier zur »Gefolgschaft des Horus«?

Die Phönizier sollen hellhäutig, blond und bärtig gewesen sein. Auch in einigen ägyptischen Wandmalereien tauchen immer wieder auffallend blonde Menschen auf. Pharao Cheops, der Sohn von Snefru, besaß eine blonde Tochter, die mit Chephren verheiratet war. In ihrer Grabkammer am Fuße der großen Pyramiden von Gise ist sie mit goldblondem Haar und blauen Augen abgebildet. Auch Pharao Didufri oder Dedefre war blond und blauäugig wie so viele andere Personen auf Abbildungen, die aus der Zeit um 2000 v. Chr. stammen. Sie stellen die sogenannten *Tamehu* dar, Menschen von hohem Wuchs, blond, blauäugig, langschädelig, mit schmalem Gesicht und gewölbtem Kopf.

Von den blonden Menschen mit genau diesen Merkmalen hatte ich bereits im ersten Abschnitt des Buches gesprochen: Erstaunlicherweise sahen die Guanchen so aus wie viele Darstellungen von Herrschern und ihrer Familienmitglieder auf altägyptischen Wandmalereien!

Noch merkwürdiger ist es, daß die Kulturheroen der präkolumbischen Völker Amerikas ebenfalls als hellhäutig, blond und bärtig beschrieben werden. Ihre großen Helden Quetzalcoatl, Kon-Tiki und andere waren Weiße. Sowohl die Mayas als auch die benachbarten Azteken berichten in ihren Überlieferungen, daß weiße bärtige Männer über das

Meer von jenseits des Atlantiks zu ihnen kamen und ihre primitiven Vorfahren, die noch als Sammler und Jäger lebten, in den verfeinerten Künsten der Zivilisation unterwiesen. Deshalb überraschte es sie bekanntlich auch nicht, als die Spanier kamen – sie glaubten, dies seien die Nachkommen der alten Götter, die nun zurückgekommen seien, wie sie es einst vor langen Zeiträumen versprachen. Ein, wie sich bald herausstellen sollte, verhängnisvoller Irrtum!

In den Gräbern Südamerikas fand man übrigens – wie bei den Guanchenmumien – viele Totenmasken mit eindeutig europäischen Gesichtszügen. Mehr noch: es wurden zahlreiche Mumien entdeckt, die blonde Haare haben. Auf den Fresken der Maya sehen wir weißhäutige Seeleute mit langen, goldblonden Haaren – bezeichnenderweise treten solche Darstellungen gehäuft in Gegenden auf, wo der Kanarenstrom auf die amerikanische Küste zuläuft.

Im *Epos von Quetzalcoatl* heißt es: »All die Glorie der alten Gottheit innehatte Quetzalcoatl, alle Ehre seines Volkes. Hochgelobt sei sein Name und heilig. Und sie opferten Gebete zu der Zeit des alten Tula. Dort erhob sich hoch ein Tempel, hoch empor sein mächtig Bollwerk, reichend aufwärts bis zum Himmel. Seht, sein Bart ist lang gewachsen, ganz besonders lang sein Bart ist, gelb wie Stroh sein langer Bart ist!« Quetzalcoatl (übersetzt: »gefiederte Schlange«) aber blieb nicht bei seinen Völkern, den Mayas und Tolteken, sondern verschwand eines Tages nach Osten, mit einem großen Schiff stach er in See, um den Stillen Ozean zu überqueren.

Über mehr als zweitausend Jahre hin erstrecken sich die Sagen und Legenden von bärtigen blonden Göttern und Kriegern. Wir finden ihre Darstellungen an den Tempelfassaden von Chichen Itza, Yucatan und an vielen anderen heiligen Plätzen.

Sorry Kolumbus, die Phönizier waren vor dir da!

Wegen der ungeheuren Menge an Fundstücken, die eine frühe Seeverbindung zwischen der Alten und der Neuen Welt beweisen, möchte ich hier nur einige wenige Dinge – und auch das nur stichwortartig – aufzählen, die mir besonders spektakulär erscheinen.

Kulturpflanzen wie die gemeine Gartenbohne, Baumwolle und die Banane sind in prähistorischer Zeit bereits von Afrika aus in Amerika eingeführt worden, wie ethnobotanische Untersuchungen beweisen. Hier wie dort wurden bestimmte Hunderassen gezüchtet und mumifiziert. Es handelt sich dabei nicht um den sibirischen Spitz oder Husky, der die Frühmenschen auf ihrer Wanderung von Nordostasien über die Behringstraße nach Alaska begleitete, sondern um eine spezielle Art, die typisch für die Grabfunde im alten Ägypten war. Wie kamen die Maya, Azteken und Olmeken zu solchen Hunden, warum stellten sie sogar Keramik- und Tonfigürchen auf Rädern davon her und gaben sie ihren Verstorbenen mit ins Grab?

In Ägypten wie bei den präkolumbischen Kulturen wurden Vögel mumifiziert. In beiden Teilen der Welt sind nahezu identisch aussehende Schilfboote mit hochgezogenem Bug und Heck bekannt. Die Schlange wurde in Ägypten, bei den Phöniziern wie bei den Mayas und Azteken verehrt. Im dynastischen Ägypten galt die Uraeusschlange, die heilige Natter über der Stirn des Pharaos, als Sinnbild uneingeschränkter Macht. Bei dem phönizischen König von Gebal schlängelt sie sich um das Zepter. Bei den frühen amerikanischen Hochkulturen hießen die drei blonden bärtigen Hauptgötter Quetzalcoatl (Aztekensprachen: »gefiederte Schlange«), Kukulcan (Maya: »die mit Federn bedeckte Schlange«) und Gucumatz (Quiche: »die grüngefiederte Schlange«).

In beiden Erdteilen befinden sich Sonnentempel und Stufenpyramiden, deren Anlagen stets nach astronomischen Gesichtspunkten bzw. den Himmelsrichtungen ausgerichtet sind.

Das ägyptische Lebens- und Fruchtbarkeitssymbol, das Ankh-Zeichen, kommt auch in Amerika vor: im olmekischen La Venta, im toltekischen Teotihuacan, im Palenque der Mayas und an anderen Plätzen. Es galt dort als Lebensbaum und Sinnbild für die drei großen weißen Götter.

Rollsiegel der Phönizier mit hieroglyphenartigen Zeichen wurden nicht nur in Ägypten, sondern in allen Teilen Südamerikas gefunden. Mittlerweile gehen diese Funde mit abstrakten, geometrischen oder auch ganz realistischen Mustern dort bereits in die Tausende. Es ist bekannt, daß die Phönizier damit ihre Verträge besiegelten, indem sie die stempelartigen Rollen in weichen Ton drückten.

Man hat Tausende von altamerikanischen Terrakottaköpfchen in mexikanischen Gräbern gefunden, die keltische, semitische und ägyptische Physiognomien aufweisen.

Bei den Ägyptern und Phöniziern, aber auch bei den Südamerikanern war es üblich, für verstorbene Würdenträger Totenmasken aus kostbarem Material anzufertigen. Die der Mayas zeigen häufig keine Indio-Gesichter, sondern europide Züge. Die Totenmaske aus dem Fürstengrab von Palenque ist dafür das beste Beispiel. Im alten Ägypten und im vorderen Orient wurden häufig Figuren dargestellt, die mit einem Lendenschurz bekleidete Schreiber im typischen Schneidersitz zeigen. Solche Darstellungen gibt es auch bei den Maya.

Eine eigenwillige und höchst auffällige Figur ist die eines häßlichen Zwerges mit fratzenhaftem Gesicht, krummen Beinen, dichtem Bart und Löwenfell. Es handelt sich um den ägyptischen Gott Bes. Er galt als Schutzpatron des Ehebettes und der Geschlechtlichkeit. Im alten Ägypten erfreuten sich solche talismanartigen Figürchen großer Beliebtheit. Im altmesopotamischen Raum existierte dazu ein Pendant – der dämonenhafte Chumbawa (oder auch Humbaba bzw. Chuwawa), der auch im Gilgamesch-Epos eine wichtige Rolle spielt. Genau solche Figuren und Masken wurden im Maya-Gebiet Guatemalas und in Mexiko gefunden.

Der Horusknabe in der Schilfblüte, Seerose oder Lotusblüte war im alten Ägypten als Allegorie für die Wiedergeburt bekannt. Man gab solche Darstellungen, da Horus auch als der Gott der Himmelsrichtungen und der Orientierung galt, gern Seeleuten mit. Ebensolche Darstellungen fand man auch in Amerika!

Darstellungen von Krokodilmenschen sind in Ägypten gefunden worden, aber auch in Karthago. Sie zeigen den Gott Ptah-Pateco. In Amerika stieß man bei Ausgrabungen auf exakt die gleiche Darstellung mit wohl auch der gleichen magischen Amulett-Bedeutung.

Eine andere ägyptische Gottheit mit Bart, Lendenschurz und hoher, komplizierter Kopfbedeckung wurde im phönizischen Gades (Cadiz) gefunden – und ebenso in Amerika.

Auch der Name des phönizischen Sonnengottes Baal findet sich häufig an den amerikanischen Küsten, besonders an den Wänden megalithischer Bauten in Neu-England, womit wir beim Thema Schrift wären. Viele Linguisten erkennen nämlich eine frappierende Übereinstimmung zwischen dem Semitischen und der Maya-Sprache. Diese Entdeckungen sind zwar noch umstritten, erfordern aber unsere Aufmerksamkeit. Ebenso die Parallelen von ägyptischen und indianischen Schriftzeichen. Die Hieroglyphen sind wohl doch nicht so einmalig, wie man sie immer darstellt.

Der Vergleich zwischen ägyptischen Hieroglyphen und der Bilderschrift der nordamerikanischen Micmac-Indianer, die zur großen Familie der Algonkin-Stämme gehören, macht das deutlich *(s. Abb. 33, S. 166)*. Ich werde an dieser Stelle noch nicht auf die Runenschriftzeichen keltischer Herkunft bzw. auf steinerne Zeugnisse der atlantischen Westkultur eingehen, die ebenfalls in Süd-, Mittel- und Nordamerika gefunden wurden. Der dritte große Abschnitt des Buches (»Die Forschung geht weiter: Pyramiden in aller Welt«) wird sich mit dieser Thematik näher befassen.

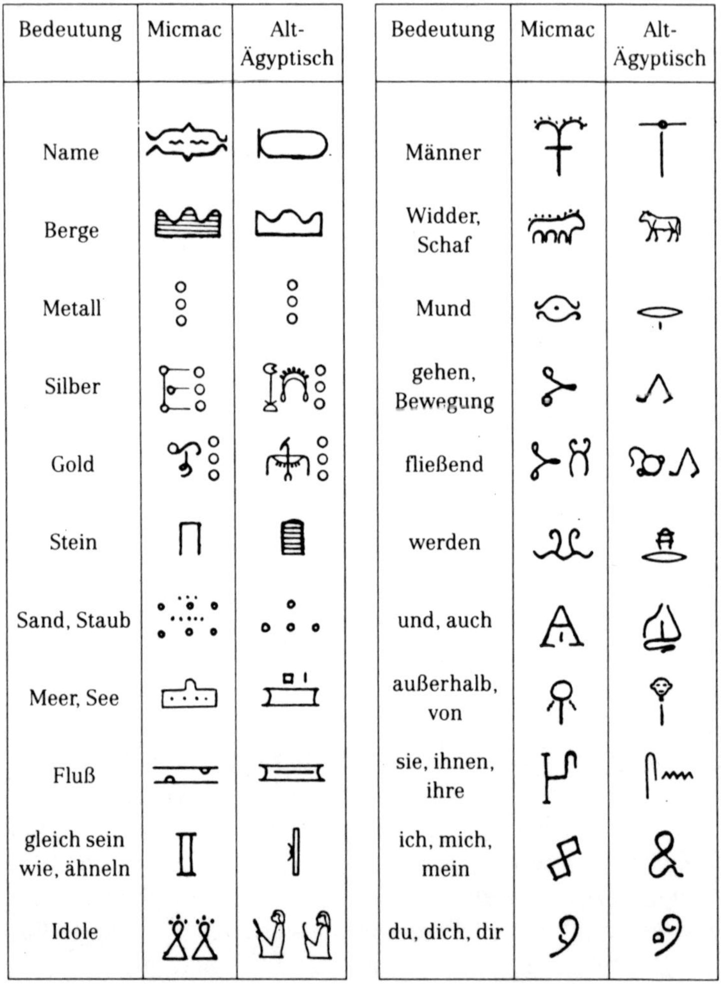

Abb. 36: Ägyptische Hieroglyphen und Micmac-Hieroglyphen

Bedeutung	Micmac	Alt-Ägyptisch
Rohr, Gras		
bewahren		
Grußformel		
Glanz, Ruhm	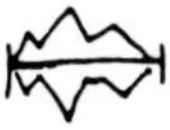	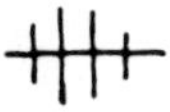
Felsspalte		
nicht		
ein Opfer darbringen		
zittern, Beben	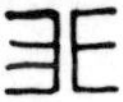	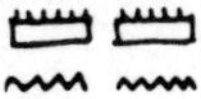
herbeieilen		
voll, ganz		

Bedeutung	Micmac	Alt-Ägyptisch
heute, jetzt		
Wasser, Regen	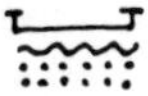	
Wohnung, Heiligtum		
Erde, Unterwelt		
Himmel		
zu Asche verbrennen		
Feuer		
herumhüpfen, springen		
Verfehlungen, Sünden		
Frucht	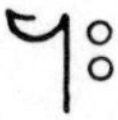	

Aber das sind ja noch lange nicht alle Funde, die auf einen engen Zusammenhang zwischen der Alten und der Neuen Welt hinweisen. Da wäre z. B. der ägyptische Brustschmuck in mondsichelgebogener Form zu nennen, dessen beide Enden mit Köpfen des Sonnengottes Ra geschmückt sind. Eine so eigenwillige Formensprache dürfte kaum auch in Nordamerika unabhängig von jedem Kulturaustausch entstanden sein. Es gibt aber genau diesen Brustschmuck auch dort! Ferner die Darstellung von Elefanten, die zwar in Ägypten und in Karthago vorkam, für Amerika aber doch etwas seltsam anmutet, weil solche Tiere in frühhistorischer Zeit dort gewiß nicht herumgelaufen sind. Dennoch gibt es sie: in Ecuador auf einer kleinen Tafel, die zudem noch altlybische Schrift aufweist. Dann das alte orientalische Symbol eines Auges in der Handfläche – auch das findet man auf altamerikanischen Vasen.

Man vergleiche auch die Kunst des Mumifizierens, die bei Ägyptern, Phöniziern, den präkolumbischen Kulturen und den Guanchen der Kanarischen Inseln üblich war. Sie fiel zwar in der Neuen Welt bedeutend derber aus als in Ägypten, war aber im Prinzip sehr ähnlich. Auch hier wurden die Eingeweide entfernt und in speziellen Gefäßen aufbewahrt.

Trepanationen, komplizierte Schädeloperationen mit feinen chirurgischen Instrumenten, wurden nicht nur in Ägypten, sondern auch in Südamerika nach der gleichen Technik ausgeführt, um den Druck im Gehirn zu erleichtern. In peruanischen Gräbern fand man mehr als 10 000 trepanierte Schädel, und bei vielen deutete die Erneuerung des Knochengewebes darauf hin, daß die Patienten den Eingriff überlebt hatten.

All diese Übereinstimmungen machen deutlich, daß in vorgeschichtlicher Zeit ein kultureller Transfer in ost-westlicher Richtung stattgefunden haben muß. Altweltliche Besucher, Händler und Kolonisten müssen – viele hunderte und tausende Jahre vor Kolumbus – den amerika-

Neuland für die Forschung: Die Kanarischen Inseln

1 Aus dem Zentrum des unwegsamen Urwaldkraters »Caldera de Taburiente« ragt der Idafe, der heilige Berg der Guanchen, auf La Palma auf.

2 In den Höhlenfriedhöfen fand man neben Skeletten auch Hunderte von sorgfältig präparierten Mumien.

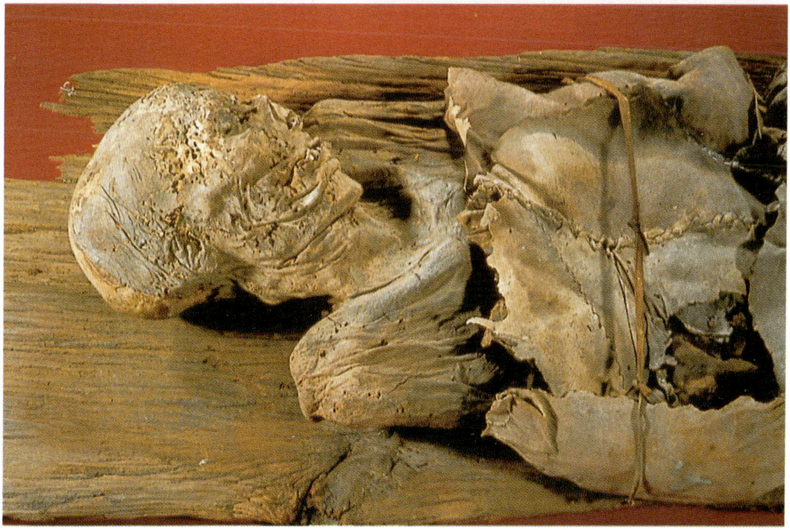

3 Don Ramon und der Verfasser vor einem erst kürzlich entdeckten Felsbildstein der Guanchen.

4 Merkwürdig gravierte Steine liegen noch immer am Fundament der zerstörten Pyramide von Garafia, La Palma.

5 Der »Seelenstein« von Garafia. Sein Gesicht blickt aufs Meer hinaus.

6 Die Dragos sind keine Bäume, sondern eine Lilienart aus der Urzeit. Auf La Palma wachsen noch ganze Haine dieser ansonsten ausgestorbenen Pflanzenart.

7 Ein Höhlenkloster für hellsehorisch begabte Jungfrauen, in dem wahrscheinlich auch die Kornvorräte des Stammes aufbewahrt wurden – das Cenobio de Valeron auf Gran Canaria.

8 Tausende noch immer nicht entschlüsselter Schriftzeichen bedecken die glatten Lavazungen im archäologischen Sperrgebiet El Julan auf der Insel El Hierro.

9 Der Verfasser und der Münchner Bergsteiger Rüdiger Steuer entdeckten bei ihrer Terra X-Expedition uralte Kultgefäße auf dem Gipfel des Roque Agando (Gomera).

10 Thor Heyerdahl wies als einer der ersten auf die Verwandtschaft von peruanischen und kanarischen Pyramiden hin.

11 Die gut erhaltenen Pyramiden von Güimar, Teneriffa, liegen in einem Gelände, das von den Bewohnern noch immer »Valle sagrado« (Heiliges Tal) genannt wird.

12 Hier lag einst das Zentrum eines bedeutenden Guanchen-Stammes, hier wurden ihre »Mencey« genannten Könige gekrönt. Der Überlieferung zufolge spielten Steinpyramiden bei der Krönungsfeier und im kultischen Bereich insgesamt eine wichtige Rolle. Es existieren zwar keine schriftlichen Dokumente der kanarischen Ureinwohner, aber es gab einige spanische Chronisten, die detailgetreu über die merkwürdigen Sitten und Riten der blonden Steinzeitmenschen berichteten. Und es erhebt sich die Frage: Woher kannten die Guanchen die »Kunst« des Pyramidenbaus, was inspirierte sie dazu?

13 Lange wurden diese Gebäude für einfache Steinhaufen gehalten, für Lesesteine der Bauern, obwohl ihre sorgfältige Konstruktion hätte nachdenklich stimmen müssen.

14 Die astronomisch exakte Ausrichtung der Stufenpyramiden wurde sofort von den Mitarbeitern des Astrophysikalischen Instituts der Universität Teneriffa erkannt. So führen alle Treppen von Westen aus in Richtung der aufgehenden Sonne. Diese Mühe würde sich niemand mit einfachen Lesesteinen machen. Den Bauten liegen einwandfrei sorgfältige Berechnungen zugrunde. Auch die Anzahl der Pyramiden wurde zunächst völlig unterschätzt. Nicht zwei, sondern mindestens zehn erheben sich hier aus dem Gelände, das einstmals ein riesiger Kultbezirk der Ureinwohner gewesen sein muß.

15 Auch im Norden Teneriffas (bei Icod de los Vinos) wurden Pyramiden entdeckt. Leider fiel bereits eine von ihnen hemmungslosem Straßenbau zum Opfer.

16 Nun erst sind Wissenschaftler dabei, die merkwürdigen Pyramiden von Teneriffa genauer zu untersuchen. Die Grabungen, an denen sich der norwegische Experimentalarchäologe Thor Heyerdahl leider nicht beteiligen darf, konzentrieren sich wegen Geld- und Personalmangel vorerst nur auf das Heilige Tal bei Güimar. Viele halten das »Valle Sagrado« für das »Tal der Könige« der Guanchen. Andere Pyramiden, wie die von St. Barbara bei Icod de los Vinos, liegen in landwirtschaftlich intensiv genutztem Gelände und warten bis heute auf eine wissenschaftliche Untersuchung.

Waren die Pharaonen wirklich Ägypter?

17 Eines der sieben Weltwunder der Antike, um das sich noch immer Mythen, Legenden und abenteuerliche Spekulationen ranken: die große Cheops-Pyramide von Gise bei Kairo. In der kühnen Baukonstruktion findet die Idee des »Pyramiden-Designs«, zu dem es zahlreiche mehr oder weniger gelungene Vorstufen gibt, eine vollendete Perfektion, die danach nie wieder erreicht wurde. Diese Tatsache hat die Wissenschaftler immer wieder zum Nachdenken veranlaßt. Man versuchte, den Arbeitsaufwand genau zu berechnen, die Technologie zu rekonstruieren und herauszufinden, wie viele Sklaven dafür nötig waren. Viele dieser Gedanken sind schon ansatzweise in der Fragestellung falsch. So hat es nie Sklaven beim Pyramidenbau gegeben, vielmehr war es eine Ehre, daran überhaupt teilhaben zu dürfen. Auch ging es nicht mit übernatürlichen Dingen zu, sondern mit klarem Verstand, denn die Pyramiden waren vor allem ein staatsbildendes »Arbeitsbeschaffungsprogramm«, eine nationale Idee.

18 Ein steinerner Wächter zu Füßen des Weltwunders – der Sphinx. Um das Alter der frühen Großplastik wird heftig gestritten.

19 Cheops Sohn Chephren ließ dicht neben der Pyramide seines Vaters ein ähnlich imposantes Denkmal für seinen Ruhm erbauen.

20 Der Totentempel Pharao Cheops wurde noch ganz in der Tradition der alten megalithischen Bauweise errichtet.

21 Die Stufen-Mastaba von Sakkara, die der geniale Architekt Imhotep für seinen König Djoser konstruierte, gilt als die Vorform aller Pyramiden.

22 Djosers Totentempel in Sakkara stellt eine Kopie seines Regierungspalastes in Memphis dar, bei der auf jedes Detail großen Wert gelegt wurde. Auf diese Weise erfahren wir inmitten eines ausgesprochenen Totenbezirks erstaunlich viel über die Welt der Lebenden. Wir erfahren, wie die alten Ägypter einst dachten, worauf sie stolz waren und was ihren Königen im Leben wie im Tod wichtig war. Dabei verblüfft uns immer wieder der technische Kenntnisstand der frühen Architekten. Es kommt der Verdacht auf, daß diese Handwerker gar nicht aus Ägypten stammten.

23 Die Schiffsfriedhöfe von Kairo geben nach wie vor große Rätsel auf. In ihnen wurden Schiffe »begraben«, die in ihrer Bauweise stark an die Drachenboote der Wikinger erinnern.

24 Heyerdahl hält sie für nicht seetüchtig, obgleich sie deutliche Spuren einer langen Benutzung aufweisen.

25 Die Ägypter hielten noch lange am »Pyramiden-Design« fest, wie die drei kleinen Bauwerke von Gise beweisen.

26 Cheops Barke überstand im Schiffsfriedhof von Kairo unbeschadet die Jahrtausende. Heute kann sie in einem eigens dafür errichteten Museum besichtigt werden.

27 In späterer Zeit wurden die Kultboote der Pharaonen immer kleiner. Modelle und Wandmalereien zeigen uns deutlich ihre Konstruktion.

28 Imhoteps Instrumentensammlung als Tempelrelief in Kom Ombo. Mit diesem Arztbesteck könnte auch heute noch operiert werden.

29 Der Falke, Wappentier der »Gefolgschaft des Horus«. So wie hier im heiligen Tempelhof von Edfu finden wir überall in Ägypten Horus-Falken. Als Großplastik, als Kleinstatuette, im Wandrelief graviert und ausgemalt, sogar tausendfach als Talisman, der um den Hals getragen wurde und seinen Besitzer gegen alles Böse beschützen sollte. Der Horus-Falke wurde zur höchsten Gottheit, sein Auge symbolisierte die alles sehende, Leben spendende Sonne. Man verehrte den Falken auch als Tier, versuchte, seinen Flug als Orakel zu deuten, und bestattete mumifizierte Vögel sorgfältig wie Pharaonen. Tatsächlich bringt uns sein Flug auf eine Spur! Handelt es sich womöglich um den Malteser-Falken? Kamen die ersten Pharaonen aus Malta?

30/31 Imhotep, Architekt, Arzt und weiser Berater seines Pharaos Djoser (ca. 2660–2590 v. Chr.). Später wurde er als Schutzpatron der Schreiber verehrt, und es wurden ihm zum Gedenken unzählige Statuetten geschnitzt.

32 Ein wichtiges Bindeglied in der Entwicklung zum perfekten Pyramiden-Design: die große Mastaba von Meidum. Ihre Ähnlichkeit mit den Stufenbauten der Bretagne ist unübersehbar.

33 Ein typischer Prozessionsweg vom Nilufer hinauf ins Pyramidenfeld. Über ihn wurden in der Bauphase auch die großen Steinquader geschleift.

34 In Ägypten scheint die Zeit mitunter stehenzubleiben: Dorfleben wie vor fünftausend Jahren am Ufer des Nils.

35 Eine »Ka-Figur« im Grab eines Edlen. In ihr ruhte nach dem Tod die Lebenskraft ihres Besitzers.

Tempel für die weißen Götter Amerikas

36 Noch immer liegen große Teile der Vorgeschichte Mexikos im Dunkeln. Schritt für Schritt versuchen Wissenschaftler, sich darin vorzutasten. Zum Beispiel die Olmeken: Niemand weiß genau, wer sie waren, woher sie kamen und vor allem wann. Hielt man bislang die atlantische Golfküste für ihr Ursprungsgebiet, so wurden nun an der Pazifikküste viel ältere Relikte ihrer Kultur entdeckt. Rätselhaft ist auch, warum sie immer wieder so merkwürdig anmutende Riesenköpfe aufstellten und Menschenplastiken, die weiße, rote, braune und schwarze Hautfarben aufweisen. Waren die Olmeken vielleicht eine Sammlung unterschiedlicher Stämme und Völker, eine Art seefahrende Allianz? Auch die Geschichte der übrigen alten Völker Mexikos läßt sich nur äußerst mühsam enträtseln. In der Tempelstadt Malinalco beispielsweise wurde ein perfektes System von Wasserleitungen entdeckt, mühsam und sorgfältig in den Fels gehauen. Ihre genaue Funktion ist aber nach wie vor unbekannt.

37 Pyramiden müssen nicht immer einen rechteckigen Grundriß besitzen, wie der Rundtempel des Quetzalcoatl von Calixtlahuaca in Mexiko beweist. Quetzalcoatl galt als einer der Hauptgötter. Sein Name bedeutet wörtlich übersetzt »gefiederte Schlange«. Das Merkwürdigste am Quetzalcoatl-Kult ist wohl die Tatsache, daß die alten Mexikaner ihn sich groß, bärtig und von weißer Hautfarbe vorstellten. Mit einem großen Schiff und vielen Begleitern, die so aussahen wie er, soll er in grauer Vorzeit über den Atlantik gekommen sein. Groß sollen seine Kenntnisse und Fähigkeiten gewesen sein, weshalb sich viele Könige rühmten, in direkter Linie von ihm abzustammen. Er brachte nicht nur die Schrift mit, sondern auch vielerlei andere Kulturfertigkeiten. Vor allem aber Moralvorstellungen und Gesetze, die eine lange Zeit des Friedens bescherten. Irgendwann brach er mit seinen Getreuen wieder auf und fuhr übers Meer in die alte Heimat zurück. Bloß eine Seefahrergeschichte?

38 Die Darstellung einer Vogelspinne im peruanischen Nazca-Gebiet. Über die Herstellung und die Bedeutung dieses nur aus der Luft erkennbaren Scharrbildes wurde viel spekuliert.

39/40 Die Sonnenpyramide (oben) und der Platz des Mondes (unten) im altmexikanischen Teotihuacan. Der Ort war ein Kultzentrum von gewaltigen Ausmaßen – größer als Athen oder Rom – und zählte im 3. Jahrhundert mehr als 250 000 Einwohner.

41 Bis heute liegen in Mexiko zahllose Pyramiden unerforscht unter Schutt und Erdmassen verborgen. Ein Wettlauf zwischen Grabräubern und Archäologen hat begonnen.

42 Die Quetzalcoatl-Pyramide von Xochicalco. Besondere Beachtung in Wissenschaftlerkreisen findet der Fries aus Steinreliefs mit kultisch-religiösen Darstellungen. Wer aber darin den Schlüssel zum seltsamen Quetzalcoatl-Mythos zu finden glaubt, wird enttäuscht. Zu abstrakt und in ihrer Ikonographie erstarrt sind die Figuren.

Geheimnisvoller hoher Norden

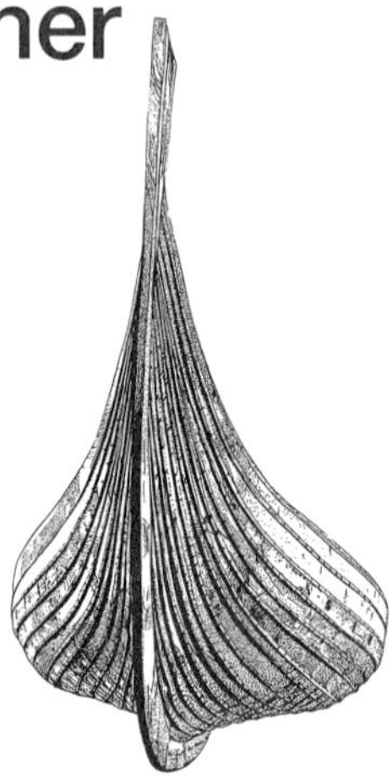

43 Der Bug des Wikingerschiffs von Gokstad.

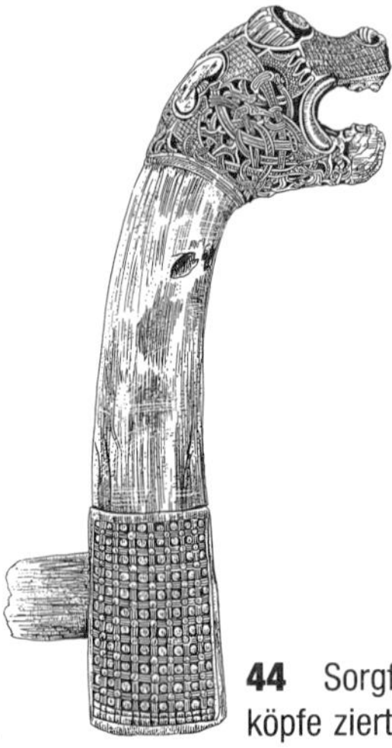

44 Sorgfältig geschnitzte Drachenköpfe zierten den Bug solcher Schiffe.

45 Ein Lexikon aus Stein sind die Felsbilder Skandinaviens. Der Eingeweihte kann darin lesen und die Vorzeit mittels Rekonstruktionen wieder lebendig werden lassen.

Rätselhafte Riesenbauten im Mittelmeer

46 Neben Malta finden wir vor allem auf den Balearen riesige Tempelanlagen und andere beachtliche Bauwerke der Megalithkultur, die viel älter sind als die ältesten Steinbauten Ägyptens. Man kann auf diese Weise den Weg nachverfolgen, den die Baukultur von West nach Ost über die Mittelmeerinseln bis nach Ägypten nahm. Den Ausgangspunkt stellt dabei die französische Atlantikküste dar, denn hier in der Bretagne stoßen wir auf die eindeutig ältesten Bauten und die Vorbilder für die späteren Stufenpyramiden. Interessant sind dabei auch die »Navetas« genannten Großsteinbauten auf der Baleareninsel Menorca, die unübersehbar in ihrer Konstruktion umgestülpte Schiffe nachahmen. Vergleichbare Bauten gibt es nur noch in Irland. Die Navetas dienten als Begräbnisstätte. Merkwürdigerweise legten die Großsteinerbauer der atlantischen Westkultur ihre Friedhöfe grundsätzlich in schiffsförmigen Steinsetzungen an, wie später noch die Wikinger auf Bornholm.

Wiege der atlantischen Westkultur: Die Bretagne

47 Von den Wänden megalithischer Tempel und Grabanlagen blickt uns immer wieder die große Erdmutter oder »Dolmengöttin« in stilisierter Form an.

48 Ein Menhir markiert den Eingang zum unterirdischen Galerie-Grab Pierres Plates in Locmariaquer (Golf von Morbihan).

49/50 Eine fast siebentausend Jahre alte Stufenpyramide in der Bretagne – Barnenez. Oben: die West-Terrassen. Unten: erst aus der Luft wird die Größe und Komplexität der Anlage erkennbar. Mehr als fünfzig solcher Anlagen reihen sich wie Perlen einer Kette entlang der französischen Atlantikküste auf. Die meisten von ihnen liegen noch unerforscht unter Schuttmassen verborgen. Viele dienten wie die ägyptischen Pyramiden als billiges Baumaterial zum Errichten von Häusern. Und doch kommt ihnen größte Bedeutung zu: Sie sind das Vorbild für alle späteren Pyramiden!

51 Die Innenwände des Kulttempels von Gavrinis sind über und über mit feinen Ornamenten verziert. Ihre Bedeutung ist unbekannt.

52 Manche Wissenschaftler halten Gavrinis für die Hauptstadt des versunkenen Atlantis. War das sagenumwobene Reich das alte, vorindogermanische Europa?

53 Die äußere Form des Tempels von Gavrinis wurde rekonstruiert. Ursprünglich aber war sein Grundriß wohl eckig.

54 Die berühmten Steinreihen von Carnac bestehen aus Tausenden von Menhiren. Waren es Denkmäler, Prozessionswege, oder war die ganze Anlage eine Art steinzeitliche Kalenderanlage?

55 Roche aux Fees (Feenfelsen) nennen die Franzosen liebevoll und poetisch umschrieben ihren größten und schönsten Dolmen. Die gewaltige Anlage, in der ein Erwachsener bequem aufrecht stehen und herumgehen kann, liegt bei Essé (Ille-et-Vilaine). Die riesigen Steinplatten – allein der Querstein über dem Portal wiegt über 50 Tonnen – wurden in 4,5 km Entfernung gebrochen und mühsam herangeschafft. Ohne den Erdhügel, der die Anlage einmal umhüllte, wirkt der Dolmen wie das Knochengerüst des ursprünglichen Grabdenkmals. Aber diente die Anlage wirklich nur der Bestattung? In letzter Zeit sind begründete Zweifel daran aufgekommen, daß Dolmen ausschließlich eine Begräbnisfunktion besaßen. Sie können nämlich durchaus auch Tempel gewesen sein, die dem Toten- und Ahnenkult und für Einweihungsrituale dienten. Roche aux Fees war gewiß ein solcher Tempel, das geistige und kulturelle Zentrum inmitten einer heiligen Zone, möglicherweise so etwas wie ein prähistorischer Wallfahrtsort.

Bevor die keltischen Druiden kamen

56 Ein Ort von spürbar magischer Ausstrahlung: Glastonbury. Der »Drachenhügel« diente in der Steinzeit als Kultplatz, später gewann er durch die Gralssage große Bedeutung. Lag hier Avalon?

57 Über kaum einen anderen Ort der Megalithkultur ist soviel berichtet und gerätselt worden wie über Stonehenge. Obwohl dieser relativ junge Ort nicht einmal der größte und eindrucksvollste ist, darf die Kultanlage in diesem Buch nicht fehlen. Seit bekannt wurde, daß es sich bei Stonehenge um eine Art »Steinzeit-Computer« handelt, wird noch mehr über die Hintergründe spekuliert. Was wußten seine Erbauer wirklich?

nischen Kontinent mit ihren religiösen Ansichten, ihrem künstlerischen Geschmack und ihrer handwerklichen Fähigkeit prägend beeinflußt haben. Die Spuren davon sind überdeutlich und können nicht mehr geleugnet werden. Dabei befindet sich die diesbezügliche intensive Forschung erst in den Anfängen. Wir dürfen gespannt sein, was in Zukunft auf amerikanischem Boden noch alles an ägyptischen und phönizischen Kunstschätzen ausgegraben wird.

Es wird aber Zeit, daß wir uns wieder dem Hauptthema der Untersuchung annähern – den Pyramiden. Davon gibt es in Amerika ja nun wirklich eine beeindruckende quantitative wie qualitative Präsenz.

Pyramiden und Menschenopfer

Die genaue Anzahl der Pyramiden in Mittel- und Südamerika läßt sich nicht einmal annähernd nennen. Zu viel ist im Urwald noch verborgen, und es werden, wie die jüngsten Ausgrabungen von Sipan im Nordwesten Perus beweisen, ständig neue Bauten dieser Art entdeckt. Schon jetzt wird das Gebiet, das noch vor kurzem niemand kannte und über das bis heute keine detaillierten Beschreibungen in Fachbüchern existieren, als das größte Pyramidenfeld der Erde bezeichnet. Mehr als 26 Pyramiden liegen dort dicht beieinander, nur ein Bruchteil davon wurde bislang untersucht.

Bereits bei ihrer ersten Landung im Jahre 1518 stießen die spanischen Konquistadoren auf große Pyramidenkomplexe und berichteten staunend und voll Schaudern über sie. Der Chronist Bernal Diaz de Castillo schreibt über den Besuch einer abgelegenen Insel:

»Sobald die Boote gelandet waren, besuchten Kapitän Juan de Grijalva und viele von uns Soldaten diese Insel. Denn wir sahen Rauch von ihr aufsteigen und fanden zwei solide gebaute Häuser aus festem Mauerwerk. Und bei jedem dieser Häuser führten Stufen hinauf zu einigen Altären. Auf diesen Altären standen schrecklich aussehende Götzen, vor denen gerade in der vergangenen Nacht fünf Indianer geopfert worden waren. Man hatte ihre Köpfe abgeschnitten, ihre Arme und Schenkel abgetrennt, und das Mauerwerk war voller Blut. Vor diesem Anblick standen wir mit größtem Entsetzen. Wir gaben der Insel den Namen *Isla de Sacrificios* (Opferinsel), und unter diesem Namen trugen wir sie in die Karten ein.«

Wir wissen heute, daß an den Pyramiden in der Tat Menschenopfer dargebracht wurden, manchmal in unglaublichem Ausmaß. Die Eingeborenen selbst berichteten von Opferfesten, z. B. dem bei der großen Pyramide von Tenochtitlan im Jahre 1487, wo nicht weniger als 20 000 Menschen rituell abgeschlachtet worden sein sollen. Es gab auch einen religiös begründeten Kannibalismus, der uns genauso grausam vorkommt wie die Sitte, den noch lebenden Opfern mit scharfen Obsidianmessern das zuckende Herz aus dem Leib zu schneiden. All dies geschah zu Ehren des Sonnengottes.

Die meisten Pyramiden Mittel- und Südamerikas waren solche Opfertempel mit steil zum obersten Heiligtum hinaufführenden Treppen. In Mexiko besaßen die Pyramiden der Azteken einen soliden Kern aus luftgetrockneten Ziegeln *(Adobe)*, um den herum eine Verkleidung aus Steinen angelegt war, die man durch Mörtel verband.

Die Mayas in Yucatan benutzten anderes Baumaterial. Ihre Pyramiden bestanden gänzlich aus Steinen, und als Bindemittel diente starker Kalkmörtel. Dadurch wurde es möglich, Hohlräume im Inneren zu schaffen, die durch Kraggewölbe gestützt wurden. Zumeist sind diese Gebäude komplexe Bauwerke, um die phasenweise herum- und angebaut wurde. Die Kukulcan-Pyramide von Chichen Itza z. B. besitzt unter der Außenfläche noch eine weitere verborgene, innere Pyramide.

Die Zitadelle von Teotihuacan, eine wuchtige, schlichte Zentralpyramide, enthält im Inneren den berühmten, prachtvoll verzierten Tempel des Quetzalcoatl verborgen.

Teotihuacan (»der Ort, wo man zum Gott wird«) war nicht nur eine heilige Zone großer Pyramiden, Tempel und Kultplätze, sondern in ihrer klassischen Glanzzeit (100 bis 600 n. Chr.) eine pulsierende Metropole von etwa 10 Quadratkilometern und mehr als 100 000 Einwohnern. Rund um die Pyramiden, den Tempel Quetzalcoatls und viele andere Sakralbauten lebte die Priesterkaste. Das geistige und weithin sichtbare Zentrum der Stadt aber stellten die mächtige Sonnenpyramide und die Mondpyramide dar *(s. Abb. 39 und 40 im Farbteil).* 65 Meter hoch ragt die Sonnenpyramide auf und besitzt an allen vier Seiten eine Länge von 220 Metern. Ihr Aussehen muß einst aber noch viel imposanter als heute gewesen sein, denn sie trug über der Steinbemantelung eine nicht mehr vorhandene, mehrere Meter dicke Stuckschicht, die mit leuchtenden Farben bemalt war.

Die in ihrer Masse größer als die Cheops-Pyramide von Gise bemessene Sonnenpyramide von Teotihuacan ist aber nicht die größte Pyramide Mexikos. Die im Staate Puebla gelegene Pyramide von Cholula, auf der heute eine Kirche steht, ist mehr als um die Hälfte größer. Man konnte sie bisher nicht ausgraben, bis heute hält sie ihr Geheimnis verborgen, und niemand weiß, ob sich in ihrem Kern noch Grabkammern befinden oder nicht.

Die Besonderheit der indianischen Pyramiden hängt wohl mit der an Besessenheit grenzenden Liebe zur Zahlensymbolik und zu komplizierten astronomischen Berechnungen zusammen. Die Indianer glaubten, daß der Zyklus von 52 bzw. 104 Jahren eine völlige Veränderung der Welt mit sich bringe, wenn nicht gar deren Untergang. Also mußten die Götter durch immer neue Baumaßnahmen, die allesamt den Charakter von architektonischen Opfergaben besaßen, besänftigt werden. Der Glaube entsprang ihrem mythischen Weltbild, demzufolge es in der Vergangenheit der Menschheit bereits vier große Katastrophen durch Jaguarungeheuer, Hurrikane und gewaltige Flutwellen (also zwei Sintfluten!) gegeben habe. Die fünfte, die sie mit Bangen erwarteten, sollte durch Erdbeben ausgelöst werden. Man mußte also die Götter, vor allem die Sonne, gütig stimmen, um ihren Zorn zu verringern.

Dies war der eigentliche Grund für die Menschenopfer. Blut sollte den Weltuntergang aufhalten, und mit Blut ist im wahrsten Sinne des Wortes die präkolumbische Geschichte geschrieben worden.

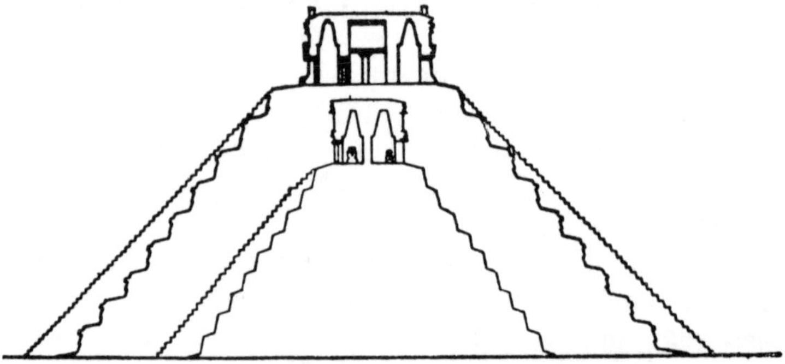

Abb. 37: Die Überbauung der großen Kukulcan-Pyramide, »El Castillo« genannt, in Chichen-Itza

Noch einmal zurück zur Zahlensymbolik: Die große Kukulcan-Pyramide im Mittelpunkt der Maya-Stadt Chichen-Itza (im Volksmund auch *El Castillo* genannt) symbolisiert die Gestalt des Himmels im mythischen Weltbild der Maya. An jeder Seite der Pyramide führt eine Treppe mit genau 91 Stufen zur oberen Plattform. Alle vier Treppen zusammen ergeben eine Stufenzahl von 364. Rechnen wir jetzt die obere Plattform als Stufe dazu, erhalten wir 365, was exakt den Tagen des Jahres entspricht. Außerdem sind die Fassaden mit 52 Steinplatten verkleidet, was wiederum der Zahl der Wochen im Jahr entspricht. Und 52 Jahre ergeben einen Kalenderzyklus im »großen Sonnenjahr«.

Man erkennt daran, daß der gesamte Pyramidenbau sozusagen einen architektonischen Kalender darstellt. Damit berühren wir einen wesentlichen Punkt der präkolumbischen Hochkulturen. Die Mayas besaßen ein ausgeklügeltes Kalenderwesen, das auf exakten Berechnungen beruht, die heute noch beispielhaft sind. So wurde z. B. bereits tausend Jahre vor den Arabern mit der Zahl Null operiert. Nach dem Archäologen Sylvanus G. Morley stellt der Maya-Kalender »eine der bis zum heutigen Tag brillantesten Geistesschöpfungen der Menschheit« dar. Wahrscheinlich haben die Mayas diesen Kalender aber nicht selbst entwickelt, sondern von den Olmeken übernommen. Woher aber kannten sie ihn?

Was wir gesichert wissen ist nur, daß die präkolumbischen Völker regelrechte Observatorien besaßen: turmartige Bauten, von denen sie systematisch und akribisch die Sternbilder am Himmel beobachteten. Palenque besaß eine solche Sternwarte, ebenso Uaxactun, Mayapan und Chichen-Itza, um nur die bekanntesten im alten Mexiko zu nennen.

Der Ursprung der Pyramidenkultur in Mittelamerika scheint nach den bisherigen Erkenntnissen an der Atlantikküste gelegen zu haben, dort, wo das Golfstromsystem auf die Neue Welt trifft, im alten Olmeken-Reich von Tehuantepec bis La Venta (Tabasco). Man weiß über die Olmeken bislang noch herzlich wenig, außer daß ihr Reich etwa um das Jahr 1200 v. Chr. begann (möglicherweise auch früher), daß sie gigantische Steinköpfe schufen und daß ihre so plötzlich auf hohem Niveau auftauchende Kultur keinerlei lokale Entwicklungsvorstufen aufweist. Nahezu von einem Tag auf den anderen waren die Olmeken da und verfügten, ähnlich wie die frühen ägyptischen Dynastien, die »Gefolgschaft des Horus«, über erstaunliche Kenntnisse. Sie errichteten große Kulthügel sowie Steinanlagen, die alle Merkmale megalithischer Qualität besitzen. Von den Olmeken übernahmen die Azteken Mexikos und die Mayas in Yucatan alle wichtigen Errungenschaften, so auch die Kunst des Pyramidenbaus.

Nun wird man einwenden können, 1200 v. Chr. sei ein relativ später Zeitpunkt in der Weltgeschichte und die Distanz zu den Hochkulturen Ägyptens und Mesopotamiens zeitlich außerordentlich groß. Das stimmt, aber es trifft nur auf Mittelamerika zu. Im Süden, in Peru, beginnt der Pyramidenbau wesentlich früher, nämlich um das Jahr 2000 v. Chr. Die älteste – bisher nur zum Teil freigelegte – Pyramide Perus liegt auf dem Boden der Hauptstadt. Ihr Name lautet *La Florida.* Sie besteht aus mehreren aneinandergrenzenden Steinbauten und war offensichtlich das Zentrum einer Kultanlage riesigen Ausmaßes. Von einem anderen Heiligtum in Las Haldas kennt man inzwischen, dank der jahrelangen Ausgrabungsarbeiten durch die peruanische Archäologin Rosa Fung Pineda, annähernd die Dimensionen. Sie betragen einen dreiviertel Kilometer in der Länge und einen viertel Kilometer in der Breite. Allein die Prozessionsstraße zum Haupttempel besitzt eine Länge von tausend Metern.

Die älteste Tempelanlage Amerikas überhaupt, mehr als 500 Jahre vor der großen Pyramide von *La Florida* errichtet, befindet sich in der Nähe des Gebirgsortes Huanaco. Sie war unter einer sieben Meter dicken Erdschicht begraben, die nicht natürlichen Ursprungs war, d. h. irgend jemand muß vor fast viereinhalbtausend Jahren den Tempel absichtlich – aus welchem Grund auch immer – zugedeckt und damit für die Nachwelt verborgen haben.

Ein japanisches Archäologenteam grub hier mehrmals und legte schließlich den »Tempel der gekreuzten Hände« frei – so genannt nach zwei Plastiken, die man bei der Ausgrabung in Nischen fand. Sie stellen zwei übereinandergekreuzte weibliche Arme und Hände dar. Niemand weiß, was dieses Symbol bedeuten soll. Stellt es die »Hüterinnen des Feuers« dar? Jedenfalls fand man in der Nähe eine Feuerstelle, unter der sich ein Luftschacht befand, der wohl dazu gedient haben mochte, die ewige Flamme nicht ausgehen zu lassen.

Interessanter ist aber die Tatsache, daß die Japaner bei den weiteren Ausschachtungen den eigentlichen Charakter des Tempels enthüllten. Er lag nämlich keineswegs ebenerdig, wie zunächst angenommen, sondern stand auf einer acht Meter hohen Plattform, die von der Südseite her über eine Treppe betreten werden konnte. Natürlich stellt der »Tempel der gekreuzten Hände« keine Pyramide im bekannten Sinne dar, aber er könnte schon als Vorform zu einer solchen gelten, auch zur Pyramide *La Florida*.

Wer diese Anlagen schuf, ist unbekannt. Die erste Hochkultur Perus lange vor der Herrschaft der Inkas – die sich selbst ja »die Nachfahren und Söhne der Sonne« nannten – setzte jedenfalls auch recht überraschend auf hohem architektonischen, ästhetischen und technologischen Niveau ein. Davor lebten die Ureinwohner Perus noch als Jäger und Sammler auf steinzeitliche Weise.

Die Mochica und Chimu, die um das 1. Jahrhundert v. Chr. die Herrschaft über Nordperu antraten und das Land bis zur Eroberung durch die Spanier bewohnten, dürfen mit Recht als die eigentlichen Meister im Pyramidenbau angesehen werden. Ihr Sonnenheiligtum bestand aus einer riesigen Stufenpyramide von 41 Metern Höhe und einer Grundfläche von 228 mal 136 Metern. Über einhundert Millionen Lehmziegel wurden für ihre Konstruktion benötigt. Sie ist der größte Bau der präkolumbischen Kultur in Peru. Der Sonnenpyramide gegenüber liegt die sogenannte Mondpyramide, die mit 21 Metern Höhe und einer Grundfläche von 80 mal 60 Metern wesentlich kleiner ausgefallen ist. Im Umfeld beider Bauwerke liegen die berühmten Mochica-Friedhöfe mit ihren reichen und für die Erforschung der peruanischen Hochkultur so wichtigen Grabbeigaben.

Mochica-Pyramiden wurden auch in anderen Bergtälern Perus gefunden (zuletzt die bereits erwähnten sensationellen Funde von Sipan!), z. B. im Nepena-Tal. Dort wurde ein Kultkomplex gefunden, der verblüffend genau an die sumerischen Zikkurate erinnert, besonders an den Stufentempel von Ur. Die 28 Meter hohe Pyramide besitzt sechs Stufen, im Innern befinden sich hervorragend erhaltene Fresken mit Darstellungen von religiösen Handlungen, Kultwettkämpfen und Menschenopferungen.

Es wurde bis vor kurzem behauptet, die Pyramiden der Alten und der Neuen Welt ließen sich nicht miteinander vergleichen. Die Argumente dafür waren: die ägyptischen Pyramiden könnte man nach ihrer Fertigstellung nicht mehr besteigen, während dies in Amerika doch geradezu der eigentliche Sinn gewesen wäre. Alle amerikanischen Pyramiden besäßen Stufen, die zu einer erhöhten Plattform führten – also sei die Hauptidee hier, einen Tempel mit Treppen zu bauen, eine erhöhte Basis für das Heiligtum. Dagegen seien die ägyptischen Pyramiden Grabanlagen für Könige ohne Tempelfunktion. Auf eine kurze Formel gebracht: Tempel in Amerika, Gräber in Ägypten. Tatsächlich war bis zu diesem Zeitpunkt noch kein einziges Grab in amerikanischen Pyramiden gefunden worden.

Die oben dargestellte Ansicht ist gleich in mehrfacher Hinsicht falsch. Erstens gibt es in Ägypten sehr wohl zahlreiche begehbare Stufenpyramiden, die allerwenigsten sind äußerlich glatt verkleidet gewesen, und selbst diese sollten dem Pharao ja noch als »Seelentreppe« für seinen Aufstieg zum Himmel dienen. Das Prinzip ist also auf beiden Kontinenten völlig identisch. Zweitens besaßen die ägyptischen wie auch die mesopotamischen Pyramiden durchaus eine Tempelfunktion. Es gibt in altägyptischen Quellen sehr genaue Beschreibungen von Initiationsriten und anderen Kulthandlungen, die vor, in und auf Pyramiden stattfanden. Drittens befinden sich, wie wir wissen, nicht in allen ägyptischen Pyramiden Grabkammern, und wenn doch, so sind sie zumeist leer. Es gab Pharaonen, die ganz bewußt für sich bzw. für ihr Ansehen eine Pyramide errichten, ihren Leichnam aber im Tal der Könige oder in anderen abgelegenen Gruften beisetzen ließen. In den amerikanischen Pyramiden hingegen wurden durchaus Fürsten und Könige begraben, wie wir im nächsten Kapitel ausführlicher erfahren werden. Überhaupt erscheint die zwanghafte Koppelung Pyramide-Begräbnis als etwas zu einfach. Man wird z. B. auch nicht eine Kirche mit einem Friedhof gleichsetzen, nur weil sich unter ihr eventuell eine Krypta mit den Gebeinen von Geistlichen befindet oder um sie herum alte, windschiefe Grabkreuze stehen (wie das z. B. in England und Irland oft der Fall ist). Indes ist der Wunsch eines Menschen, möglichst dort begraben zu sein, wo sich das Zentrum seines Glaubens befindet, durchaus verständlich. Tempel und Grabstätte stellen also überhaupt keine Gegensätze dar, sondern können aufs engste miteinander verbunden sein.

Und viertens wissen wir schließlich über die amerikanischen Pyramiden immer noch viel zu wenig, um ein abschließendes Urteil über ihre Funktion zu fällen. Die Wissenschaftler werden zugeben müssen, daß bisher nur ein winziger Bruchteil dessen ausgegraben wurde, was in Amerika vorhanden ist. Wenn man mit dem Flugzeug bestimmte Gebiete überfliegt, sieht man große Buckel in der Landschaft aufragen. Unter den uralten Vegetationsschichten liegen vermutlich weitere Pyramiden begraben, ganz zu schweigen von den Hunderten, die man nicht vom Flugzeug aus sieht, weil sie in undurchdringlichem Urwald verborgen sind.

Wir brauchen nicht erst auf ihre Entdeckung zu warten. Die bislang vorliegenden Fakten reichen aus, um eine völlige Übereinstimmung in der Idee und Funktion der ägyptischen, mesopotamischen, amerikanischen und kanarischen Pyramiden als große sakrale Zentren der Sonnenreligion festzustellen.

Abb. 38: Herzopfer. Dem Geopferten wird vom Priester mit einem Obsidianmesser das Herz aus der Brust geschnitten.

Die Grabkammer von Palenque

Im Jahre 1952 entdeckte man im »Tempel der Inschriften« von Palenque (Mexiko), einer mächtigen, das gesamte Kultzentrum beherrschenden Stufenpyramide, eine verborgene Treppe, die tief ins Innere des Bauwerks hinabführte. Am Ende des 22 Meter langen Treppenschachts stieß man auf eine Steinplatte, die eine völlig unberührte Grabkammer abschloß. Vor dem Eingang lagen vier Skelette offensichtlich geopferter Menschen. Die Kammer selbst bot die größte Überraschung: Der Boden bestand fast vollständig aus dem Deckel eines riesigen, über und über mit Reliefs geschmückten Sarkophags. Darin lag das Skelett eines etwa vierzig Jahre alten Mannes. Sein Gesicht war mit einer Maske aus Jade bedeckt. Nach dem bisherigen Erkenntnisstand handelt es sich dabei um Katun I., den Sohn des Mayafürsten Bolchakal II., der den Bau der Stufenpyramide beendete.

Die Finger des Fürsten waren mit Ringen und die Arme mit Reifen geschmückt. Auf der Brust trug er eine Platte aus

Perlen. Daß die Gesichtsmaske aus Jade und nicht etwa aus Gold bestand, überrascht nicht. Jade wurde von den Mayas gelegentlich höher als Gold geschätzt und galt im übrigen auch bei den Völkern der Alten Welt als überaus kostbar.

Besondere Beachtung verdient auch der Sarkophag von Palenque. Die Maya-Steinmetzen hatten sich nämlich besondere Mühe gegeben, um das Fußende so abzurunden, daß eine geschweifte Form entstand. Eine entsprechende Formsprache findet sich auch bei den phönizischen Gräbern. Sogar so kleine, unauffällige Besonderheiten wie die Tatsache, daß die steinernen Seitenwände in Knöchelhöhe leichte Einbuchtungen aufweisen, stimmen bei den phönizischen Sarkophagen und dem von Palenque überein. Das Grundmuster dieser Bestattung findet sein Vorbild bei den altägyptischen Mumienschreinen, die noch aus Holz waren und senkrecht aufgestellt werden konnten. Die phönizischen Steinsärge mußten dagegen wegen ihres großen Gewichts liegen – wie der Sarkophag von Palenque *(siehe Abb. 29, S. 104)*.

Die kleinste, aber wohl bedeutungsvollste Grabbeigabe des Fürsten von Palenque ist eine winzige Kleinplastik aus Jade. Sie stellt das geschnitzte Abbild des Sonnengottes Kinich Ahau dar, der auch als Kinich Ahau Itzamna verehrt wurde. Für die Mayas galt er als allererster Priester und Schutzpatron der Medizin, der Wissenschaft, der Schrift und der Bücher. Wie Imhotep im alten Ägypten.

Palenque geriet nicht nur wegen dieses Grabfundes wiederholt in den Blickpunkt des allgemeinen Interesses. Nachdem Erich von Däniken die Abbildung auf der Sarkophagplatte als die Darstellung eines Weltraumfahrzeuges und den Fürsten selbst als Astronauten interpretierte (was natürlich reichlicher Unsinn ist!), gelang es dem deutschen Archäologen Wolfgang Gockel in den achtziger Jahren, die vielen Maya-Hieroglyphen des »Tempels der Inschriften« zu entschlüsseln. Er ging dabei wie die Ägyptologen vor, die, von bestimmten Herrschernamen ausgehend, nach und nach die alten Texte wieder lesbar machten. Auf diese Weise übersetzte Wolfgang Gockel die etwa vierhundertjährige Geschichte des Ortes (von etwa 400 bis 800 n. Chr.) und brachte der Fachwelt überraschende Einblicke in die Lebens- und Denkweise der Herrscher-Dynastie von Palenque.

Inzwischen wurden bekanntlich weitere Skelette und Mumien von altamerikanischen Fürsten entdeckt, so z. B. von dem kleinen Inkaprinzen, der in 5400 Metern Höhe auf dem Gipfel des Cerro El Plomo gefunden wurde. Offenbar war er als Menschenopfer an die Götter aufgebahrt worden. Ähnliche Funde wurden auch in Argentinien gemacht, einer davon sogar in der unglaublichen Höhenlage eines 6800 Meter hohen Berggipfels. Archäologen stießen dort auf eine Treppe, die zu einer Plattform hinaufführte, auf der sich ein in typischer Inka-Bauweise gemauerter Turm befand. Die Mumie eines kleinen, blonden (!) Inka-Jungen war hier im ewigen Eis beigesetzt worden, wahrscheinlich ebenfalls als Opfer für die Götter. Leider gelang es nicht, diesen seltenen Fund zu bergen. Noch bevor das Forschungsteam mit Spezialgeräten zurückkam, hatten Grabräuber die Mumie – wahrscheinlich um an den wertvollen Schmuck heranzukommen – mit Dynamit in die Luft gesprengt.

Der jüngste Zweig der Archäologie – die Gipfelarchäologie – steckt noch in ihren Kinderschuhen. Dennoch gelangen in den letzten Jahren bedeutende Funde. Im Nordwesten Argentiniens, am Cerro El Toro und auf anderen Andengipfeln, so z. B. 1985 auf dem mächtigen Aconcagua, wurden ebenfalls Mumien gefunden. An der Grenze zwischen Argentinien und Chile wurden in über 6000 Metern Höhe bisher unbekannte Heiligtümer entdeckt. Vom Flugzeug aus wurden weitere pyramidenförmige Anlagen gesichtet, die aber in so ungeheurer Höhe und so weitab liegen, daß sich dorthin bisher nicht einmal die abenteuerlustigsten Bergprofis wagten.

In Peru liegen auf einigen der bis zu fünftausend Meter hohen Berge des Chavin-Gebietes nördlich von Lima Opferstätten, die von der Bevölkerung z. T. noch heute verehrt werden. Der Bergsteiger, Völkerkundler und Anthropologe Johan Reinhard bestieg einige dieser Gipfel und brachte erstmals Bildmaterial von dort mit. Nach seiner Meinung und der vieler Kollegen werden sogar heute noch – im scheinbar so modernen und aufgeklärten 20. Jahrhundert – von der Indiobevölkerung an bestimmten Plätzen Menschenopfer dargebracht.

Kehren wir noch einmal zur berühmten Sonnenpyramide von Teotihuacan im Mexiko-Tal zurück. Sie besitzt einen Vorläufer, die Stufenpyramide Cuicuilco südlich des heutigen Universitätscampus von Mexiko City. Die Anlage ist lediglich 20 Meter hoch, ist rund und besitzt vier Stufen. Interessant ist ihr Bauplan: als Baumaterial diente Ton, der durch große Brocken Flußgeröll verstärkt wurde. Um die Ränder abzusichern, umgab man den inneren Kern mit einem verstärkten Ringwall aus Lehm und darin eingestampften Steinen. Mehrere solcher Deiche sollten die Konstruktion stabilisieren. Genau dieser Aufbau wurde von Imhotep beim Bau der großen Stufenpyramide von Sakkara verfolgt. An der Ost- und Westseite führen Stufen auf die oberste Plattform, auf der sich die Reste von Altären befinden.

Die große Sonnenpyramide von Teotihuacan besitzt die gleiche Grundfläche wie die Cheopspyramide, erreicht aber nur deren halbe Höhe *(s. Abb. 39 im Farbteil)*. Sie besteht aus einer Füllung aus Ton, Lehm, Erde, Steinen und Kies, in denen Tonscherben und kleine Figuren eingebettet wurden. Interessanterweise ist die Schüttungsebene nach innen geneigt. Gerade diese Besonderheit wird von vielen Wissenschaftlern als Hinweis darauf gewertet, daß sich unter der Schüttung ein Grab befindet, möglicherweise das Grab eines bedeutenden Herrschers, dem die Pyramide als Denkmal diente. Wenn das stimmt, wären auch hier wieder alle Kriterien einer klassischen Pyramide erfüllt: Grabmal, Tempel und Wahrzeichen einer großen, zur Staatsbildung und Staatserhaltung wichtigen Gemeinschaftsleistung.

Von den spektakulären Funden des Jahres 1987 im peruanischen Gebiet von Sipan berichtete ich bereits im ersten Abschnitt des Buches. Es wurde bekanntlich eine ganze Reihe von Fürstengräbern der Mochica-Kultur gefunden mit Grabbeigaben, die so kostbar und fein gearbeitet sind, daß als Vergleich dazu nur noch der Schatz des Tut-Ench-Amun einfällt.

Es handelt sich dabei zunächst nur um acht Gräber in einem Mausoleum neben zwei Lehmpyramiden. Die übrigen zwanzig bis dreißig Pyramiden des Geländes wurden inzwischen notdürftig gesichert, konnten aber wegen Mangel an Geld und Arbeitskräften noch nicht erforscht werden.

Bis zur Entdeckung von Palenque konnte ruhigen Gewissens auf die scheinbar so gravierenden Unterschiede zwischen den Pyramiden der Alten und Neuen Welt hingewiesen werden. Danach ließ man Palenque als Ausnahme, die die Regel bestätigt, gelten. So steht es noch immer in den meisten Fachbüchern. Die neuere Forschung hat aber diese These endgültig überholt.

Die Geschichte der Pyramiden muß neu geschrieben werden – vor allem seit den jüngsten Funden auf den Kanarischen Inseln, die das »missing link« zwischen der Alten und der Neuen Welt darstellen. Aber damit hört es ja noch lange nicht auf. Wer weiß schon, daß es in Nordamerika ebenfalls Pyramiden in großer Anzahl gibt? Wer hat bisher ernsthaft daran gedacht, daß einige megalithische Anlagen in Europa, zum Beispiel in der Bretagne, in England und Irland, ebenfalls Pyramiden sein könnten, auf die alle Kriterien – Sonnentempel, Grabmal und staatsbildendes Symbol – zutreffen?

Es dauert erfahrungsgemäß sehr lange, bis sich neue Erkenntnisse, von allen Wissenschaftlern akzeptiert und abgesegnet, im Bewußtsein der Menschen durchsetzen. Bis zu diesem Zeitpunkt gelten Entdeckungen, vor allem solche, die von Außenseitern und Nichtarchäologen gemacht werden, als Spekulationen und unhaltbare Thesen. Nun gut, da ich kein Berufsarchäologe bin, kann ich mich der Standesschelte getrost aussetzen und über Pyramiden berichten, die bisher nicht als solche eingestuft werden, obgleich es mich wundert, daß vielerorts derart deutliche, für jeden Laien sofort erkennbare, offenkundige Beweise übersehen wurden. Wie bisher in meinem Buch werde ich kein komplettes Gedankengebäude für ein neues Geschichtsbild liefern, sondern viele einzelne, recht aufschlußreiche Berichte vorstellen. Mögen einige der Darstellungen Anregung bieten für weniger voreingenommene Fachexperten, die bereit sind, sich der Mühe zu unterziehen, persönlich vor Ort die Dinge noch einmal zu überprüfen. Nur eine solche Vorgehensweise, das scheinbar Unmögliche für denkbar zu halten und das anscheinend bereits Bekannte in Frage zu stellen, bringt ja die Wissenschaft insgesamt weiter.

Neue Rätsel tauchen auf – die Olmeken

Ich habe bereits kurz das geheimnisumwobene Volk der Olmeken erwähnt, die als Erfinder des Pyramidenbaus in Mittelamerika und als Kulturbringer der Mayas und Azteken gelten. Die Zeit der Entstehung ihres Reiches an der mexikanischen Atlantikküste um La Venta (Tabasco) wird allgemein mit ca. 1200 v. Chr. angegeben. Dies alles scheint falsch und ihre Kultur viel älter zu sein, als bisher angenommen, wie verschiedene jüngste Untersuchungen ergaben. Grund genug, sich mit den Olmeken noch einmal näher zu befassen.

Miguel Covarrubias, Anthropologe aus Spanien, nennt

sie »eine geheimnisvolle Rasse von Künstlern«, die in der Gegend von Tuxtla, in den Wäldern südlich von Veracruz und in den Sümpfen von Tabasco gelebt hat. Dieses Gebiet hieß früher *Olman* (Gummiland), wonach die Olmeken sich selbst benannten. Und Künstler waren sie in der Tat, denn sie haben der Nachwelt eine unglaubliche Fülle von Kunstwerken, vor allem Plastiken, hinterlassen. Am bekanntesten sind die zum Teil bis zu 30 Tonnen schweren runden Basaltköpfe, gemeinhin »fat boys« oder auch »baby face« genannt, aber auch die kleinen Jadeplastiken, die Mensch-Tier-Zwitterwesen darstellen, vor allem stilisierte Jaguarwesen. Auffallend sind auch Reliefs, die an Darstellungen des peruanischen Südamerikas erinnern.

Am umstrittensten wurde wohl bisher eine Gruppe von Jade- bzw. Orphit-Figürchen interpretiert, die in La Venta ausgegraben wurde. In halbkreisförmiger Anordnung sind gravierte Axtklingen aufgestellt, vor denen sich eine Gruppe von Menschen offenbar zu einer Ratsversammlung oder zu einem Initiationsritus versammelt. Die sechs Axtklingen wirken im Größenverhältnis zu den Menschen wie Menhire und sollen wohl auch solche darstellen. Tatsächlich sind nämlich an verschiedenen Kultplätzen der Olmeken echte Menhire, wie wir sie sonst eigentlich nur von der atlantischen Westkultur her kennen, ausgegraben worden. Vor diesen Menhiren stehen also sechzehn Menschen, die augenscheinlich unterschiedlichen Rassen angehören: fünf von ihnen sind Weiße, einer (der Priester?) eine Rothaut, die anderen besitzen dunkle bis schwarze Hautfarbe. Die ganze Szenerie wirkt so, als sei gerade auf diese Rassenunterschiede Wert gelegt worden. Ein merkwürdiger Sachverhalt, der mich wieder einmal an die altweltliche Sprachverwirrung beim Turmbau zu Babel erinnert.

Die riesigen Basaltköpfe der »fat boys« mit dem »Schnullermund« haben übrigens auch für einige Aufregung gesorgt. Der amerikanische Forscher Vincent H. Malmstrom befaßt sich seit langem mit den urtümlichen Großplastiken von Guatemala. Auch sie stellen fettleibige Menschen dar und erinnern in vielen Wesenszügen an die Steinplastiken der Olmeken an der Küste des Golfs von Mexiko. Es handelt sich um große runde Steinköpfe und um sitzende Figuren dickleibiger Wesen, die nun, einmal abgesehen von ihrem archäologischen Wert, als Dokumente von außerordentlichem Rang eingestuft werden. Malmstrom entdeckte nämlich, daß die Plastiken aus magnetischem Basalt bestehen und daß sie ganz offensichtlich von den Bildhauern vor viertausend Jahren (die Plastiken in Guatemala entstanden um 2000 v. Chr.) bewußt wegen ihrer magnetischen Eigenschaften gebrochen und geformt wurden. Die Statuen wurden rund um die natürlichen Magnetpole im Basaltgestein ausgemeißelt, so daß diese in der Nabelgegend der Figuren liegen.

Die Olmeken waren nachweislich (um 1000 v. Chr.) mit dem Phänomen des Magnetismus bestens vertraut. Die Tatsache, daß die Olmeken keineswegs als die ersten davon Kenntnis hatten, sondern ein Nachbarvolk bereits tausend Jahre vor ihnen, überraschte die Wissenschaftler. Die historischen Nachrichten über den praktischen Gebrauch des Kompasses reichen nämlich bekanntlich nicht viel weiter als bis 1000 n. Chr. zurück.

Handelt es sich aber überhaupt um ein älteres Nachbarvolk? Für den mexikanischen Anthropologen Roman Pina Chan von der Nationaluniversität Mexiko-Stadt liegt der Ursprung der Olmeken-Kultur viel weiter im Süden, nämlich in Ecuador, von wo aus sie in Richtung Mittelamerika vorstießen und sich dort mit der örtlichen Bevölkerung mischten. Als besonderes Kennzeichen ihrer Kultur nennt er ihre terrassenförmig gebauten Tempel und Stufenpyramiden.

Das allerdings wäre das *missing link* des Pyramidenbaus in Amerika! Bisher sah man nämlich Mittel- und Südamerika als zwei völlig getrennt voneinander entstandene Kulturzentren an. Nun rücken durch die Olmeken und ihre von Süd nach Nord wandernden Vorfahren plötzlich beide Zonen sowohl kulturell als auch zeitlich zusammen.

Für die indianische Anthropologin Guadalupe Martinez Donjuan kam diese Erkenntnis keineswegs überraschend – sie gräbt bereits seit 1984 nach den Spuren der Olmeken, die sie für ihre eigenen Vorfahren hält. Sie forscht aber nicht an der Atlantikküste zwischen Veracruz und Tabasco wie ihre Fachkollegen (die noch immer den Ursprung der Olmekenkultur dort ansiedeln), sondern an der entgegengesetzten Pazifikküste: bei El Rincon im Hochland von Guerrero (Hauptstadt: der bekannte Badeort Acapulco). Wie war sie dazu gekommen, von der klassischen Lehrbuchmeinung abzurücken? Nun, es existieren dort einige Schutthügel, die von den einheimischen Indios *Tecuantepec* (»Berg des Jaguars«) bzw. *las tinajas a los idolos* (»Krüge der Götter«) genannt werden. Ihre systematischen Ausgrabungen in diesem Gebiet entpuppten sich bald als archäologische Sensation. Es wurden große Anlagen der Olmeken gefunden, die sich über mehr als 100 Quadratkilometer erstrecken, raffinierte Bewässerungsanlagen, bemalte Monolithe, die dämonisch blickende Jaguargötter darstellen, Tempel sowie eine Pyramide. Die Funde lassen sich zwischen 1400 und 1200 v. Chr. einordnen – also ungefähr in die Epoche, in der Tut-Ench-Amun Pharao in Ägypten war –, aber unter den Ausgrabungen liegen noch Erdschichten mit viel älterem Material.

Wie Miguel Covarrubias ist Frau Donjuan aufgrund ihrer Funde der festen Überzeugung, daß die Olmeken aus Südamerika eingewandert sind und sich über ganz Mittelamerika verbreiteten. Weitere Funde im Gebiet von Belize auf der mexikanischen Halbinsel Yukatan scheinen diese Auffassung zu bestätigen.

Verfolgt man die Spuren der Olmeken weiter, so stellt man eine großangelegte Wanderung ausgehend vom Gebiet des Titicacasees fest, an dessen Ufer drei Länder grenzen – nämlich Peru, Chile und Bolivien. Dort könnte der Ausgangspunkt aller präkolumbischen Kulturen gelegen haben, von dort breiten sich die indianischen Völker nach Süden, Norden und Westen aus. Und am Titicacasee liegt Tiahuanaco, das Zentrum einer uralten Vorinka-Kultur.

Tiahuanaco ist die älteste und wichtigste Tempelstadt des alten Amerika, hier liegt ein riesiges Sonnenheiligtum, der Tempel Kalasasaya mit dem berühmten tonnenschweren, aus einem einzigen Block Andesitgestein herausgehauenen und reich verzierten Sonnentor. Auch die größten Steinstatuen Südamerikas befinden sich hier, mehr als sieben Meter hohe Riesengestalten, die nach der Überlieferung die Stadt in nur einer einzigen Nacht erbaut haben sollen.

Vieles an Tiahuanaco ist noch völlig ungeklärt, das weiträumige Ruinenfeld erstaunlicherweise noch immer nicht planmäßig untersucht worden, so daß man über das Leben und die Religion seiner einstigen Bewohner herzlich wenig aussagen kann.

Hochinteressant sind allerdings die alten Legenden der peruanischen Indianer. Sie berichten nämlich übereinstimmend von weißen und bärtigen Männern (wieder einmal!), die vom Ufer des Titicacasees stammten und den eingeborenen Völkern im Umkreis die Wohltaten der Zivilisation brachten. Thor Heyerdahl, der den Sagen nachging, glaubt darin jenen mythischen Kon-Tiki zu erkennen, der eines Tages von hier aus zu der Osterinsel aufbrach und dort die riesigen Menschenstatuen aufstellen ließ. Verfolgt man die Kon-Tiki-Sage weiter, so kam der Kulturheroe von der atlantischen Küste, durchquerte den ganzen Kontinent und verließ seine Heimat in Tiahuanaco in westlicher Richtung über das Meer.

All das erinnert nun doch in vielen Details an jenen aztekischen Hauptgott Quetzalcoatl, der in Mittelamerika über so außerordentlich lange Zeit hinweg verehrt wurde. Die Aztekensagen berichten über ihn: Aus irgendeinem,

Abb. 39: Bärtige Kriegerfigur auf einem Tor des Kukulcan-Tempels in Chichen-Itza

nicht näher angegebenen Grund zog sich Quetzalcoatl den Zorn der Götter zu und wurde gezwungen, sein ursprüngliches Land zu verlassen. Auf seinem Weg machte er in der Stadt Cholula halt (wo sich noch immer Trümmer seines Tempels befinden). An den Küsten des mexikanischen Golfes angekommen, nahm er von seinen Begleitern Abschied, versprach, daß er mit seinen Nachkommen später wiederkommen werde, und bestieg ein großes Schiff, um damit zu einem Fabelland namens Tlapallan zu segeln. Quetzalcoatl besaß weiße Haut, eine hohe Gestalt und einen herabwallenden Bart. So geheimnisvoll, wie er über den Atlantik gekommen war, verschwand er auch wieder.

Immer wieder wird in den alten Sagen, die mit den weißen bärtigen Kulturbringern in Zusammenhang stehen, auch von der Sintflut gesprochen. Erstaunlicherweise stimmen die Mythen der amerikanischen Indios mit denen der Alten Welt – besonders in Mesopotamien (Gilgamesch-Epos) – in vielen Details überein. Die Azteken z. B. glaubten, daß zwei Menschen der großen, verheerenden Flut entkommen seien: Coxcox und sein Weib. Ihre Köpfe wurden auf den alten Bildern stets zusammen mit einem schwimmenden Schiff vor einem hohen Berg dargestellt. Abgebildet wurde zudem meistens eine Taube, die das Bildzeichen für Sprache oder Schrift im Schnabel hielt. Die Mechuacan-Indianer der Andenhochebene erzählen in ihren Sagen von einem großen Schiff, das, mit allerlei Tieren und Vögeln angefüllt, der Sintflut entkam. Tezpi hieß der Kapitän des Schiffes, und er besaß große Ähnlichkeit mit dem biblischen Noah (bzw. dem altsumerischen Ziusudra): Er sandte Vögel aus, und der kleine Fliegenvogel Huitzitzilin kam eines Tages mit einem frischen Zweig im Schnabel zurück, woraufhin sich die Überlebenden der großen Flut erneut über der Erde ausbreiten konnten.

Gewiß, dies alles sind nur Mythen und Legenden. Aber sie berichten alle übereinstimmend von der Ankunft fremder Menschen, die erneut eine Kultur aufbauten, nachdem zuvor die Menschheit durch eine Sintflut vernichtet worden war. Man muß schon sehr uneinsichtig oder verbohrt sein, um diese Entstehungsgeschichten, die so vielen Menschen in ganz unterschiedlichen Teilen der Welt so überaus wichtig waren, in den Bereich des Aberglaubens zu verweisen. Es wäre zu einfach, als Erklärung all dessen das sagenhafte Atlantis zu nennen. Aber eines wird deutlich: Schiffe und frühe Seefahrt haben bei der Entstehung der Hochkulturen eine entscheidende Rolle gespielt!

Abb. 40: Eine noch immer nicht entschlüsselte Botschaft der atlantischen Westkultur? Der auf Kreta gefundene, beidseitig mit Zeichen bedeckte »Diskus von Phaistos« trägt anscheinend in Wörter unterteilte Textgruppen und gehört damit zu den Zwischenstufen der Schriftentwicklung zum Buchstaben. Interessanterweise wurden die Zeichen durch Stempel in den ungebrannten Ton gedrückt – eine Technik, die bisher nirgendwo auf der Welt eine Parallele fand ...

Die Forschung geht weiter:
Pyramiden in aller Welt

Mounds und Schlangenhügel

An einem anderen Teil des Golfs von Mexiko, dort, wo der Mississippi-Strom in den Atlantik mündet, liegt ein Gebiet von außergewöhnlicher archäologischer Bedeutung. Hier befinden sich Hunderte, vielleicht sogar Tausende von indianischen Pyramiden. Ihre genaue Zahl kennt niemand, die meisten von ihnen liegen versteckt in überwucherter Landschaft, und die wenigsten sind bisher wissenschaftlich untersucht worden.

Man schätzt die Zahl der von Menschenhand geschaffenen *Mounds* (das sind künstliche Erd- bzw. Grabhügel unterschiedlicher Größe und Form, darunter auch etliche Stufenpyramiden), in den Vereinigten Staaten auf über 100 000. Thomas Jefferson, der Verfasser der amerikanischen Unabhängigkeitserklärung von 1776 und dritter Präsident der USA, war ein begeisterter Amateur-Archäologe. Auf ihn gehen die ersten Beschreibungen der *Mounds* zurück, unter seiner Leitung wurden auch die ersten alten Indianer-Grabhügel ausgegraben. Jefferson stieß dabei (in Virginia) auf Anhieb auf sensationelle Funde: in einem solchen *Mound* fand man die Skelette von über 1000 indianischen Vorfahren, die Jefferson für die ersten Amerikaner hielt, die irgendwann in grauer Vorzeit aus Asien in die Neue Welt eingewandert seien.

Die Mounds konzentrieren sich hauptsächlich auf den Bundesstaat Ohio wie auf die Flußufer des Ohio-River und Illinois-River. Zunächst hielt man sie für primitive Begräbnisplätze der Indianer. Die Forschung stellte aber bald fest, daß diese Plätze noch eine ganz andere religiöse und mythische Bedeutung haben mußten. Man fand nämlich erstaunlich kompliziert aufgebaute Anlagen, die vor allem Tierkörper in großem Maßstab nachformen: Schlangen, Adler, Bären, Füchse, Elche, Büffel und sogar menschliche Riesen, die interessanterweise starke Parallelen zu den berühmten Figurenlinien im peruanischen Nazca-Gebiet aufweisen. Erst mit Beginn der Luftbildarchäologie und dem Einsatz von Flugzeugen und modernen Mitteln wurde das ganze Ausmaß dieser rätselhaften Mound-Kultur klar.

Der Great Serpent Mound in Adams County, Ohio, stellt z. B. einen 90 cm hohen Erdwall von 405 Metern Länge dar, der in Form einer Schlange mit weit aufgerissenem Rachen dem Lauf des Bush Creek-River folgt. Sie scheint gerade ein riesiges Ei zu verschlingen. Hier wurden nun keinerlei Bestattungen gefunden; auch sonst keine Hinweise, die einen Totenkult vermuten ließen. Aber die Indianermythen geben eine brauchbare Erklärung ab: wie bei den mexikanischen Azteken, die ja bekanntlich Quetzalcoatl, eine gefiederte Schlange, verehrten, sahen auch die nordamerikanischen Indianer in der Schlange ein Symbol der Sonne, des Regens und des Sturms. Die Schlange bedeutete für sie die Verbindung von Himmel und Erde, Wasser und Land und kann als Fruchtbarkeitssymbol gewertet werden.

Als Erbauer dieses Schlangenmonuments und all der anderen Tierhügel, Grabanlagen und Erdpyramiden im Tal des Ohio-River gelten die Adena-Indianer. Sie zählen zu den ersten Mais anbauenden Völkern Nordamerikas. Etwa 1000 v. Chr. begannen sie damit, Erdanlagen zu errichten und ausgefeilte Begräbnisrituale zu vollziehen. Im Inneren ihrer Mounds wurden rechteckige Gräber mit steinernen Tabakpfeifen, Schmuck und bebilderten Steintafeln, auf denen Menschen, Tiere, aber auch abstrakte Muster dargestellt sind, als Grabbeigaben gefunden.

Mounds in Tierform wurden auch in den Bundesstaaten Wisconsin, Illinois, Iowa, Indiana, Michigan und Missouri gefunden. Der Kult muß also relativ weit bei den Indianerstämmen verbreitet gewesen sein. Und die Ikonographie der Darstellungen bleibt dabei immer gleich: die Füße der Säugetiere, Vögel und Reptilien weisen stets hügelabwärts. Auch läßt sich deutlich ausmachen, daß der Anlage von Tierbild-Mounds *(Effigy-Mounds* genannt) gewisse astronomische Kenntnisse zugrunde liegen, wobei ihre Ausrichtung nach bestimmten Himmelsrichtungen offenbar eine Rolle spielte.

Wesentlich größer und komplexer fielen die Mounds der Hopewell-Indianer aus, die als Nachfolger der Adena gelten und ihre Totenkulte übernahmen. Die Blütezeit dieser Kultur liegt zwischen 100 v. Chr. und 200 n. Chr. und beeinflußte einen riesigen Bereich der heutigen USA. Bei ihren Begräbnisbräuchen wurden für die Toten zunächst geebnete Flächen geschaffen. Auf ihnen errichtete man hölzerne Leichenhallen und verbrannte die Verstorbenen darin. Lediglich höhergestellte Persönlichkeiten wurden nicht verbrannt, sondern am Boden der Leichenhalle begraben, wobei man sie mit wertvollen Grabbeigaben versah, die wohl für das jenseitige Leben unentbehrlich waren.

Solche Grabbeigaben sind für die Forschung außerordentlich aufschlußreich, denn sie gestatten Rückschlüsse auf den Glauben der Indianer wie auf die alten Handelswege. So wurden z. B. Haifischzähne gefunden, die aus dem Golf von Mexiko stammen, wunderbar verzierte Ketten aus Süßwasserperlen, Obsidianmesser aus Yellowstone, polierte Steinpfeifen aus dem Adena-Gebiet, aber auch ganze Rüstungen aus gehämmertem Kupfer sowie – außer den bereits von der Adena-Kultur her bekannten Schlangen- und Adlerdarstellungen – Sonnenscheiben und Hakenkreuze (Swastika), die den Sonnenlauf symbolisieren. Man fand Brustschilde, Ohrgehänge und Anhänger aus Perlmutt und Schildpatt, in die allerlei mythologisch bedeutsame Darstellungen von Kulthandlungen eingraviert waren.

C. W. Ceram, der Autor von *Götter, Gräber und Gelehrte,* dem wir auch eine gründliche Analyse der nordamerikanischen Pueblo-Indianer verdanken, weist auf die erstaunlichen Arbeitsleistungen hin, die zur Errichtung der großen Mounds erforderlich waren: »Eine nordamerikanische Bescheidenheit ist unnötig. Man hat ausgerechnet, daß ein Mound nahe Miamisburg in Ohio nicht weniger als

8816 Kubikmeter Erde enthalten muß; ein anderer, im Ross County, ebenfalls Ohio (allein im County fanden sich etwa 500 Mounds), wurde aus 20 000 Wagenladungen Erde aufgeschüttet – die Schätzung eines Farmers, denn die Indianer hatten keine Wagen, sondern nur ihre Hände, Körbe und Fellsäcke! Aber wer einem Farmer nicht glauben mag, der möge zwei modernen Archäologen glauben, die nach genauem Studium, nach Luftaufnahmen, nach sorgfältiger Erdarbeit einiges über die Mounds von Poverty Points im nördlichen Louisiana sagen konnten. Es waren James A. Ford und C. H. Webb, die 1956 konstatierten, daß dort ungefähr 405 000 Kubikmeter Erde bewegt worden waren. Über den größten Mound sagte Ford: »... man kann vermuten, daß der fertige Mound über drei Millionen Arbeitsstunden erforderte. Nimmt man alle nordamerikanischen Mounds zusammen, die ja unendlich viel zahlreicher sind als die ägyptischen Pyramiden, so ergibt sich der organisierte Arbeitsaufwand eines 'primitiven' Volkes, der in seiner Gesamtheit *weit über dem ägyptischen rangiert!*«

Die Tierbild-Mounds und die ihnen sehr ähnlichen Bodenscharrbilder geben der Wissenschaft noch so manches Rätsel auf. 1932 entdeckte ein Pilot zufällig auf seinem Flug von Las Vegas nach Blythe eine Ansammlung riesiger Bodenbilder unter sich: eine 28 Meter große Frau mit ausgestreckten Armen sowie ein pferdeähnliches Wesen. Als man daraufhin den Boden genauer absuchte, entdeckte man noch weitere, viel größere Figuren; ganz in der Nähe z. B. das Scharrbild einer über 50 Meter großen Frau, nicht zu identifizierende Tiere und die Darstellung eines 32 Meter großen Mannes. Ich sagte absichtlich »pferdeähnliches Wesen«, denn Pferde starben in Amerika vor etwa zehntausen Jahren aus und wurden erst 1540 durch die spanischen Eroberer erneut eingeführt. Dennoch, und das macht die Sache so mysteriös, wurden dabei Steinreihen und aus Steinen gelegte Labyrinthe sowie Grabhügel entdeckt, die auf eine Entstehungszeit von 1000 v. Chr. hinweisen.

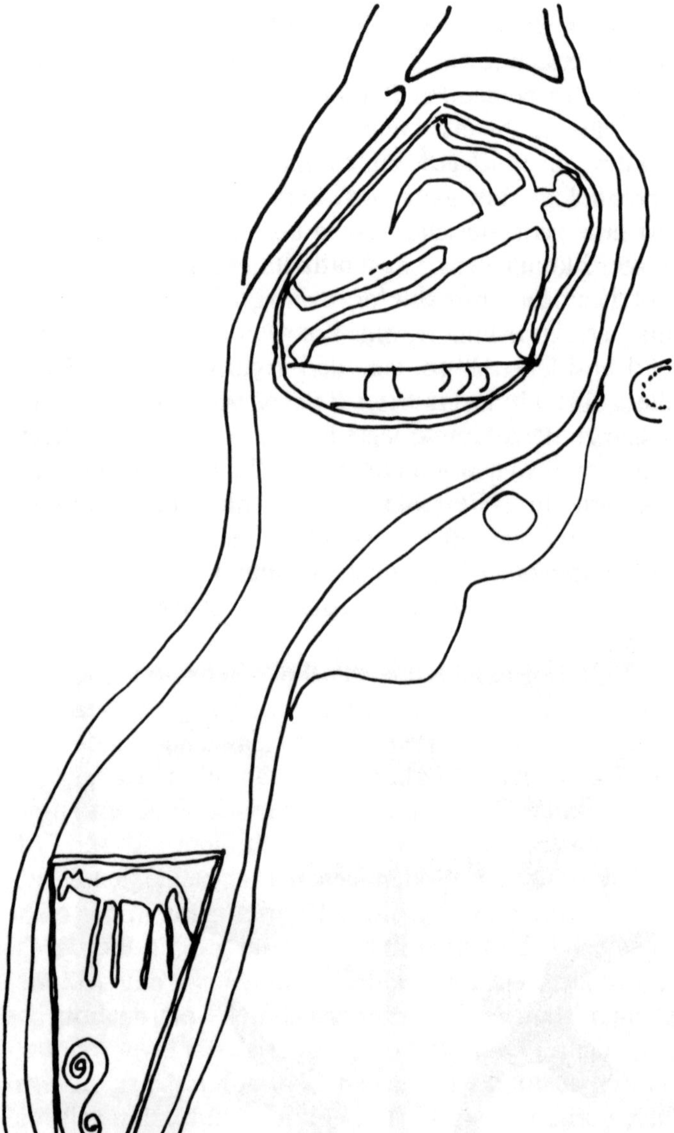

Abb. 41: Scharrbilder im Colorado-Becken, Nähe Blythe

In den USA wurden noch weitere Menschen- und Tierfiguren beträchtlicher Größe gefunden. Im Bundesstaat Wisconsin allein etwa 5000 Bilderhügel, riesige Darstellungen in den Tälern des Mississippi, Missouri und Ohio. Bei Poverty Point im nordöstlichen Louisiana wurde durch Luftbildarchäologie ein ganz sonderbares Gebilde aufgespürt: Es ist eine geometrische Anlage beträchtlicher Größe, bei dem sechs konzentrisch angeordnete Erdwälle ein Achteck von 1,2 km Durchmesser ergeben. Die Gesamtlänge der Wälle beträgt 18 km. Westlich des Achtecks befinden sich zwei künstliche Hügel, auf deren Kuppen und Hängen große Vögel mit ausgebreiteten Schwingen dargestellt sind. Das Ganze deutet auf einen frühen indianischen Kultplatz hin, den man wegen seiner erstaunlichen Größe stets übersehen hatte. In der Tat läßt sich die Anlage in ihrer Bedeutung erst aus der Luft heraus erkennen. Aber ihre Erbauer konnten unmöglich geflogen sein. Oder doch?

Abb. 42: Typen von Bilderhügeln im Mississippi- und Ohio-Tal

Manchen Wissenschaftlern war schon bald die offensichtliche Parallele der riesigen Tierbild-Mounds zu den Scharrbildern des peruanischen Ingenio-Tals und vor allem Nazcas aufgefallen. Bei den Darstellungen dort handelt es sich um oft kilometerlange Linien, Dreiecke, geometrische Muster, aber auch um überdimensionierte Tiere. Kolibris und Raubvögel, Affen mit spriralförmig aufgeringeltem Schwanz, Eidechsen, ja sogar eine Vogelspinne sowie andere Wesen in oft mystischer Verfremdung von teilweise vielen hundert Metern Größe sind dargestellt. Da manche nur aus der Luft erkennbaren Figurationen wie Prozessionsstraßen oder sogar Landebahnen von Flugzeugen aussehen, schossen die wildesten Spekulationen um ihre Entstehung reichlich ins Kraut. Sofort war wieder einmal der nimmermüde Erich von Däniken mit seiner Ufo-Version da und erklärte sie schlichtweg als »Landebahnen der Außerirdischen«. Das war eine einfache, aber spektakuläre Erklärung, die begierig von der sensationslüsternen Öffentlichkeit aufgegriffen wurde und für einige Zeit Gesprächsstoff bot. Der Mühe einer gründlichen Untersuchung des Geländes unterzogen sich von Däniken und seine Ufo-Anhänger allerdings nicht, sonst wäre der faule Zauber auch zu rasch aufgeflogen.

Diese Leistung erbrachte in lebenslanger Arbeit die deutsche Wissenschaftlerin Maria Reiche. Immer wieder fotografierte sie die Scharrbilder aus der Luft, vermaß sie am Boden und verglich die Darstellungen mit ähnlichen Symbolen der Indianer-Mythologie, wie man sie beispielsweise auf Keramiken und Wandreliefs findet. Nach und nach wurde dadurch das größte Bilderbuch der Menschheit für uns lesbar. Wir erfuhren auf diese Weise, daß die Nazca-Kultur etwa um 1000 v. Chr. bis 1000 n. Chr. blühte und daß ihre religiös motivierten Künstler (oder Schamanen) offenbar mittels einer Art »Storchschnabel«, einem Zeichengerät zur Übertragung von kleinen Modellzeichnungen auf riesige Formate, gearbeitet haben mußten. Man fand auch die dafür nötigen Hilfsmittel – Holzpfähle, die in regelmäßigen Abständen in den Boden getrieben wurden. Wahrscheinlich waren dazwischen Seile von ganz bestimmten Längenmaßen gespannt. Dennoch konnte das »fertige« Werk in seiner Vollendung nur aus der Luft heraus begutachtet werden.

Maria Reiche meint dazu: »Bei Tierfiguren, auch wo diese stark stilisiert sind, beobachtet man Ebenmaß und vollkommene Harmonie in allen Proportionen. Die Zeichner, die diese Vollkommenheit ihrer eigenen Schöpfung nur von der Luft aus hätten erkennen können, müssen diese von vornherein in kleinerem Maßstab geplant und gezeichnet haben. Wie sie dann über große Entfernungen hin jedem Linienstück seinen richtigen Platz und seine Ausrichtung geben konnten, ist ein Rätsel, zu dessen Lösung man noch Jahre brauchen wird. Nur wer mit der Praxis eines Landmessers vertraut ist, kann in vollem Ausmaß erfassen, was für eine Vorbildung für Menschen nötig ist, die fähig sind, den Entwurf einer Zeichnung in kleinem Maßstab unter vollkommener Wahrung der Proportionen in riesige Ausmaße zu übertragen. Die früheren Peruaner müssen Instrumente und Hilfsmittel besessen haben, von denen wir nichts wissen und die sie zusammen mit anderen Kenntnissen vor den Augen der Eroberer verbargen als den einen Reichtum, an den diese nicht Hand anlegen sollten.«

Nach den Forschungen von Maria Reiche lassen sich die genauen Maßeinheiten der Nazca-Kultur inzwischen rekonstruieren; sie verkörpern Zeitmaße, um Ereignisse von historischer und astronomischer Bedeutung zeichnerisch festzuhalten. Ähnliche Ausrichtung und Bedeutung besaßen wohl auch die etwa zur gleichen Zeit oder kurz danach entstandenen Tierbild-Mounds in Nordamerika. Es handelt sich bei den Darstellungen hier wie dort zumeist um Totem-Tiere der entsprechenden Stämme, um Fabelwesen ihrer Mythologie und teilweise auch um praktisch verwendbare, vom Schamanen ablesbare und interpretierbare

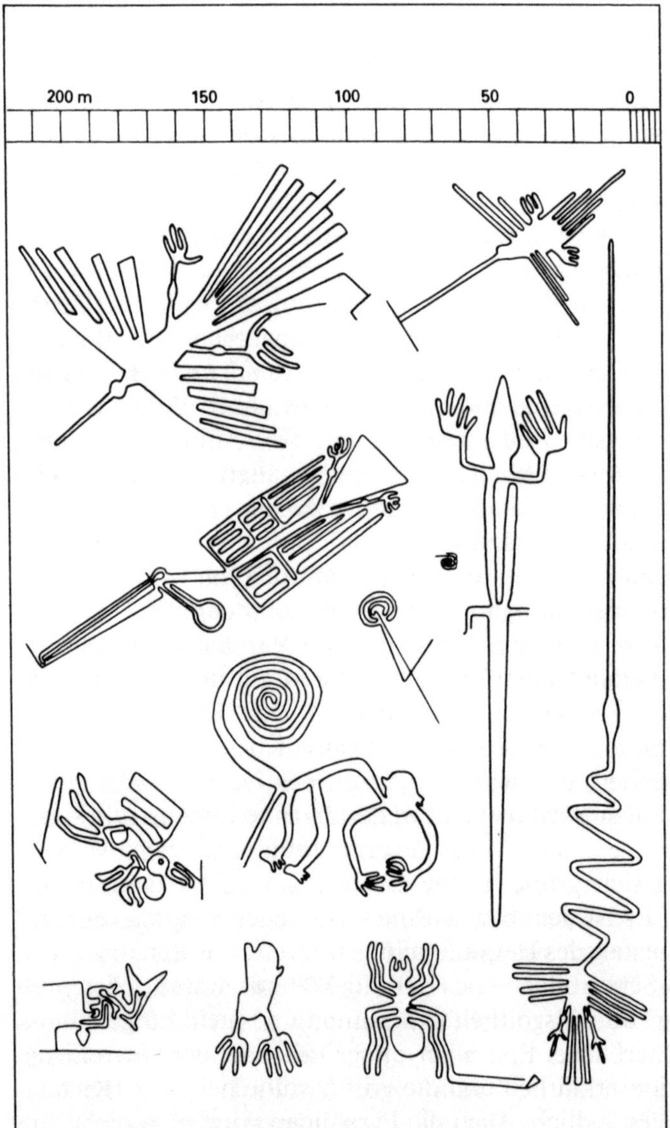

Abb. 43: Scharrbild-Typen des Nazca-Gebietes (Größenvergleich)

Kalendersysteme, in deren Umkreis religiöse Kulte und Rituale abgehalten wurden. Vergleichbar den Felsbildern, die diese Funktion ja auch im Kleinen erfüllen, wurde bei den Scharrbildern und Tierbild-Mounds Nord- und Südamerikas der Erdboden »imagisiert«, d. h. mit magischer Bedeutung aufgeladen. Im übrigen existieren solche riesenhaften Erdbilder auch in Europa, wie wir an späterer Stelle erfahren werden.

Doch kommen wir nun zur Klärung der wohl in diesem Zusammenhang wichtigsten Frage, nämlich der, wer die Bilder aus der Luft eigentlich sehen konnte und wie – wenn es nun doch keine Ufos waren. Dazu haben Wissenschaftler in jüngster Zeit recht befriedigende Antworten gefunden. Man hat nämlich auf Keramikgefäßen der Nazca-Kultur merkwürdige Darstellungen gefunden, die eine auf die Spitze gestellte Pyramide zeigen!

Genau so sieht ein Flugkörper aus, den Jim Woodman als eine Art Heißluftballon konstruierte und damit in 130 Metern Höhe über die Scharrbilder von Nazca flog. Aus dieser Höhe heraus ließen sich alle Figuren gut überblicken. Als Material für seinen pyramidenförmigen Ballon benutzte Jim Woodman Materialien, die exakt jenen feinen Textilien entsprechen, die man in Gräbern des Nazca-Volkes fand. Es gibt aber noch mehr Beweise für seine Rekonstruktions-Hypothese: Am Rande vieler peruanischer Scharrbilder fanden sich große, runde Gruben mit Resten von Holzkohle. Es ist denkbar, daß hier die Feuer loderten, die für den Aufstieg des Heißluftballons notwendig waren.

Die Scharrbilder und Tierbild-Mounds waren jedenfalls für die Himmelsgottheiten bestimmt und nicht für gewöhnliche Sterbliche. Erst unter dieser Prämisse wird ihre Konstruktion erklärlich und die große Mühe bei ihrer Herstellung verständlich. Auch die Pyramiden wurden ja nicht für die Allgemeinheit errichtet, sondern für die Götter und – als Rückwirkung – zum Erhalt des Gemeinwesens. Ob nun einige Schamanen im pyramidenförmigen Heißluftballon geflogen sind oder nicht, erscheint mir in diesem Kontext unerheblich.

Um vieles wichtiger dürfte dagegen die Kalenderfunktion der Scharrbilder und Mounds gewesen sein. Diese Kalenderanlagen wurden meines Erachtens an bestimmten Tagen (Sonnenwenden u. ä.) von der Priesterschaft rituell abgeschritten, und möglicherweise war an diesen Prozessionen das ganze Volk beteiligt. Ähnlich verhielt es sich bei den Festen im alten Ägypten und Mesopotamien, bei den Tänzen im Labyrinth der Altskandinavier, bei den Prozessionen durch die Steinreihen bei Carnac in der Bretagne bis hin in unsere Zeit, die auch noch solche Umzüge auf vorgeschriebenen Wegen kennt – ohne daß die Teilnehmer sich indessen über die ursprüngliche Herkunft der Bräuche bewußt sind. Die Mönche von Chartres tanzten die Symbolmuster im Bodenmosaik der Kathedrale ab, die Derwische des islamischen Orients folgen uralten, mystisch begründeten Grundmustern bei ihrem Tanz, wir errichten Osterfeuer, erhellen mit Scheiterhaufen die Walpurgisnacht vor dem 1. Mai und umtanzen den Maibaum, ohne uns groß Gedanken um die Ursprünge dieser bis in graue Vorzeit zurückreichenden Symbolhandlungen zu machen.

Die Adena und Hopewell-Indianer aber und ihre Nachfolger im Mississippi-Gebiet bauten auch Pyramiden. Von diesen Bauwerken, die bei uns in Europa noch immer viel zu wenig bekannt sind, soll jetzt die Rede sein. Neue Rätsel tauchen dabei auf.

Die Tempelbauer am Mississippi

Den Adena- und Hopewell-Indianern folgte eine dritte Gruppe von Mound-Builders – die Mississippi-Kultur mit ihren Tempel-Mounds. Der Beginn ihrer Bautätigkeit wird um 700 n. Chr. angesetzt, eine Zeit also, in der in Mexiko die Tolteken herrschten. Wahrscheinlich standen sie mit den Mississippi-Indianern auch in enger Beziehung. Ihr großes Kulturzentrum Teotihuacan, das etwa 60 km nördlich des heutigen Mexiko-City lag, stand damals in voller Blüte, und die Tolteken orientierten sich noch viel weiter nach Norden hinauf, bis ins Mississippi-Gebiet.

Die Tempelbauten in Nordamerika orientierten sich noch stark an den Stufenpyramiden der Maya und Azteken: Steile Treppenstufen und Rampen führten zur oberen Plattform, auf der sich zumeist als Allerheiligstes ein hölzerner Tempel befand. Der Grundriß war stets rechteckig, auch die großen Plätze, um die sich runde Erdmounds gruppierten. Auf diesen flachkuppigen Hügeln lebten die Priester und weltlichen Führer mit ihren Familien. Hinter dem Stadtkern folgten die Felder, auf denen Mais, Kürbisse und Bohnen angebaut wurden. Danach kamen vorgelagerte Dörfer mit eigenen Tempelmounds. Besonders gute Beispiele für diese theokratische Gesellschaftsstruktur sind die gut erhaltenen Ruinen von Tow Creek, North Carolina, und die im Cahokia Mounds State Parc, Illinois.

Als die Kultur im 14. Jahrhundert langsam erlosch, traten andere Indianerstämme in Alabama, Georgia, Wisconsin und Mississippi ihre Nachfolge an, besonders die Natchez-Indianer bei St. Catherines Creek. Auf diese Leute, die noch immer Tempelmounds bauten und auf solchen ihre religiösen Kulte zelebrierten, trafen die Europäer im 16. Jahrhundert. Als absoluter Herrscher und Gott-König galt ein gewisser *Great Sun* (»Große Sonne«), der als Verkörperung des Sonnengottes so weit über allen Menschen stand, daß ihn kein Sterblicher berühren durfte. Auch der Boden, den er betrat, galt als heilig und durfte von niemandem anderen sonst betreten werden.

Curt W. Ceram berichtet Merkwürdiges über die Gesellschaftsordnung der Natchez, deren größter Unterschied zu den Feudalordnungen Europas darin bestand, daß sie eine systematische Blutsmischung zwischen den vier Klassen *Sonnen* (Vertraute des Königs), *Edelleute, Ehrenmänner* und *Stinkende* (gemeines Volk) förderte: »So war jede Große Sonne traditionsgemäß gezwungen, eine Stinkende zu heiraten. Königliche Erbfolge gab es nicht – ein Sohn der Großen Sonne konnte niemals selbst Große Sonne werden, er erhielt nur den Rang eines Edelmannes. Die Kinder dieser Edelleute waren nun ebenfalls gezwungen, Stinkende zu heiraten. Hatte eine Edelfrau einen Stinkenden geheiratet, so wurden die Kinder ebenfalls Edelleute; war aber der Vater ein Edelmann, der eine Stinkende geheiratet hatte, so rutschten die Kinder eine Klasse tiefer, wurden Ehrenmänner. Heiratete eine weibliche Sonne einen Stinkenden, was möglich war, so hatte der Mann weniger Rechte als ein europäischer Prinzgemahl – er durfte mit seinem Weibe nicht gemeinsam tafeln und hatte in ihrer Gegenwart stets zu stehen – wie eben ein Stinkender, der es blieb. Und paßte er seiner Frau nicht mehr, so konnte sie ihn töten lassen und sich einen anderen Stinkenden nehmen. Das war natürlich bei weiteren Verästelungen eine äußerst komplizierte Ordnung, die indessen offenbar mühelos gemeistert wurde. Als große Linie zeichnet sich in dieser Gesellschaft ab, daß zwar der Mann regiert, daß aber die Rangordnung allein durch die Abstammung von der Frau bestimmt wurde; die weiblichen Sonnen wählten auch die neue Große Sonne«.

Die meisten Natchez starben zu Beginn des 18. Jahrhunderts an Seuchen (Masern und Pocken), die von Europa eingeschleppt worden waren, der überlebende Rest kam bei einem Massaker durch französische Soldaten um.

Um sich eine Vorstellung über die architektonischen

Leistungen der Tempelmound-Builder zu verschaffen, sollen hier ein paar Zahlen genannt werden, die den Unterschied zu den Pyramiden der Alten Welt verdeutlichen. Die größte aller ägyptischen Pyramiden, die Cheopspyramide, ist 146 Meter hoch und besitzt vier gleichlange Seiten von jeweils 230 Metern. Der Cahokia-Mound, eine abgeflachte Pyramide, ragt nur 30 Meter auf, besitzt dafür eine Länge von 330 Metern und eine Breite von 216 Metern, wodurch seine Grundfläche mehr als 18 000 Quadratmeter größer als die der Cheops-Pyramide ausfällt. Hinzu kommt, daß sich in dem Pyramidenareal rund um den Cahokia-Mound im Umkreis von elf Kilometern 400 weitere Pyramiden befinden.

Gewiß, der deutlichste Unterschied in der Konstruktion besteht darin, daß die Tempelmounds reine Erdpyramiden sind, es wurden kein Kalkstein wie in Ägypten, keine Ziegel wie in Mesopotamien oder Steinquader wie in Mittelamerika verwendet. Die Ausführung der nordamerikanischen Pyramiden ist deutlich größer. Aber die Funktion bleibt gleich – stets sind sie religiöses, geistiges und weltliches Zentrum der Bevölkerung, werden vom ganzen Volk in kollektiver Arbeit errichtet und dienen als Sinnbild für die Macht des Stammes und ihres Herrschers.

Bestattungen, die noch bei den Adena- und Hopewell-Indianern durchaus in Mounds üblich waren und oft reichliche Grabbeigaben vorweisen – im Seip Mound, Ross County (Ohio), fanden sich außer 99 Skeletten Tausende von Flußperlen –, verlagern sich in der Zeit der Tempelmound-Builder mehr und mehr auf Friedhöfe rund um das Zentrum. Ein deutlich ausgeprägter Totenkult mit komplizierten und aufwendigen Ritualen entsteht. In den hölzernen Tempeln auf den Plattformen der Pyramiden hüteten Priester die heiligen Feuer, dort beteten sie, zeigten sich an Festtagen dem Volk, und dort wurden auch – ähnlich wie bei den mittelamerikanischen Nachbarn – regelmäßig Menschenopfer dargebracht.

In den frühen Mounds wurden massenhaft Skelette gefunden, auch Urnen mit der Asche verbrannter Menschen, nie aber Mumien. Dennoch war auch in Nordamerika die Kunst des Mumifizierens bekannt. Besonders im heißtrokkenen Klima des Südwestens der Vereinigten Staaten wurde wohl diese Art des Totenkultes praktiziert, vor allem bei den Pueblo-Indianern. Offenbar bestand bei bestimmten Stämmen der Glaube an ein Fortleben nach dem Tode, denn in den Mumienhöhlen wurde den sorgfältig präparierten Leichen – wie im alten Ägypten – Wegzehrung für die Reise ins Jenseits mitgegeben: Waffen, Schmuck, Werkzeug und anderer Hausrat. Es wurden auch Tiere, z. B. Hunde, mumifiziert und sorgfältig bestattet, in einigen Fällen wurden den Hunden sogar Hirschknochen als Nahrung für die Jenseitsreise mitgegeben.

Im großen und ganzen scheint die Mumifizierung in Nordamerika aber die Ausnahme gewesen zu sein. Dieser Brauch ist nur auf bestimmte Gebiete und relativ eng umrissene Zeiträume beschränkt. Vorherrschend war wohl die Vorstellung von den »ewigen Jagdgründen«, in die der Verstorbene einzieht und *nicht* mehr zurück auf die Erde kehrt. Die Ahnengeister des Stammes spielten bei den Mound-Buildern eine große Rolle, sie mußten gut gestimmt werden, denn sie konnten Fürsprecher der Menschen bei den Göttern sein. Also mußte man ihnen Altäre errichten, Totempfähle und Tempel, Kulthügel und große Tierfiguren, die nur vom Himmel aus zu sehen waren.

Die Botschaft der Riesen

Es wäre ein unverzeihbares Versäumnis, in diesem Zusammenhang nicht kurz auf die riesigen Tierbilder einzugehen, die es auch in Europa gibt. Sie konzentrieren sich vor allem auf den Süden Englands und sind größtenteils nur vom Flugzeug aus zu sehen. Etwa 50 solcher, an das peruanische Nazca-Gebiet oder die nordamerikanischen Tierbild-Mounds und Tanz-Scharrbilder erinnernden Darstellungen sind bekannt, darunter 17 Pferde und die berühmten Riesen.

Die Entstehung dieser unglaublich großen Bilder geht wahrscheinlich auf die Kelten zurück, das Alter wird auf über zweitausend Jahre geschätzt. Auch hier muß es zuerst kleinere Modellzeichnungen gegeben haben, die dann mittels storchschnabelähnlicher Hilfsinstrumente auf die um so vieles größeren Dimensionen übertragen wurden. Sodann entfernte man die Grasnarbe über den weißen Kreidefelsen, und die Bilder hoben sich grell von der sattgrünen Umgebung ab.

Pferde spielten bei den Kelten eine große mythologische Rolle. Immer wieder wurden Pferde – konkret oder in stark abstrahierter Form – dargestellt, auf Schmuckstücken und auf Münzen. Oft wurde die keltische Fruchtbarkeitsgöttin Epona in Gestalt eines Pferdes abgebildet. Fruchtbarkeitsrituale können auch bei den englischen Landschafts-Tierbildern eine Rolle gespielt haben. Das »Weiße Pferd von Uffington« auf einem Hügelhang in Berkshire liegt z. B. ganz in der Nähe einer Feste der keltischen Eisenzeit, die mit Wällen und Gräben umgeben war. Und es finden noch heute Volksfeste dort statt, bei denen ausgiebig getanzt wird. Die Bewohner der umliegenden Dörfer sorgen dafür, daß die Figur erhalten bleibt, sie entfernen alle sieben Jahre den Rasen und pflegen den Kreidefelsen.

Nahe der Hügelfestung und dem 120 Meter langen Weißen Pfad von Uffington erhebt sich ein Hügel von merk-

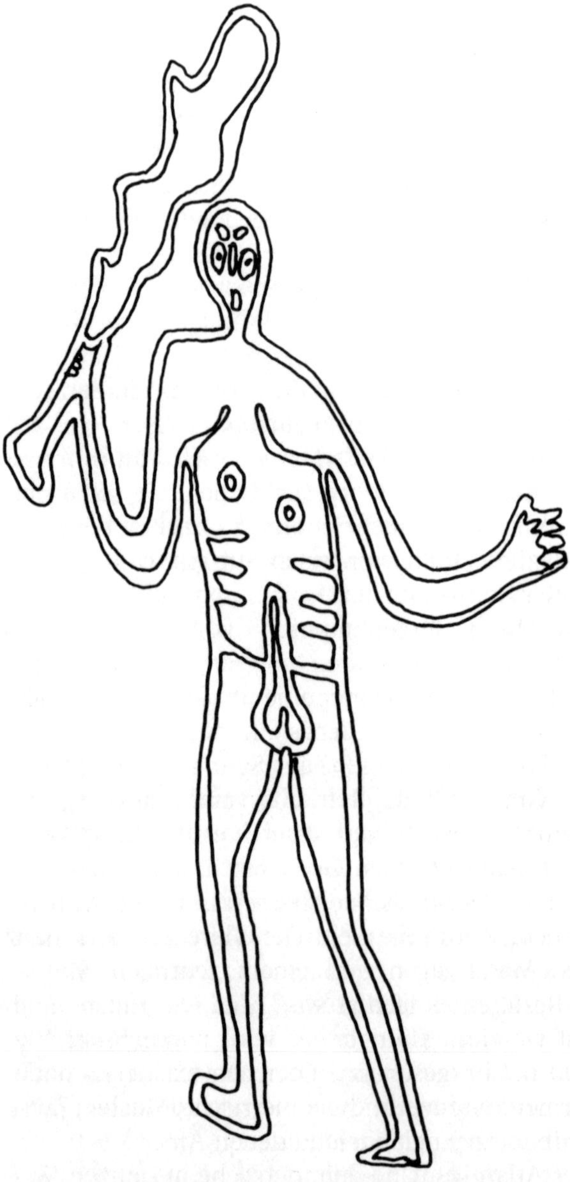

Abb. 44: Der Riese von Cerne Abbas, Südengland

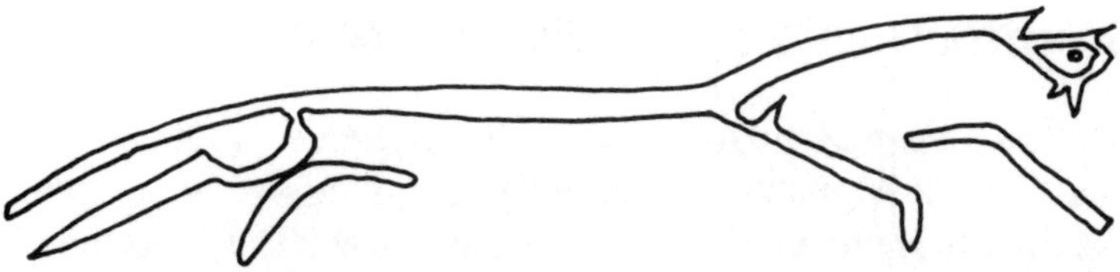

Abb. 45: Das Weiße Pferd von Uffington, Südengland

würdiger Form. Die Kuppe scheint künstlich zur Plattform abgeflacht zu sein, und um sie herum wölben sich zahlreiche kleinere tumuliartige Erhebungen. Dieser oft als Mound bezeichnete Hügel heißt *Dragon Hill.* Auf ihm hat der Sage nach der heilige Georg den Drachen erschlagen, weshalb das Weiße Pferd auch schon als Drachen bezeichnet wurde. All diese Indizien weisen auf eine frühe Kultstätte von großer Bedeutung hin.

Der »Lange Mann von Wilmington« in Sussex mißt 70 Meter. Er steht mit ausgestreckten, aber angewinkelten Armen und hält in beiden Händen je eine lanzenförmige Stange. Der »Riese von Cerne Abbas« in Dorset schwingt in der Rechten eine große Keule. Die Figur mißt 55 Meter. Daß auch er wohl ein Fruchtbarkeitssymbol darstellt, demonstriert sein erigiertes Glied. Man hat ihn des öfteren auch schon mit dem keltischen Gott Helith oder dessen römischen Pendant Herkules gleichgesetzt. Deutlich hebt sich nahe seinem Kopf eine keltische Viereckschanze mit den typischen Wallanlagen und einem zentralen Mittelpunkthügel (Reste eines Heiligtums?) ab. Die Entstehung der Riesen ist wesentlich jünger, sie wird nämlich auf 100 v. Chr. bis 200 n. Chr. geschätzt. Daneben existieren noch abstrakte Formen, Kreuze und geometrische Muster. Zwischen den Erdbildern Englands und denen Amerikas liegen die Weiten des Atlantiks. Und dennoch scheint sie eine seltsame Wesensübereinstimmung zu verbinden.

Schriftzeichen der Alten Welt in Amerika

Als eine eigene Schriftschöpfung der Kelten wird allgemein das Ogham-Alphabet angenommen, das aus runenartigen Zeichen besteht. Viele solcher in Stein gravierter Botschaften hat man in Irland gefunden und entziffern können. Es handelt sich zumeist um das Gedenken der Verstorbenen oder auch Nachrichten durchaus lapidaren Inhalts. Es verursachte in der Wissenschaft daher einige Aufregung, als man solche Ogham-Inschriften auch in Amerika fand, zunächst an der nördlichen Atlantikküste, nach und nach aber überall in Nord-, Mittel- und Südamerika.

Die ersten Nachrichten in keltischen Ogham-Zeichen wurden im US-Bundesstaat Massachusetts entdeckt. Erik Reinert und Barry Fell, beides Sprachwissenschaftler der Harvard-Universität, untersuchten weitere Schriftsteine in Neu-England und später auch in Südamerika. Auf Felswänden in Paraguay fanden sie nicht nur keltische, sondern sogar mehrsprachige Botschaften in der ihnen bekannten Ogham-Schrift und in der iberisch-punischen (einer aus dem Phönizischen entstandenen Variante). Der Text lautet in der Übersetzung: »Diese Inschrift wurde von Seeleuten aus Gadeth (Cadiz) geschrieben, die auf Erkundungsfahrt sind.« Unterzeichnet wurde die Nachricht von einem gewissen »Gwynn«. Das Erstaunliche daran ist, daß sich die Felswand gut 1000 Kilometer von der Atlantikküste im paraguayischen Inland befindet. Das gemischte keltisch-phönizische Expeditionscorp hatte offenbar einen schiffbaren Fluß als Ausgangspunkt ihrer Erkundung benutzt und war auf diese Weise weit ins unbekannte Land vorgestoßen. Aufgrund gewisser linguistischer Stilmerkmale wird dieses Unternehmens auf das 5. Jahrhundert v. Chr. datiert.

Keltische Steinkreise, Menhire und Ogham-Zeichen finden sich überraschenderweise auch in Argentinien und anderen Gebieten Südamerikas. Mancher Wissenschaftler,

z. B. Prof. Jacques de Mahieu, hält sie allerdings für Wikinger-Runen. Seiner Meinung nach bestand ein Wikinger-Reich am Titicacasee bei Tiahuanaco, das von den Indianern der Umgebung vernichtet wurde, woraufhin die »weißen Götter« sich in abgelegene Gebiete der Anden und in Richtung des Atlantiks (von dem sie einst gekommen waren) zurückzogen. Im dichten Urwald von Paraguay soll lange Zeit noch ihr letztes Refugium bestanden haben. Für ihre tatsächliche Anwesenheit und damit für die Stimmigkeit von de Mahieus Theorien sprechen allerdings eine ganze Reihe von Funden: Ruinen von Festungen, Verteidigungswälle, ein Tempel im nordischen Stil sowie Runen und Felsbilder, auf denen ein Wikinger-Pferd, eine normannische Kuh und ein irischer Terrier abgebildet sind. Die Mythen der Paraguay-Indianer sprechen sogar von einem »weißen König von Ipir« und dem Untergang seiner Gefolgschaft.

Die Untersuchungsergebnisse von de Mahieu sind erstaunlich, oft sogar etwas zu spektakulär, und seine Theorien von der Gründung der präkolumbischen Hochkulturen durch die Wikinger kann schon allein aus zeitlichen Gründen nicht nachvollzogen werden – man müßte ansonsten ein paar tausend Jahre dazwischen unterschlagen.

Daß die Phönizier und auch die Kelten den amerikanischen Kontinent erreichten, dort siedelten und Handelsstützpunkte unterhielten, dies scheint allerdings inzwischen unstrittig zu sein. Ein dreisprachig abgefaßter Kalenderstein in Davenport (Iowa) enthält in iberisch-punischer, libyscher und ägyptischer (!) Schrift folgende Botschaft: »An den Pfeiler befestigt den Spiegel in der Weise, daß das Sonnenlicht von ihm auf den Meßstein reflektiert wird. Der Neujahrstag wird gefeiert, wenn die Sonne das Sternbild des Widders erreicht.«

Es handelt sich um eine typisch ägyptische Kultveranstaltung, wie sie im Osiris-Kult beschrieben und in Grabmalereien dargestellt wurde. Der dreisprachige Text wird durch

Bilddarstellungen in der Mitte des Kalendersteins unterstützt, die Menschen zeigen, wie sie im Kreis ein hohes Schilfbündel umtanzen.

Weitere keltische Ogham-Inschriften befinden sich in Steine eingeschnitten, die zu megalithischen Bauten der amerikanischen Atlantikküste (Neu-England) gehören. Sicherlich sind diese Bauten viel älter, und schon bei der Ankunft der keltischen Seeleute waren ihre Erbauer nicht mehr bekannt. Aber die großen Steinbauten müssen die Ankömmlinge so beeindruckt haben, daß sie es nicht unterlassen konnten, dort ihre »Touristen-Graffiti« zu hinterlassen.

Es gibt noch viele Parallelen in den USA, wo uralte Megalithbauten zu jüngeren Kulten umfunktioniert wurden. Die meisten dieser Inschriften weisen darauf hin, daß die Neuankömmlinge dem Gott Baal huldigten (z. B. in Vermont, auch hier sind die Inschriften in phönizischer und keltischer Ogham-Schrift abgefaßt).

Auf Rhode Island bei New York wurde ein Schiff in den Felsen geritzt und mit der Inschrift ergänzt: »Dieser Felsen kündet von den Seefahrern aus Tartessos.« Tartessos war neben Cadiz der wichtigste phönizische Hafen »jenseits der Säulen des Herkules« (Gibraltar). Diese Küstenzone Südwestspaniens dürfte auch das Gebiet sein, in dem keltisch-iberische und phönizisch-ägyptische Kultur und Glaubensvorstellungen aufeinandertrafen.

Barry Fell, bereits erwähnter Sprachwissenschaftler, übersetzte u. a. eine zweisprachige Inschriftentafel (ägyptisch-libysch) folgenden Inhalts: »Die Schiffsbesatzung von Oberägypten fertigte diese Stele anläßlich ihrer Expedition« sowie »Dieses Schiff kommt aus den ägyptischen Landen.« Fell nimmt an, daß die Expedition zu einer Zeit erfolgte, als libysche Könige auf dem Pharaonenthron saßen (945 bis 715 v. Chr.).

Viele Orts- und Flußnamen der Algonkin-Indianer scheinen aus dem Keltischen zu stammen. Dies betrifft vor allem die atlantiknahen Küstenzonen Neu-Englands und Kanadas. Auf die oft erstaunlichen Parallelen der dortigen Wabanaki-Sprache mit dem Keltischen wurde bereits in der Vergangenheit vielfach von Linguisten hingewiesen. Wer sich näher mit dieser Thematik beschäftigen möchte, dem sei Heinke Sudhoffs Buch *Sorry Kolumbus,* das eine unglaubliche Fülle von Beweismaterial dazu anführt, empfohlen.

Ich möchte die Schriftzeichen-Debatte, so interessant sie auch ist, hier nicht weiter vertiefen. Es ging in diesem Kapitel lediglich darum, darauf hinzuweisen, daß Kelten und Phönizier, vielleicht sogar Ägypter bereits zu frühen Zeiten nach Amerika reisten, um dort Handel zu betreiben, und daß die Spuren, die sie dabei hinterließen, vielfältig und unübersehbar sind.

Die Verbindung zwischen Phöniziern und Ägyptern war, wie wir historisch abgesichert wissen, eine äußerst intensive. Der Kontakt zwischen Kelten und Phöniziern erscheint bei den beiden seekundigen Völkern nicht nur logisch, sondern auch durch die räumliche Nähe ihrer Siedlungs- und Handelsplätze an der Südwestküste Spaniens mehr als gewiß. Was aber die Beziehung der frühen Kelten (und deren Vorläufer) zu Ägypten anbelangt, so ist dieses Thema wissenschaftlich noch nicht ausreichend erforscht worden. Wir bewegen uns daher bei unseren Mutmaßungen auf unsicherem Boden, und es müssen noch viele unterschiedliche Aspekte eingehend untersucht werden, bis ein Urteil möglich ist.

Allerdings gibt es zahlreiche Hinweise, die schlüssig auf die Ankunft von Fremden in Ägypten (zeitgleich zur »Gefolgschaft des Horus« und den ersten Dynastien, deren Pharaonen keine Ägypter waren) hindeuten: An Gegenständen aus der prädynastischen Zeit und aus der Epoche der ersten Dynastien wurden Schriftzeichen entdeckt, die nichts, aber auch rein gar nichts mit den Hieroglyphen zu tun haben. Etwa 25 solcher Zeichen besitzen die Form von

Runen. Gleiche Zeichen wurden auf Dolmen und anderen Megalithbauten Westeuropas (z. B. den Dolmen von Valencia in Spanien) gefunden.

Abb. 46: Runenartige Schriftzeichen aus der prädynastischen und frühdynastischen Zeit Ägyptens (nach Flinders Petrie)

All dies ist auf den ersten Blick verwirrend, wie das stets der Fall ist, wenn Funde gemacht werden, die sich zwar formal vergleichen lassen, aber die nicht sofort linear einzuordnen sind. Wir erkennen zunächst nur Facetten, erkennen aber das Webmuster noch nicht. Das ist Anlaß genug, nach weiteren Aspekten zu forschen, die dazu geeignet sind, das Gesamtbild abzurunden.

In der Tat waren ja die Wikinger nachweislich in Amerika, es bestanden Kontakte zwischen diesen wagemutigen nordischen Seefahrern und den Kelten, beide Völker haben eine gemeinsame Vergangenheit, die sich in den außergewöhnlichen Bauten und Leistungen der Megalithkultur ausdrückt. Manche nennen diese gemeinsame Vergangenheit auch atlantische Westkultur, und mit dem Atlantik und seiner Überwindung haben die altamerikanischen Hochkulturen offensichtlich eine Menge zu tun.

Wikinger entdecken die Neue Welt

Etwa zeitgleich mit dem Zusammenbruch des Römischen Reiches und den einsetzenden Völkerwanderungen beginnt der Aufstieg des Wikinger-Reiches, das seinen Höhepunkt zwischen dem 8. bis 11. Jahrhundert n. Chr. erreicht. Von Norwegen, Schweden und Dänemark ausgehend, beherrscht das seefahrende Volk bald die Küsten Nord- und Westeuropas, sie erobern Schottland, Irland, unternehmen Raubzüge gegen England, Frankreich, Portugal und weit in den Mittelmeerraum hinein, besiedeln Island, Grönland und die Küste Nordamerikas. Im Jahre 963 wird der mongolische Großkhan an der Wolga durch angreifende Wikingerheere geschlagen, die bulgarischen Stämme an der Donau unterworfen und kurz darauf das Russische Reich gegründet. Über mehr als dreihundert Jahre galten die Wikinger als die Schrecken der Meere, niemand konnte sich ihrem Expansionsdrang entgegenstellen.

Dies ist der äußere Rahmen, in dem sich – kaum wahrgenommen von Chronisten – ein gewisser Leif Eriksson, Sohn Eriks des Roten, im Jahre 992 in Begleitung von 35 Männern von Grönland aus aufmacht, um im Westen des atlantischen Meeres neue Kolonien zu gründen. Mit ihrem Drachenschiff erreichen sie die Ostküste von Labrador. Das rauhe Klima und die abweisende Vegetation mit vergletschertem Land und eisbedeckten Bergen (von ihnen »Helluland« bezeichnet) läßt sie weitersegeln. Südlich davon erkunden sie eine waldreiche Küste, die sie »Markland« nennen. Noch weiter südlich, wahrscheinlich in Neufundland, stoßen sie auf eine grüne Küstenzone mit mildem Klima, an der sie überwintern. Sie geben ihr den Namen »Vinland«. Nach einigen Erforschungsmärschen ins Landesinnere kehren sie nach Grönland zurück.

In der Folge wird von weiteren Amerika-Fahrten der Wikinger berichtet, die allesamt rund ein halbes Jahrtausend vor Kolumbus stattfanden. So stieß z. B. Leifs Bruder Thorwald bei weiteren Erkundungen erstmals auf einheimische Indianer (oder Eskimos?), die von den Wikingern »Skraelinger« (häßliche Menschen) genannt werden. Im Jahr 1020 findet sogar eine planmäßige Auswanderung von Grönland nach Amerika statt.

Thorfinn Karlsefni begibt sich mit drei Schiffen, 160 Männern und Frauen sowie Vieh und Werkzeug auf die Reise, die allerdings mit einem Fiasko endet. Anfänglich besteht der Plan, eine Kolonie zu gründen und Handel mit den Indianern zu betreiben. Bald kommt es jedoch zu Spannungen zwischen den christlichen und heidnischen Wikingern einerseits, zu Kämpfen mit den Skraelingern und zu Hungersnot andererseits. Nach drei harten Wintern kehren Karlsefni und seine Leute enttäuscht nach Grönland zurück.

Dies sind die historisch gesicherten Daten und Namen. Wir wissen aber auch, daß es davor, möglicherweise über lange Zeiträume hinweg, immer wieder Fahrten der Nordmänner an die Küsten Amerikas gegeben haben muß. Bereits Leif Eriksson fuhr ja nicht auf gut Glück los, sondern muß genaue Beschreibungen von solchen Seereisen gekannt haben.

Da gab es z. B. einen gewissen Björn Herjulfsson, der vor Leif Eriksson an der amerikanischen Küste entlanggesegelt war. Und er war keineswegs der erste auf diesem Kurs. Skandinavische Seeleute, die gewiß noch nicht »Wikinger« hießen, hatten die Routen über den wilden Atlantik hinweg erkundet. Wer waren diese Leute?

Von den Felsbildern Skandinaviens her wissen wir, daß bereits etwa 4000 v. Chr. Menschen dort lebten, die die Schiffsbautechnik beherrschten und mit Fellbooten, solchen aus Birkenrinde und später auch aus Holz die Fjorde und Küstengewässer befuhren. Wenn diese Felsbilder wohl auch vorrangig eine religiöse Bedeutung besaßen und sogenannte Totenschiffe oder Ahnenboote auf ihrer Fahrt ins Jenseits darstellten, so muß ihnen in jedem Falle ein praktischer Einsatz vorausgegangen sein. Experimentalarchäologen haben nachgewiesen, daß selbst mit einfachen kleinen Booten eine Atlantiküberquerung durchaus möglich und wahrscheinlich ist.

Abb. 47: Skandinavische Felsritzung (413 cm Länge), Rickeby: Brandskop, Uppland/Schweden, 500 v. Chr. – Zeitenwende (nach Evers)

Als auffallendstes Kennzeichen der religiösen Vorstellungen dieses Volkes wäre ein ausgeprägter Sonnenkult zu nennen. Sie erhoben die Sonne zur obersten Gottheit und stellten diese durch vielerlei Symbole dar, vor allem durch Sonnenscheiben und -räder, Sonnenkreuze, Hakenkreuze (Swastika) sowie konzentrische Kreise. Schiffsbilder und schiffsförmige Steinsetzungen spielten bei der Bestattung eine große Rolle. Oft wurden die Toten auch auf ihren Booten aufgebahrt, diese verbrannt und anschließend dort, wo das Boot gestanden hatte, ein Erdhügel errichtet, der durch ein Denkmal aus Holz und später auch aus Stein gekennzeichnet wurde. Etwa um 2500 v. Chr. kam es zu einem bedeutenden Umbruch im Bestattungsritus. Man begann nun, für die Toten mächtige Steinbauten zu errichten, die teilweise gigantische Ausmaße aufwiesen. Diese Dolmen und Ganggräber werden allgemein als »megalithisch« angesehen, und da die sich über weite Küstenteile Nordwesteuropas ausbreitende Megalithkultur ihr Zentrum in Dänemark und Schleswig-Holstein besaß, nehmen Wissenschaftler an, daß die Megalithkultur auch dort entstand.

Ich bezweifle das entschieden, da bereits viel früher, wie wir noch sehen werden, und in ganz anderen Teilen Europas megalithische Bauwerke errichtet werden, die für die nordische Dolmen- und Hügelgräberkultur Vorbildcharakter besitzen.

Doch zurück zu den Felsbildern mit den berühmten »Hällristningar-Schiffen«. Die Bilder weisen darauf hin, daß manche dieser frühen Schiffe über 40 Meter lang gewesen sein müssen, was auch durch Grabanlagen in Schiffsform bestätigt wird. Wir werden sogleich an die Schiffsfriedhöfe von Kairo erinnert, die offenbar dem gleichen kultischen Denken entstammten, an die Sonnenbarken des Osiris und Cheops, die selbst in der Form eine deutliche Verwandtschaft zu den skandinavischen »Hällristningar-Schiffen« aufweisen. Ähnliche Schiffsdarstellungen finden sich entlang der spanischen Küste (vor allem an Felsen nahe Cadiz), auf den Kanarischen Inseln und in Amerika.

Der Skandinavienforscher Wolfram zu Mondfeld beschreibt die steinernen Schiffssetzungen so: »Zunächst aus nicht allzu hohen, dicht Stein an Stein gesetzten Felsbrokken – die sogenannte »enge Setzung« –, wobei stets die Stevensteine an Bug und Heck entsprechend einem echten Schiff höher waren. Man legte auch großen Wert darauf, den Sprung des Dollbords korrekt zu formen, d.h. mittschiffs am tiefsten und zu den Enden, den Steven also, in einer mathematischen Kurve ansteigend (...). In einem solchen Schiff wurden die verbrannten Körper – samt Grabbeigaben – beigesetzt. Die Größe der frühen Schiffssetzungen schwankt beträchtlich: Die Mehrzahl mißt zwischen 8 und 16 Metern Länge, es gibt aber auch beträchtlich größere, etwa das Schiff bei Gannarve mit 29 Metern und die beiden Schiffe von Gnisvärd, von denen das kleinere 37 Meter, das größere sogar 45 Meter Länge aufweist (...).«

Auf der Ostseeinsel Gotland befindet sich ein Friedhof aus solchen steinernen Schiffen, die teils einzeln, teils in ganzen Flotten liegen. Man kennt mehr als 350 Schiffssetzungen dort. Die Schiffssetzungen stellen eine für Nordeuropa typische Form des Grabmonuments dar, die ihren Höhepunkt in der mittleren Bronzezeit (um 1000 v. Chr.) besaß.

Die Formen der Schiffsgräber, aber auch die Felsbilder mit solchen Darstellungen, geben uns genaue Auskunft, wie die unterschiedlichen Schiffstypen der Altskandinavier und späteren Wikinger ausgesehen haben, auch jene, mit denen die weiten Atlantikstrecken bis nach Amerika bewältigt wurden. Mondfeld und andere Wissenschaftler sind im übrigen der Ansicht, daß die kleineren Fellboote nur zur Binnenschiffahrt dienten, die großen »Hällristningar-Schiffe« aber zweifelsohne aus Holz konstruiert waren und sich nicht sehr von den späteren Wikingerschiffen unterschieden haben.

Auf nordamerikanischem Boden wurde inzwischen eine beachtliche Anzahl von Funden registriert, die auf den frühen Besuch skandinavischer Seeleute hinweisen. 1962 grub der Norweger Helge Ingstad mit einem internationalen Team von Fachleuten (Archäologen, Geologen, Siedlungsexperten, Pollenanalytiker, usw.) in Neufundland eine Station der Nordleute aus. Ingstad berichtet: »Es wurden acht größere und kleinere Häuser ausgegraben, eine Schmiede, ferner (...) drei große Mulden, von denen zwei Kochmulden gewesen sein müssen. In der dritten war Holzkohle hergestellt worden, vermutlich für die Arbeit des Schmieds (...). Die Gebäude, und zwar in erster Linie das größte, das fünf oder sechs Räume (...) mit Halle umfaßte, weisen Züge auf, die aus der Bauweise der Wikingerzeit in nordischen Gebieten bekannt sind. Das gleiche gilt für die Feuerstellen (...). Von den gefundenen Gegenständen seien erwähnt: einige Steinwerkzeuge, eine Anzahl verrosteter Nägel, Eisenbruchstücke, ein kleines Stück Kupfer, eine primitive Steinlampe ähnlichen Typs, wie wir ihn aus dem frühen Mittelalter von Island kennen, ein Nadelwetzstein aus Quarzit und das Fragment einer Knochennadel nordischen Typs. Dazu kommt dann der wichtigste Fund, ein Spinnrad aus Speckstein, das ebenfalls zweifellos nordischen Typs ist.«

Es wurden auch mehrere Radiocarbon-C 14-Messungen vorgenommen, die die Fundstellen um 1000 v. Chr. datieren, also ungefähr jener Zeitraum, als Leif Eriksson und andere Wikinger-Expeditionen Vinland erreichten.

Es sind weitere Funde in den USA bekannt geworden, die aber allesamt wegen ungenauer Untersuchungsmethoden und auch wegen der Vorliebe gewisser Spekulanten für sensationelle Fälschungen mit Vorsicht zu genießen sind.

Bringen uns die Wikinger und ihre skandinavischen Vorfahren bei dem Versuch weiter, die Pyramiden-Problematik zu erhellen? Allen wissenschaftlichen Theorien, die es in dieser Hinsicht gibt, zum Trotz muß diese Frage verneint werden. Einzig der Hinweis auf einen sagenumwobenen Ort namens Thule, der vielzitierte »Thule-Mythos«, ist vielleicht geeignet, einen neuen Gesichtspunkt in die Debatte zu bringen.

Der Mythos vom Ultima Thule

Seit der Antike kursieren vielerlei Andeutungen und Gerüchte, Sagen und Legenden um einen mythischen – oder auch ganz real aufgefaßten – Ort, der am äußersten Ende der Welt, irgendwo im hohen Norden liegen und von dem alle Kultur ausgegangen sein soll. »Die große Erde von Thule«, »das äußerste Thule« oder »das letzte Thule« *(Ultima Thule)* wurde dieser Ort genannt und viel darüber spekuliert, wo er sich wirklich befindet. Der römische Dichter Seneca spricht in seinem Drama *Medea* wie folgt darüber: »Es werden Jahre kommen – nach Jahrhunderten – da der Ozean seine Macht verliert und ungeheures Land hervortreten wird, und Thetys *(gemeint ist die Meeresgöttin, im übertragenen Sinne: die Seefahrt)* neue Länder entdeckt, die ferner sind als Thule.«

Von welchem neuen Teil der Erde sprach der vielbelesene Seneca? Hatte er bereits Berichte von der Neuen Welt gehört, bezog er sich auf Platons Atlantiserzählung oder auf Nachrichten von Seefahrern, die seinerzeit kursierten und von mancherlei unbekannten Inseln »jenseits der Säulen des Herkules« sprachen? Seine Aussage klingt jedenfalls mehr nach konkretem Wissen als nach Prophetie.

Mit Thule wurde poetisch das Land der Hyperboreer bezeichnet, das nördlichste Land Europas, genauer: die Insel Island oder Grönland. Hinweise auf das ferne Thule gab es vor den Römern bereits bei den Griechen, die ihre Kenntnis ihrerseits von weisen ägyptischen Priestern übernommen haben sollen. Auch zu Zeiten von Kolumbus kursierten mehrere geheimnisvolle Landkarten, in denen Thule eingetragen war, in manchen von ihnen darüber hinaus gar Teile Amerikas. Kolumbus interessierte sich sehr dafür, soll er doch bereits im Besitz einer Kopie der sogenannten »Toscanelli-Karte« gewesen sein. Auf Toscanelli bezieht sich auch der türkische Seefahrer, Entdecker und Kartograph Piri-Reis, der 1513 (also kurz nach den Kolumbus-Fahrten) eine Karte mit Konturen des amerikanischen Kontinents veröffentlichte, die bis dato noch gar nicht entdeckt waren!

Nach Ansicht einiger Biographen unternahm Kolumbus 1477 eine Seereise nach Thule und brachte von dort detailgetreue Angaben über Klima, Gezeiten, Meeresströmung usw. mit, die recht authentisch klingen. Aber nicht das Land der Hyperboreer war für ihn von Bedeutung, sondern der mögliche Weg von dort zu einer noch größeren, geheimnisvollen Insel namens Antilia, unter der man sich Amerika vorstellen kann.

Thule wurde von einigen Wissenschaftlern immer wieder mit der Urheimat des sagenhaften weißen Gottes Quetzalcoatl, der über den Atlantik herkam, gleichgesetzt. Sie betonen, daß die älteste Stadtgründung in Mexiko, die durch Quetzalcoatl erfolgt sein soll, nach jenem Thule benannt wurde – nämlich Tula (in anderen Sprachen der präkolumbischen Indianer auch Tollan genannt). Tula galt in Mittelamerika als mythisches Zentrum, und es gibt dort wohl keinen anderen Ort, der so oft erwähnt wird. Jedes Volk, jede Dynastie, die etwas auf sich hielt und Anspruch auf Zivilisation anmeldete, gab Tula als ihre Heimat an. Die Archäologen glaubten schon, diesen Ort gäbe es nicht wirklich, er gehöre in den Bereich der religiösen Mythologie der Mayas, Azteken und Tolteken. Als »Stadt der gefiederten Schlange« wurde Tula beschrieben, als »Stadt des Schilfrohrs« oder »Binsenstadt«, wobei die Namens-Hieroglyphe eine seltsame Verwandtschaft zum altägyptischen Schöpfungsmythos aufzeigt: Aus einer Art Insel oder Urhügel, der von Wasser umgeben ist, breitet sich neues Leben in Form von sechs Schilfbinsen aus. Unwillkürlich wird man auch an jene Darstellung auf dem dreisprachigen Kalenderstein von Davenport (Ohio) erinnert, wo Menschen getreu des alten Osiris-Kultes ein Schilfbündel umtanzen.

Abb. 48: Nahua-Hieroglyphe der Stadt Tollan (Tula)

Und dann wurde Tula wirklich gefunden! Im mexikanischen Staat Hidalgo, etwa 80 Kilometer von Mexiko-City entfernt, stießen Ausgräber 1940 auf ihre Ruinen. Überragt wird die Hauptstadt des Tolteken-Reiches mit ihren Wohnbezirken und Kultbauten von einer großen fünfstufigen Pyramide mit weiträumiger Plattform. Sie wird Morgensternpyramide genannt nach Kolossalfiguren (Atlanten), die den Gott Quetzalcoatl in seiner Eigenschaft als symbolischen Morgenstern darstellen. Die Atlanten sind 4,80 Meter hoch und mit seltsamen Attributen versehen: Ihr Brustschild hat die Form eines Schmetterlings, in der rechten Hand tragen sie eine Steinschleuder, in der linken einen Weihrauchbeutel sowie einen gekrümmten Säbel. Auf gewisse Weise erinnern die Statuen an die Riesenfiguren von Tiahuanaco, doch wird ihr Entstehungsdatum auf den Zeitraum zwischen 900 und 1168 n. Chr. geschätzt. Diese Statuen sind also beträchtlich jünger als die dortigen Figuren.

Nach aufgefundenen indianischen Chroniken – und dies ist eine weitere Überraschung – soll in Tula tatsächlich von 947 bis 999 n. Chr. ein Gottkönig namens Ceacatl Tolpizin Quetzalcoatl gelebt haben. Der fünfte Herrscher der Tolteken-Dynastie wurde den Berichten zufolge von Gegenspielern gestürzt und mußte mit seiner Anhängerschaft fliehen. Nach Yukatan soll er gezogen und von den dort ansässigen Mayas aufgenommen und verehrt worden sein. Anderen Legenden zufolge soll er in ein nicht näher definiertes Land »der schwarzen und roten Farben« ausgewandert sein, wo er sich selbst (wie ein Phönix) verbrannte. Wieder andere Sagen berichten, er habe als neues kultisches Zentrum Chichen Itza gegründet und seine Religion von dort bis Guatemala und Nicaragua verbreitet.

Die historische Gestalt des Quetzalcoatl bleibt also ungewiß und umstritten. Es ist auch nicht klar, ob es überhaupt jener erste legendäre Kulturheroe gleichen Namens war oder ein später Nachfolger, der sich bloß seinen Titel zulegte, wie dies bei den präkolumbischen Völkern mitunter Sitte war. Wieder einmal vermischen sich Mythos und historische Wahrheit zu einem undurchdringlichen, schwer zu erhellenden Dickicht. Die Stadt Tula (oder Tollan) aber gab es wirklich. Ihr Untergang und der der letzten Tolteken-Dynastie wurde wohl durch die Azteken herbeigeführt, deren Geschichte ebenfalls in mythischem Dunkel – in ihrer Urheimat Atzlan – beginnt.

Ob dies alles wirklich mit dem Ultima Thule des Nordens zu tun hat, ist mehr als ungewiß. Im *Popol Vuh,* dem heiligen Buch der Überlieferungen der Quiche-Mayas, steht jedenfalls als Grund für das Verlassen von Tula: »Als die Quiche-Mayas Tulan verließen, sagten die Väter: Eure Heimstätte ist nicht hier; jenseits der Meere werdet ihr eure Berge und Täler finden. Belitz (Bel) und Toh (Thot, Thor) werden auch beistehen!«

Jacques de Mahieu, dessen Thesen und Schlußfolgerungen, wie wir bereits gesehen haben, mit einiger Skepsis zu behandeln sind, weist in diesem Zusammenhang auf ein weiteres Thule hin, das sich allerdings im Nordwesten Argentiniens befindet. Es gibt nachweisbare präkolumbische Straßen dort, die der Archäologe Eric Boman rekonstruierte, sowie alte Ruinenstädte, die immer noch nicht gründlich untersucht wurden. Und es existiert tatsächlich entlang einer frühen Straße (Königsweg) ein Hügel mit dem Namen »Portezuelo de Tule« (Thule-Pforte) sowie eine Schlucht, einen Fluß und eine alte Indianerfestung namens Troya (Troja). Beide Bezeichnungen stammen allerdings nicht aus dem Wortschatz der einheimischen Quichua-Sprache.

Es mögen zufällige Ähnlichkeiten sein oder auch bewußte Benennungen aufgrund mythischer Überlieferung. Unsere Nachforschung über den Ursprung der »weißen Götter« und die Heimat des legendären Quetzalcoatl wird dadurch nicht fundamental bereichert, und schon gar nicht der Beweis erbracht, daß Wikinger oder andere Nordleute (Hyperboreer) wirklich in Süd- und Mittelamerika waren und mit der Entstehung präkolumbischer Hochkulturen in Verbindung zu bringen sind. Ganz nüchtern müssen wir konstatieren, daß es im nordischen Weltbild zwar einen stark ausgeprägten Sonnenkult gibt, nirgends aber auch nur die geringste Spur eines pyramidenartigen Bauwerks vorhanden ist.

Mit dieser Feststellung möchte ich vorerst dem amerikanischen Kontinent, der zweifelsohne die größte Konzentration von Pyramiden auf der Welt beheimatet, den Rücken kehren und mich jenem Teil der Alten Welt zuwenden, auf dem man solche Bauwerke – mit Ausnahme der Kanarischen Inseln – wohl am wenigsten vermutet. Gemeint ist Europa. Auch dort gab es und gibt es noch immer Pyramiden, und sie sind erstaunlicherweise viel älter als die in Ägypten, Mesopotamien oder sonstwo auf der Erde. Einige von ihnen möchte ich in der Hoffnung, daß dadurch die Diskussion über den Sinn und Zweck und vor allem den Ursprung dieser so eigenartigen Bauwerke angeregt wird, näher vorstellen.

Die große Kelten-Pyramide von Barnenez

Wir reisen durch die Bretagne, durch *Armorika* (»am Rande des Meeres«), wie das alte Keltenreich einst hieß. Zu Zeiten der Römer erstreckte es sich von der Rhone bis zum Atlantik und wurde Gallien genannt. Julius Cäsar unterwarf die stolzen, freiheitsliebenden Stämme der Kelten in einem blutigen Feldzug und verleibte ihre Gebiete dem Imperium ein. Nach dem Untergang Roms wanderten im 4. Jahrhundert n. Chr. Bretonen aus England ein und gaben der französischen Nordwestküste ihren heutigen Namen: Bretagne.

Dabei waren die Bretonen keineswegs Fremde, sondern vielmehr entfernte Verwandte – keltische Briten aus Cornwall, die von den germanischen Angelsachsen verdrängt wurden. Aber die Kultur der Bretagne ist viel älter als die der Kelten, sie stammt in gerader Linie von der steinzeitlichen Chassey-Kultur ab. Die Ureinwohner der Bretagne sind – wie die Basken – direkte Nachfahren der Cromagnon-Höhlenmaler von Lascaux, Altamira und Niaux. Und hier sei, um einmal den Verlauf des Fadens weiter zurückzuverfolgen, ein kurzer Exkurs erlaubt:

Neuere Forschungen beweisen, daß der altsteinzeitliche Cromagnon-Mensch bereits zum Typus der Jetztzeit namens *Homo sapiens sapiens* gehört und unmittelbar vom Neandertaler abstammt. Damit wurde die alte, aber falsche Lehrbuchmeinung überholt, wonach die leptolithischen Kulturen durch Einwanderung des Eu-sapiens Typus aus dem Nahen Osten nach Europa gebracht wurden, wo die ältere, »tieferstehende« Neandertaler-Bevölkerung ausgerottet wurde. Im Gegenteil: Da inzwischen sogar Funde des noch älteren Vormenschen *Homo erectus* gemacht wurden (z. B. in Mauer, nahe Heidelberg), kann West- bzw. Mitteleuropa durchaus als eine der Wiegen der Menschheit betrachtet werden.

Aber zwischen Lascaux und den bemalten Höhlen im Tal der Vezere (Departement Dordogne) und dem Auftauchen der Kelten liegt noch eine besonders interessante Zeitspanne mit ausgeprägter Kultur, Religion und beeindrukkender Architektur – die sogenannte Megalith- oder Großsteinkultur, besser »atlantische Westkultur« genannt. Hier in der Bretagne besaß sie küstennah und am Ufer der Flüsse, selten tiefer im Inland, eines ihrer Zentren. Und das Erstaunliche daran ist, daß mit der atlantischen Westkultur sozusagen der Grundbaustein für die Pyramiden entsteht, tausend Jahre vor Malta, zweitausend Jahre vor Ägypten!

Wir haben von »keltischen« Pyramiden in der Bretagne gehört, von länglichen Stufenterrassen, die wie die der Mayas und Inkas aussehen sollen, wie Monte-Alban in Mexiko und andere dort oder – worauf mich ein Kenner der Materie hinwies – wie die ältesten ägyptischen Mastabas, die am Beginn des Stufenpyramidenbaus stehen, z. B. die große Mastaba Nr. 17 in Meidum *(s. Abb. 32 im Farbteil)*.

Als der Name Meidum (auch Medum) fiel, wurde ich sofort hellhörig. Meidum ist der Ort von äußerster Wichtigkeit für die Entwicklung des altägyptischen Pyramidenbaus. Hier haben Flinders Petrie (der auf die Runenzeichen an Gebrauchsgegenständen der frühen Dynastien hinwies) und Ludwig Borchardt lange erfolgreich gearbeitet, und auch der bereits mehrfach zitierte Kurt Mendelssohn maß Meidum eine zentrale Bedeutung zu. Meidum liegt etwa 50 Kilometer südlich von Sakkara. Neben zahlreichen Mastabas ragt hier eine eigenartige, leider bereits stark in Mitleidenschaft gezogene Pyramide empor. Sie ist quadratisch im Grundriß, ihr Kern erhebt sich wie ein klotziger Turm 40 Meter hoch aus den Geröllmassen. Die Seitenwände bilden zur Horizontalen einen Winkel von mehr als 70 Grad. Mendelssohn erklärt den beschädigten Zustand nicht wie Flinders Petrie, der das einer mutwilligen Zerstörung durch Steinräuber zuschrieb, sondern hält ihn für die Folge eines größeren Bauunglücks, ja einer Katastrophe, die zum lawinenartigen Einsturz der gesamten Außenverkleidung führte.

Die eingestürzte Pyramide von Meidum war der direkte Nachfolgebau von Imhoteps Stufenpyramide in Sakkara und der erste mißglückte Versuch, aus einer Stufenpyramide eine klassische, glatte Pyramide zu formen. Ludwig Borchardt stellte bei seinen Ausgrabungen drei deutlich voneinander unterscheidbare Bauphasen fest: Phase Eins stellte eine zunächst siebenstufige Pyramide dar. In Phase Zwei wurde daraus eine achtstufige gemacht, wobei gewisse Anbauten auf den älteren Kern gestülpt wurden. In Phase Drei sollten die Stufen unter einer glatten Außenhülle verborgen werden. Dabei kam es zum Unglück, und große Teile des Baus stürzten ein. Ein Ereignis, das schwerwiegenden Einfluß auf den weiteren Pyramidenbau in Ägypten nahm und zum Einsatz neuartiger Technologien führte. Mendelssohn schreibt: »Dann aber scheint an der Wende zwischen der Dritten und Vierten Dynastie ein grundlegender Wandel stattgefunden zu haben – ein Wandel hinsichtlich des Pharao. Den Beweis dafür lieferte der vom Gewohnten abweichende Entwurf der Pyramide von Meidum. Schon bevor man den Entschluß gefaßt hatte, die ursprüngliche Stufenpyramide in das rein pyramidenförmige Symbol des Sonnengottes Re umzuwandeln, gab es bedeutende Änderungen des Gesamtentwurfs gegenüber dem früheren Schema. Jetzt lag die Grabkammer nicht mehr tief unten am Grund eines Schachts, sondern es gab von Anfang an einen Gang, dessen äußere Mündung in der Nordfassade lag und der in etwa auf den Himmelsnordpol ausgerichtet ist (...). Die Monarchie Alt-Ägyptens erhielt jetzt eine ganz neue Bedeutung unter der Führerschaft der Sonnenpriester von Heliopolis. Nach und nach verband man den Pharao immer enger mit Re. Nach seinem Tode, so glaubte man, begleitete er den Sonnengott auf dessen täglichen Reisen über den Himmel (...).«

Ein bedeutender Platz also, dieses Meidum. Aber wesentlich mehr als die Pyramide dort interessierte mich, wie gesagt, die große Mastaba Nr. 17. Sie besaß nie einen Zugangstunnel, denn sie wurde über einer versiegelten Grabkammer erbaut. Daß man heute überhaupt hineingelangt, liegt an einem Stollen, den Grabräuber anlegten, um die Sargkammer und den Granitsarkophag auszuplündern.

Man mag darüber denken, wie man will, und die Fachleute streiten sich in der Tat darüber, ob die viel älteren Mastabas nun schon Pyramiden seien oder nicht – wenn man die Mastaba Nr. 17 genau betrachtet, so sieht man einfach eine große Stufenpyramide oder zumindest einen Bau, der dazu als Vorlage gedient haben mag. Und diese Anlage sollte in Barnenez in der Bretagne eine Parallele besitzen?

Wir fahren von Morlaix (Departement Finisterre) nach Norden in Richtung eines kleinen Dorfes namens Plouezoch am östlichen Ufer der Bucht. Die Straße auf der Halbinsel von Kernelehen ist schmal und verengt sich nach dem malerischen Fischerdorf Barnenez noch mehr. Wir fahren am Strand entlang, vorbei an schmucken kleinen Bruchsteinhäusern, sehen das Meer und plötzlich oben auf dem Hügel, hinter den letzten Häusern den »Cairn« von Barnenez. Cairn ist die bretonische Bezeichnung für den aus Steinen gebauten Hügel eines Megalithgrabes. Aber ist Barnenez wirklich bloß eine Grabanlage?

Schon der erste Eindruck ist der einer langgestreckten Stufenpyramide. Passiert man die Umzäunung, an deren Eingang sich ein kleines Museum befindet, und schreitet man die ganze 77 Meter lange, 17 Meter breite und ca. 10 Meter hohe Anlage ab, so verstärkt sich dieser Eindruck. Ich kann André Malraux, den französischen Archäologen, Schriftsteller und Kultusminister, verstehen, der bei der Besichtigung des soeben freigelegten Bauwerks enthusiastisch der versammelten Menge entgegenrief: »Hier ist euer Parthenon!« Jean-Pierre Mohen, ein führender Experte in Sachen Megalithkultur, schreibt (in seinem Buch *Megalithkultur in Europa. Geheimnis der frühen Zivilisationen;* eine Pflichtlektüre für jeden Interessierten!): »Barnenez ist wirklich in mehr als einer Hinsicht ein Wunder, und zwar dank seiner Lage gegenüber dem Meer, durch seinen gewaltigen Umfang und die Großzügigkeit seiner Konstruktion, durch sein hohes Alter und seine magische Ausstrahlung. Dieses Monument gehört zu den ersten großen Bauwerken Westfrankreichs. Mit ihm stellt sich die Frage nach den Ursprüngen.« Das tut es in der Tat, aber nicht nur das!

Bei näherer Untersuchung stellt sich heraus, daß es sich eigentlich um zwei Pyramiden handelt, die geschickt aneinandergefügt wurden. Die erste wurde, so weiß man heute durch abgesicherte Messungen, bereits um 4700 v. Chr. erbaut, die zweite gut vierhundert Jahre später. Beide Bauten, die nun einen ästhetisch ausgewogenen Gesamtkomplex ergeben, befinden sich in Ost-West-Ausrichtung mit einer leichten Verschiebung nach rechts. Der nördlichste Punkt der Anlage weist genau in Richtung Stonehenge, was ein Zufall sein kann oder vielleicht beabsichtigt ist.

Wir haben den Komplex mehrmals umkreist, aufgesucht, fotografiert und mit dem Kompaß vermessen, sind durch ihn hindurchgekrochen und haben in allen Winkeln gestöbert. Am eindrucksvollsten wirkt die Westseite der zweiten Pyramide auf mich. Ihre Konstruktion muß einige Mühe bereitet haben, denn um die ebene Linie zu halten, mußte das Bodenniveau auf 39 Metern Länge durch Erdaufschüttungen erhöht und angeglichen werden. Nun steht man davor, mit dem Rücken zum Meer, und kann über die Stufen der aufgehenden Sonne entgegensteigen *(s. Abb. 49 im Farbteil)*.

Der ältere Teil im Osten umfaßt in seinem Inneren fünf Kammern, deren einstige Funktion nicht eindeutig geklärt werden konnte. Wahrscheinlich dienten sie einigen wenigen Begräbnissen. Es wurden jedenfalls nur geringe Bruchstücke von Knochen gefunden. Wenn mehr davon dagewesen sein sollte, so hat sie die Säure des Bodens zersetzt. Dafür fanden sich aber andere Dinge, von denen noch später die Rede sein wird. Vier der Kammern sind annähernd rundlich, die Wände der ungefähr in Nord-Süd-Richtung verlaufenden Gänge bestehen aus Trockenmauerwerk. Die mittlere, fünfte Kammer besitzt einen rechteckigen Grundriß und megalithische Wände, ebenso der Gang, dessen Wände aus großen Steinquadern bestehen. Alle fünf Kammern sind durch überkragende Steine (falsche Kraggewölbe, sogenannte Bienenkorbkuppeln) überdacht, d.h. ihre Kuppel entsteht dadurch, daß man von allen Seiten her nach vorn auskragende Steine übereinanderschichtet, bis sie sich in der Mitte treffen und ein Schlußstein die Kuppel schließt.

Ich bin der Meinung, daß ursprünglich diese mittlere Kammer mit ihrem Gang von besonderer Bedeutung war, sie ist sorgfältiger als die anderen gebaut und wirkt insgesamt älter. Es fällt auf, daß sich alle Eingänge im Süden befinden und man zu den einzelnen Grabkammern nach Norden läuft. In die jüngere West-Pyramide führen sechs Gänge in Süd-Nord-Richtung mit einer leichten Biegung nach Westen hin. Auch hier sind die Wände und Kammern aus Trockenmauerwerk bzw. durch zusätzliche Steinplatten verstärkt. Der Eingang zur westlichsten Kammer wird von einer großen Platte verschlossen, die ein Türloch besitzt.

Wenn man die Typik von Dolmen kennt, so wird man in Barnenez vielleicht erstaunt ausrufen: Hier sind ja elf Dolmen in eine Pyramide eingebaut! Tatsächlich gehört zumindest eine der Kammern zum Dolmen des klassischen Typs, sie ist völlig aus megalithischen Steinplatten erbaut. Eine andere besitzt sogar eine Vorkammer mit einer Kuppel aus Trockensteinen, die auf Trägern ruht. Was den Besucher bei seinem Rundgang irritiert, ist der Umstand, daß die äußeren nordwestlichen Dolmenkammern offenliegen, was einen etwas verwirrenden Eindruck vermittelt. Das liegt zum einen daran, daß zu Anfang des 20. Jahrhunderts viel von der Anlage zerstört wurde, als man billiges Baumaterial brauchte und die Steine einfach vom Hügel holte. Zum anderen wurde dieser Teil von den Archäologen auch bewußt freigelassen, damit man die innere Konstruktion der Dolmen besser erkennen kann. So kommt es zu der historisch und architektonisch falschen Vorstellung, wenn ortsansässige Führer einen nun quer von Nord nach Süd in gebückter Haltung durch den Monumentalbau führen.

Von den Fundstücken im Innern sind vor allem die Scherben einer Vase, die zur rundbödigen Keramikart des 5. Jahrtausends v. Chr. gehört, zu nennen sowie die Felsbilder an den großen Steinplatten der Kammern. Sie stellen Äxte, Pfeilbögen und eine sogenannte »Schildfigur« *(Idole-ecusson)* dar, die die große Urmutter verkörpern soll. Solche Schildfiguren finden sich überall in den Pyramidenan-

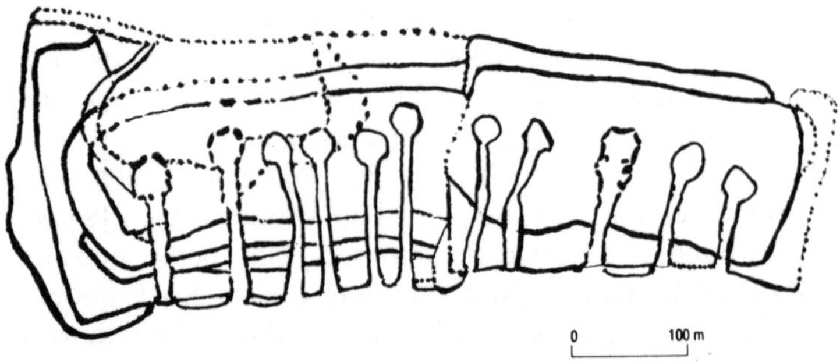

Abb. 49: Grundriß von Barnenez

lagen, Dolmen und Ganggräbern der megalithischen Epoche in der Bretagne, manche von ihnen sogar in einer so naturalistischen Form, daß man glaubt, der großen Göttin direkt ins Antlitz zu blicken. Die Felsbilder wurden mit scharfen Steinen geritzt oder eingeklopft (gepunzt). Mit dieser Technik und den dargestellten Formen werde ich mich in einem der folgenden Kapitel noch ausführlicher beschäftigen. Eine der Gravuren in der Pyramide von Barnenez stammt nicht von dort, sondern von einem anderen Bauwerk aus der Nähe; die Steinplatte wurde dort weggeholt und für den Bau von Barnenez wiederverwendet.

Auf dem Vorplatz einer Dolmenkammer fand man größere Mengen von Topfscherben, was darauf schließen läßt, daß hier Keramikgegenstände aus kultischen Gründen absichtlich zerschlagen wurden. Bei den Gräbern liegt nachweisbar Mehrfachnutzung vor, d. h. sie wurden zu späterer Zeit geöffnet, ausgeräumt und für neue Begräbnisse verwendet. Darauf weisen Bruchstücke einer Trägervase aus der Chassey-Kultur (4. Jahrtausend v. Chr.) sowie Scherben einer glockenförmigen Vase, die noch jüngeren Datums ist, hin. Es wurden sogar noch Spuren der älteren Bronzezeit, der Eisenzeit und des Mittelalters gefunden, was auf eine außerordentlich lange Nutzungsdauer schließen läßt.

Die beiden Pyramiden von Barnenez müssen einst stolze, weithin die Landschaft beherrschende Bauwerke gewesen sein. Man muß sich dabei die Umgebung ganz anders als heute vorstellen. Der Hügel überragte einst eine weite, hügelige Tiefebene, die noch nicht vom Meer überflutet war. Als der Meeresspiegel stieg, brachen Wassermassen herein und formten den Küstenverlauf neu. Das beste Beispiel dafür stellt der Golf du Morbihan dar, in dem einige bedeutende megalithische Denkmäler liegen: Man sieht Teile von ihnen bei Ebbe auftauchen.

Der französische Archäologe und langjährige Direktor für prähistorische Altertümer der Bretagne, Prof. Dr. Giot, grub die Pyramiden von Barnenez 1955 und 1968 aus einem überwucherten Schuttberg aus. Es war eine Notgrabung, denn man hatte in der Vergangenheit bereits argen Raubbau an der Anlage betrieben. Eine weitere Pyramide nördlich der Anlage wurde durch den Straßenbau völlig zerstört.

Als ich das Gelände im weiteren Umkreis inspizierte, entdeckte ich noch viele andere Erhebungen im Boden, die aber völlig vom Gestrüpp überwuchert waren. Ich nehme an, daß sich die Pyramiden von Barnenez in einem großen, gebäudereichen Kultkomplex befanden. Wer weiß, was alles noch dort unter den Hügeln verborgen ruht! Niemand hat bisher weitergegraben. Soweit ich erfahren konnte, stehen dafür momentan auch keine finanziellen Mittel zur Verfügung.

Noch einige Details zum Baumaterial selbst und seiner Verwendung: Für die Pyramiden von Barnenez wurde vor allem Dolerit und Granitgestein verwendet. Der Dolerit stammt aus einer Entfernung von 250 bis 500 Metern, der Granitsteinbruch liegt etwa zwei Kilometer von der Baustelle entfernt. Der ursprüngliche Kern der Ost-Pyramide besitzt ein Volumen von 2000 Kubikmetern. Berücksichtigt man die Hohlräume, so wurden etwa 3000 Tonnen Dolerit und 1000 Tonnen Granit verarbeitet.

Pierre-Roland Giot bemerkt dazu:

> Wenn man davon ausgeht, daß der Primär-Cairn *(bretonische Bezeichnung für Steinhügel)* ohne eine längere Unterbrechung der Arbeiten errichtet wurde, was zweifelhaft ist, und wenn man die für den Transport der Überlieger *(gemeint sind die großen Decksteine für die Gänge)* zusätzlich benötigte Zeit außer acht läßt, kann man die gesamte Arbeitszeit bei einem 10-Stunden-Tag auf 15 000 bis 20 000 Tage schätzen; dies entspricht 150 000 bis 200 000 Arbeitsstunden. 200 Arbeiter konnten die Aufgabe vermutlich in drei Monaten bewältigen, 300, wenn man unerwartet auftretende Schwierigkeiten mitberücksichtigt.
>
> Einige hundert Menschen, und so groß waren die Gemeinschaften damals vermutlich, konnten ein solches Projekt also durchaus verwirklichen. Die hier gemachten Schätzungen werden durch eine Reihe von Untersuchungen, die an anderen Stellen der Erde mit vergleichbaren technischen Mitteln durchgeführt wurden, bestätigt.
>
> Das Gesamtvolumen der verschiedenen Abschnitte des Denkmals beträgt etwa das Dreifache des Volumens des ursprünglichen Kerns, wenn nicht sogar mehr, d. h. 6500 bis 7000 Kubikmeter, was unter der Berücksichtigung der Hohlräume einem Gesamtgewicht von 12 000 bis 14 000 Tonnen entspricht. Wir können heute noch nicht mit Sicherheit sagen, ob sich die Errichtung des Cairns über ein oder vielleicht sogar über fünf Jahrhunderte hingezogen hat. Die Bauzeit dürfte sich jedoch etwa in dieser Größenordnung bewegen – auch für den Bau einer Kathedrale benötigte man oft mehrere Jahrhunderte.

Es fällt auf, mit welcher Hochachtung der Archäologe über das Bauwerk spricht, auch wenn er, vorsichtig wie er nun einmal ist, die Bezeichnung »Pyramide« vermeidet und statt dessen das unverfänglichere Wort »Cairn« benutzt. So ist nun einmal der Status quo: In der offiziellen Archäologie werden die Pyramiden in Frankreich immer noch als Tabu behandelt, man umschreibt sie lieber mit »pyramidoid«, »pyramidenförmig« usw., denn eigentlich dürfte es in Europa ja gar keine Pyramiden geben. Giots Vergleich mit einer Kathedrale trifft aber den Nagel auf den Kopf. Barnenez war nicht bloß eine Ansammlung von irgendwelchen

Dolmen, die man zufällig oder aus einem nicht bekannten Grund zum Monumentalbau verband, keine überdachte Grabanlage, sondern weitaus mehr, nämlich Tempel und Kultzentrum der megalithischen, vorkeltischen Urbevölkerung vor fast 7000 Jahren.

Als es noch keine Tempel auf Malta gab, als die nomadisierenden Jäger und Sammler am Nil noch in primitiven Schilfhütten lebten und nicht einmal im Traum an Pyramiden dachten, blühte hier in der Bretagne (und den nahen Küsten Englands, Irlands und Portugals) eine Hochkultur, die offensichtlich eine Religion mit ausgeprägten Jenseitsvorstellungen besaß, die Sonne als höchstes Wesen verehrte und architektonische Großleistungen hervorbrachte, die anderen Völkern später, selbst den Ägyptern als Vorbild dienten. Dabei kann Barnenez nicht einmal als seltene Ausnahme, sondern muß eher als typisches Beispiel bezeichnet werden. Es existieren nämlich in der Bretagne noch weitere Pyramiden und viele andere eigenartige Großbauten mit einem Alter zwischen 6000 und 7000 Jahren.

Rätselhafte Bauten in der Bretagne

Barnenez ist nicht der einzige Ort in der Bretagne, der Pyramiden, gestufte Tempelanlagen und Mausoleen gewaltigen Ausmaßes aufweist. Auf der Insel Carn bei Ploudalmezeau (Departement Finisterre) ragt ein – gemeinhin als Grabhügel bezeichneter – Tumulus auf, der heute eine halbkugelige Form besitzt. Nähere Untersuchungen ergaben, daß die Anlage ursprünglich eine längliche Dimension besaß mit geradliniger Fassade und wohlkonstruierter, stufenförmiger Überdachung. Es sieht aus, als wäre der einstige Tempel erst nachträglich zum Begräbnisplatz umfunktioniert worden. Jedenfalls sind erst in späterer Zeit durch Trockenmauern gestützte Grabkammern mit ausgemauerten Zugängen hinzugefügt worden. In der mittleren Kammer fand man rundbödige, verzierte Vasen, zerhauene Kieselsteine und Schieferperlen. Die Radiocarbon-C 14-Messungen ergaben eine Datierung auf 4160 v. Chr. – allerdings dürfte der ursprüngliche Teil der Anlage wesentlich älter sein.

Auf der Insel Guennoc (ebenfalls Departement Finisterre) ragen gleich drei gewaltige Hügel auf, die etwa zeitgleich zu den Pyramiden von Barnenez erbaut wurden (4720 v. Chr.). Auch hier läßt sich in den älteren Bauabschnitten ein völlig anderes Grundkonzept ablesen. Die Begräbnisplätze müssen ursprünglich Monumente zu ganz anderen Zwecken gewesen sein, d. h. es muß bei dem Bau eine völlig andere Idee zugrunde gelegen haben. Die Basis der Anlagen ist nämlich rechteckig und wurde erst viel später durch einen Cairn (Steinhügel) ergänzt. In den pyramidenförmigen Bauten befinden sich Kammern, die durch ausgemauerte Gänge von Südwesten bzw. Nordosten zugänglich sind. Diese Kammern waren bei ihrer Entdeckung unversehrt und verschlossen und zeigen keinerlei Spuren von Begräbnissen. Statt dessen stieß man auf eine uralte Stele mit menschlichem Profil, die nach Aussage der Wissenschaftler einmal möglicherweise bemalt war.

Die Monumentalbauten von Guennoc waren also pyramidenförmige Tempel, ihre kultische Ausrichtung ist unübersehbar. Hier wie bei vielen anderen Großsteingräbern der Bretagne wurden die Grabanlagen erst später hinzugefügt und durch eine runde Steinummantelung zu einem Cairn ergänzt. Es scheint so, als habe ein früher Kult, der offenbar die Anbetung der Sonne zum Gegenstand hatte, nach und nach aufgehört zu existieren, um von anderen Ideen überlagert zu werden, die viel intensiver als bisher von Totenkult und Jenseitsglauben handelten. Überall stößt man auf dieses Prinzip und auf die Spuren gewaltiger Anstrengungen, die dafür notwendig waren, um aus Tempelpyramiden runde Grabanlagen zu machen. Der Grund für diesen Funktionswandel ist nicht bekannt, die Angelegenheit noch viel zu wenig untersucht, um darüber fundierte Angaben zu machen. Das ist wohl auch der Grund, warum die beteiligten Wissenschaftler den Tatbestand, daß es an vielen Orten der Bretagne Pyramiden ohne erkennbare Begräbnisfunktion gab, stillschweigend übergehen (oder nur in Nebensätzen erwähnen) und ihre Betrachtungen statt dessen ausgiebig den späteren Cairn-Umbauten widmen. Der Laie bekommt allerorten Grabanlagen vorgeführt, die nach dem Gutdünken der jeweiligen Ausgräber zum Cairn umgestaltet wurden. Man kann diese Vorgehensweise verstehen, sie entspricht aber nicht den historischen Tatsachen und verschweigt die allen diesen Bauten zugrundeliegende rechteckige Stufenpyramidenform.

Ich habe das vorhandene Material an Ausgrabungsunterlagen gründlich studiert und konnte dabei feststellen, daß einigen Archäologen bei ihrer Tätigkeit zumindest ernsthafte Zweifel gekommen sind. So wird z. B. öfter einmal darauf hingewiesen, daß ursprünglich der Architektur eine völlig andere Glaubensauffassung zugrundelag, die sich viel stärker als die Begräbnis-Cairns nach Himmelsrichtungen und vor allem nach dem Auf- und Untergang der Sonne orientierte. Der berühmte Archäologe Jean-Pierre Mohen sagt dazu: »Spiegelt ein solches Zusammentreffen die Assimilierung einer Kultur durch eine andere, eine Akkumulation zweier Kulturen oder die gleichzeitige Präsenz zweier verschiedener Kulturen wider?«

In der Nähe von La Hoguette liegt der 43 Meter lange Tumulus »La Hogue«. Elf Kammern waren bereits bei den Ausgrabungen des Jahres 1829 gefunden worden. Eine neue Grabung stieß erst kürzlich auf eine zwölfte, bisher übersehene und völlig unberührte Kammer und auf ein neues Rätsel: In ihr lagen die Gebeine von sechs Menschen bestattet. Ihnen fehlte der Schädel. Er war ihnen sorgfältig vom Rumpf abgetrennt worden. Was hat diese eigenwillige Art der Bestattung zu bedeuten? Welche religiöse Vorstellung liegt ihr zugrunde?

Auch die Anlage von Colombiers-sur-Seulles (Departement Calvados) zeigt sich als trapezförmiger Bau von etwa 65 Metern Länge ohne reine Begräbnisfunktion. Die beiden runden Ganggräber im Mittelteil und im Westen sind später hinzugefügt worden.

Im französischen Mittelwesten bei Bougon wurde eine ausgedehnte Nekropole mit reichen Grabbeigaben aus dem Jahre 4720 v. Chr. gefunden. Hier befanden sich neben Skelettresten diverse Pfeilspitzen, Nadeln, durchbohrte Zähne, Vasen, Perlen und Steinklingen. Es handelt sich also einwandfrei um einen Begräbnisplatz aus der Zeit der Pyramiden von Barnenez. Und dennoch sind auch hier Zweifel angebracht, ob diese Anlage ursprünglich tatsächlich nur diesem einzigen Zweck gedient haben soll. Im Zentrum des Gräberfeldes stehen nämlich zwei eigenartig geformte Stufenbauten monumentalen Ausmaßes, die keine Gräber beinhalten. Jean-Pierre Mohen zumindest kamen diese Stufenpyramiden merkwürdig vor; er schreibt über sie: »Diese beiden Monumente von Bougon werfen die Frage nach der Funktion einiger Gigantenhügel auf, bei denen die Bestattungshinweise reduziert sind. Es scheint in der Tat so, daß diese imposanten Hügel, deren innere Struktur bescheiden, wenig bekannt und manchmal komplex ist, gewaltige Geröllmassen sind, die eher Prestigecharakter als eine direkte Bestattungsfunktion hatten.«

Was mir zudem noch auffiel, ist die Tatsache, daß eine ganze Reihe von bretonischen Dolmen den gleichen Grundriß und Aufbau wie die älteren Tempel von Malta besitzen, die allerdings später erbaut wurden und gleichfalls keineswegs für Bestattungen dienten – ein Umstand, auf den nirgendwo in der Fachliteratur hingewiesen wird. Die möglichen Zusammenhänge der Großsteinbaukunst der Bretagne und der Maltas wurden bisher nicht untersucht, ja nicht einmal in Erwägung gezogen, obgleich die Parallelen doch unübersehbar sind. Man braucht sich nur den Dolmen von Mane-Groh in der Nähe von Carnac (Departement Morbihan) anzusehen, der mit seinen vier Seitenabsiden in gerundeter Form wie der exakte Grundriß eines maltesischen Tempels aussieht.

Ferner fiel mir bei der Untersuchung der beiden aneinandergebauten Pyramiden von Barnenez eine weitere Besonderheit auf: der erhebliche Aufwand nämlich, der betrieben wurde, um die beiden zeitlich um mehrere hundert Jahre auseinanderliegenden Gebäude architektonisch und ästhetisch zu einem Komplex zusammenzufügen. Wie ich bereits erwähnte, waren ja, um die jüngere West-Pyramide überhaupt errichten zu können, gewaltige Erdaufschüttungen erforderlich gewesen. Genau diese Verdoppelung finden wir bei den Pyramiden der Kanarischen Inseln wieder, wo ebenfalls – etwa bei den Stufenpyramiden des »Heiligen Tales« von Güimar, Teneriffa – mit gewaltiger Bauleistung das Bodenniveau vor dem Anbau einer zweiten, jüngeren Pyramide erst angeglichen werden mußte.

Überhaupt die Idee der Verdoppelung! Bei der Guanchenkultur der Kanaren scheint sie Prinzip gewesen zu sein. Von den vielen Beispielen dort möchte ich nur den Großtumulus La Guanche im Nordwesten Gran Canarias anführen. Er weist als verdoppeltes Zentrum cine zweifache Nabe im radförmigen Kreis auf. Doppelheiligtümer, zweifache Steinkreise und zwei Felsbildstationen an heiligen Quellen nebeneinander (z. B. Zarza und Zarzita auf La Palma) findet man oft. Merkwürdigerweise stieß ich in England auf die gleiche kultische und architektonische Grundidee, z. B. bei den doppelten Menhir-Steinkreisen von Avebury. Aber auch in der Bretagne wird dieses Prinzip an mehr als nur einer Stelle sichtbar. Der doppelte Steinkreis der Insel En-Lannic auf der kleinen, halb überfluteten Insel im Golf von Morbihan, genau gegenüber der Tempelanlage von Gavrinis (über die noch ausführlich gesprochen werden wird), weist genau diesen Grundgedanken der Verdoppelung auf!

Bei der Doppel-Pyramide von Barnenez stand ursprünglich ein völlig identischer Stufenbau parallel zur Anlage. Er wurde, wie schon erwähnt, abgerissen und völlig zerstört, bevor man ihn untersuchen konnte.

Des weiteren stimmt nachdenklich, daß vielfach auch in den angeblichen Tumuli, Cairns und Grabanlagen Englands, Schottlands und Irlands – wie in der Bretagne – überhaupt keine oder eine nur sehr geringe Bestattungsfunktion vorliegt.

Die vier größten Stufenpyramidenanlagen Frankreichs – in Falicon bei Nizza, Couhard bei Autun, St. Michel bei Carnac und die Doppelpyramide von Barnenez – ähneln sich stark.

Über den großen Tumulus von St. Michel, der zentral über der Kultzone von Carnac mit ihren aus tausend, ja vielleicht zehntausend oder mehr Menhiren bestehenden Steinreihen und den Nekropolen und Kultbauten dort thront, soll im nächsten Kapitel detaillierter berichtet werden.

Mir liegt keineswegs daran, die gesamte Archäologie der Bretagne (und darüber hinaus) auf den Kopf zu stellen und alle Grabhügel, Cairns und Dolmen zu Pyramiden umzudeuten. Dies wäre völlig falsch, denn dort gab es wirklich eine ausgeprägte Architektur, die ausschließlich auf den Totenkult ausgerichtet war. Meine Intension ist vielmehr, gerade auf die viel zu wenig beachtete, aber doch auffallende Nutzungsänderung bei einigen Anlagen hinzuweisen. An manchen Stellen (z. B. Gavrinis) wird offenkundig, daß es sich zunächst und zuallererst um Pyramiden oder pyramidenähnliche Sakralbauten handelt, an denen sich heute noch klare Elemente einer Tempelfunktion erkennen lassen. Inhalte und Formen der Religion, die die Stufenpyramiden brauchte – Kult- bzw. Initiationsräume im Inneren solcher Anlagen usw. – änderten sich oder wurden gewaltsam verdrängt, so daß die Anhänger der alten Sonnenreligion ihre Heiligtümer architektonisch verbergen oder sogar absichtlich verstecken mußten. Aus diesem Grund wurden die allerheiligsten Räume mit ihren reichen Gravuren, Malereien, Stelen und sonstigen Kunstschätzen von kultischer Bedeutung zugemauert, ja die Pyramiden selbst mit Steinen und Erdaufschüttungen abgedeckt.

Was war geschehen? Was mag der Grund für diese systematischen Tarnaktionen sein? Drangen andere Völker in das Gebiet ein? War die Sonnenreligion nur eine vorübergehende Erscheinung, die nach und nach zurückgedrängt wurde? Waren die Pyramidenbauer an der bretonischen Küste Frankreichs vielleicht sogar fremde Kulturbringer, deren Ideen und Religion von der einheimischen Urbevölkerung im 4. Jahrtausend v. Chr. allmählich wieder abgeschüttelt wurden? Verließen die seefahrenden Sonnenanbeter der atlantischen Westkultur ihre Kolonien an der Küste wieder, um nach neuen Ufern Ausschau zu halten und ins Mittelmeer bis nach Malta und später nach Ägypten zu segeln, wo sie mit der »Gefolgschaft des Horus« gut zweitausend Jahre später endlich Dynastien, ein Reich und bleibende Monumentalbauten errichten konnten?

Fragen über Fragen, denen wir nur mit Spekulationen entgegnen können. Aber solche Hypothesen und Theorien waren es ja stets, die wissenschaftliche Erkenntnis wieder ein Stück weiter vorantrieben.

Carnac – ein Zentrum des Sonnenkultes

Carnac – dieser Ort nahe des Golfs du Morbihan mit der größten Anhäufung prähistorischer Monumente der Welt hat von jeher die Phantasie der Menschen beflügelt. Denken wir nur an die seltsamen Steinreihen dort, die teilweise aus riesigen Menhiren bestehen und sich, mit erstaunlicher Präzision parallel zueinander ausgerichtet, viele Kilometer durch die Heidelandschaft ziehen: 10 000 solcher Menhire gab es hier einst, noch über 3000 stehen an ihrem ursprünglichen Platz *(s. Abb. 54 im Farbteil)*. Auf den Sonnenstand ausgerichtete Zeremonien ansonsten unbekannter Art fanden hier statt (wie auch – aber nicht annähernd so groß und raumumfassend – in England und an anderen Orten der atlantischen Westkultur). Riesige Nekropolen liegen im Umkreis von Carnac, Hunderte von Dolmen, Ganggräbern, Tumuli, gewaltige Menhire erheben sich einzeln wie Obeliske aus der Landschaft – der größte von ihnen (bei Locmariaquer) war, bevor er wahrscheinlich von christlichen Eiferern gewaltsam umgestürzt wurde und dabei zerbrach, über 20 Meter hoch und wog etwa 350 Tonnen. Alle Riesenbauten sind mit Bild- und Schriftzeichen übersät, die sonst nur noch in England, Irland, Nordspanien und auf den Kanarischen Inseln vorkommen.

Carnac, das in der bretonischen Sprache *Karnak* geschrieben wird (seltsamerweise genauso wie die vergleichbare Tempelzone in Ägypten) – dieses Carnac dürfte das bedeutendste Zentrum der atlantischen Westkultur gewesen sein, und es mutet beinahe grotesk an, daß wir trotz seiner überwältigenden Präsenz so wenig darüber wissen. Ganze Gelehrtengenerationen haben hier geforscht, gegraben und über die Detailergebnisse Hunderte von Fachbüchern geschrieben, ohne den Schleier, der über dem Geheimnis Carnac liegt, lüften zu können.

Die Stadt Carnac selbst, heute ein quirliger, überfüllter Touristenort, liegt am Fuße des größten Grabhügels Europas, des Tumulus St. Michel. 217 Meter lang ist er, 59 Meter breit und erstaunlicherweise – wie Jean-Pierre Mohen zugesteht – »noch wenig erforscht«. Dieser künstliche, langgezogene Berg von über 10 Metern Höhe ist selbstverständlich kein gewöhnlicher Grabhügel, sondern eine wohlgeformte und sorgsam konstruierte Stufenpyramide! Wenn man das dichte Gestrüpp, das auf den Abhängen wächst, beiseite schiebt, sieht man noch deutlich die Steinstufen der ursprünglichen Pyramide. Die obere, planmäßig geglättete Plattform von 75 Metern Länge verläuft exakt in

Ost-West-Richtung. Auf ihr steht heute am östlichen Rand, genau dort, wo sich einst der Tempel der Sonnenanbeter befunden haben muß, eine kleine, dem heiligen Michael geweihte Kapelle. Sie wurde 1664 erbaut und dient nur einer einzigen Messe im Jahr, die jeweils am 1. September zelebriert wird.

Der innere Aufbau der Pyramide besteht aus einem länglichen ovalen Steinkern (»Galgal« genannt), über dem eine dicke Tonschicht aufgeschüttet wurde. Diese wiederum überdeckt eine Ummantelung aus Steinen. Die Stufen sind heute größtenteils unter Geröll und einer Humusschicht begraben und dadurch kaum noch zu erkennen. Das Fundament der gesamten Anlage liegt auf einer natürlichen Granitkuppe, die vor Baubeginn sorgfältig eingeebnet und mit zusätzlicher Erdaufschüttung nivelliert wurde.

Da sich im Zentrum eine trapezförmige Grabkammer befindet, die hermetisch abgeschlossen war und zu der auch von außen her kein Gang führte, sah sich der französische Archäologe Le Rouzic veranlaßt, von einem Fürstengrab bzw. einer »Totenresidenz« zu sprechen, die durch ihren abweisenden Aufbau die ewige Ruhe des bestatteten Würdenträgers (Königs?) garantieren sollte. Als Erbauungsdatum wird das Ende des 5. Jahrtausends v. Chr. angesetzt, was etwa zeitgleich zu den Pyramiden von Barnenez wäre.

Sehen wir uns das Innere dieses Fürstenhügels einmal etwas näher an. Die Führung durch den muffigen, mit Steinen ausgemauerten Stollen, den man zu Ausgrabungszwecken von Osten her in den Hügel trieb, ist etwas verwirrend und wenig ergiebig, da an Ort und Stelle kaum noch etwas zu sehen ist. In geducktem Gang hastete ich der leiernden Stimme eines gelangweilten Mädchens nach, das seinen Text auswendig hersagte und die Besucher im Schweinsgalopp durch den Hügel trieb.

Was wurde damals, als man von oben einen Schacht in das Zentrum grub und so auf das Fürstengrab stieß, aufgefunden? Die Kammer war aus großen Steinplatten in megalithischer Bauweise errichtet, der Boden mit flachen Steinen belegt. Man fand dort Reste verbrannter Knochen und wertvolle Beigaben: 39 Steinbeile, teilweise aus Jadeit und Callaisperlen, eine weitere Kette aus Elfenbein sowie zehn Anhänger mit Perlen. Um das Hauptgrab gruppierten sich 13 Steinkisten mit Resten verbrannter und unverbrannter Tierknochen sowie eine kleinere Grabkammer. Das besondere daran ist, daß alle Grabstätten mit einer kreisrunden Mauer eingefaßt waren, deren Decke eine Bienenkorbkuppel bildete.

Östlich des Fürstengrabes wurde bei den Ausgrabungsarbeiten eher zufällig eine Nachbestattung aus der Hallstattzeit aufgespürt. Auch sie war hermetisch abgeschlossen: Acht Tragsteine stützen große Deckenplatten, der Boden war mit feinen Kieselsteinen sorgfältig gepflastert. Darauf lagen außer Resten einer Brandbestattung zwei Tongefäße, eine kleine Glocke aus Bronze sowie Feuersteinabschläge.

All dies weist in der Tat auf den Begräbnisplatz eines Königs des Megalithzeitalters aus der atlantischen Westkultur hin. Nun könnte man mit dieser Feststellung und der Tatsache, daß es sich bei dem imposanten Bau um den größten Grabhügel Europas handelt, durchaus zufrieden sein, wenn, ja wenn da nicht die für Sonnenpyramiden so typischen Konstruktionsmerkmale wären: Längsachsenausrichtung West-Ost, sorgsam durch zusätzliche Aufschüttung nivellierte Basis, stabiler Kernaufbau mit stufenförmig terrassierten Seitenwänden und die Anlage des Hauptheiligtums (Sonnenaltar?) am östlichen Ende der obersten Plattform. Dem aufmerksamen Beobachter entgeht auch nicht, daß sich in Nähe der heutigen Kapelle besonders steile und sorgsam abgestützte Terrassenstufen befinden.

Daß es sich nicht bloß um ein Hügelgrab, sondern um ein Kultbauwerk von besonderer Bedeutung gehandelt haben muß, wird auch noch aus einem anderen Zusammenhang deutlich: Der heilige Michael ist (wie Georg) die christliche

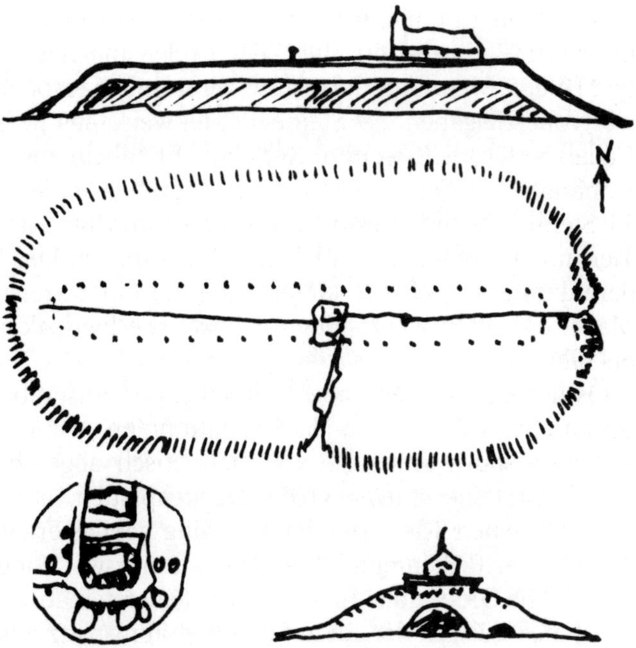

Abb. 50: Carnac. St.-Michel (nach Rouzic)

Symbolfigur des Drachentöters. Alle St. Michaels, Michels, Miguels usw. der christlichen Welt verkörpern den Sieg ihrer Religion über das Heidentum. Der Drachen stellt dabei die alte, gefährlich kraftvolle und archaische Gewalt der Vorzeit dar, ihre Erd- und Naturverbundenheit, über die nun der neue »vergeistigte« Glaube triumphiert. Keine Kapelle steht deshalb ohne Grund auf einem Heiligtum der Vorzeit, schon gar nicht die von St. Michel. Übrigens ist es in Carnac Brauch, daß die Fischerfrauen mit Besen den Boden der Kapelle fegen und den Staub in die Richtung schütten, aus der sie günstige Winde für ihre Männer erhoffen. Sie handeln bewußt oder unbewußt so wie die um Regen und Fruchtbarkeit tanzenden Hexen des Altertums.

Die Stufenpyramide St. Michel ist das Bedeutungszentrum der megalithischen Kultbauten um Carnac, um das sich weitere Mounds, pyramidenförmig terrassierte Tempelhügel, gruppieren. Von hier aus überblickt man weithin den Plan der Kultzone, die endlosen Menhir-Alleen *(Alignements)* von Menec, Kermario und Kerlescan, die Kulttempel von Kercado, Moustoir und Crucuny und die nicht mehr zu zählenden Einzel-Menhire, Dolmen und Grabhügel des heiligen Areals von Carnac.

Von all den Bauten dort, die alle einen einzigartigen, unverwechselbaren Charakter aufweisen, haben mich besonders nachhaltig die Dolmen Mane-Lud (bretonisch *Mane Nelud,* »Hügel der Leichen«) und Table des Marchands (bretonisch *Dol-ar-Marc'hadouriens,* »Tisch der Kaufleute«) bei Locmariaquer beeindruckt. Ich halte sie beide für Tempelheiligtümer, deshalb sollen sie stellvertretend für all die anderen interessanten Bauten des Carnac-Gebietes beschrieben werden.

Der den Dolmen Mane-Lud mit einer dünnen Erdschicht umschließende Hügel ist 5,5 Meter hoch, 80 Meter lang und 50 Meter breit. Das heißt, die Anlage besteht fast ausschließlich aus aufgeschichteten Steinen, wobei die architektonische Gestaltung des Dolmeninneren sofort ins Auge springt. Dies ist keine gewöhnliche Grabkammer (obgleich hier eine verschlossene Steinkiste mit Leichenbrand gefunden wurde), sondern ein unterirdischer Tempel, der wohl nur für bestimmte Rituale (Totenkult?) aufgesucht wurde. Für diese Annahme sprechen einige Hinweise: zunächst die räumliche Situation mit ihrer ganz spezifischen Atmosphäre (Lichteinfall durch den Eingang!), dann die zahlreichen Gravuren in den Tragsteinen und Wandplatten. Bei genauer Beobachtung entdeckt man überall welche – geschärfte Beile, Schildidole, die die große Urmutter symbolisieren, schließlich schiffsförmige Zeichen.

Im Ostteil des Hügels fand der Archäologe R. Galles sieben kleine Menhire. Auf jedem von ihnen lag ein Pferdeschädel deponiert. Bei einer späteren Nachgrabung wurden kostbare Opfergaben gefunden: mehrere Goldbänder, Calais-Perlen und Scherben von Gefäßen megalithischer Keramik.

Ich bin mir nicht sicher, ob es sich bei den schiffsförmigen Zeichen wirklich um die Darstellung von echten Schiffen oder auch von Totenschiffen handelt. Falls ja, würde es sich um solche mit stark hochgebogenem Bugsteven und Heck handeln. Es könnten aber auch Abbildungen von Stierhörnern sein.

Insgesamt unterscheidet sich der Dolmen Mane-Lud deutlich von den anderen der Umgebung, die eindeutig Begräbnisplätze sind. Die Diskussion darüber, ob Dolmen nun in der Hauptsache Grabanlagen oder vielmehr tempelartige Kultbauten oder Observatorien zur Sonnen- und Himmelsbeobachtung waren, ist ja gerade erst heftig entbrannt. Wahrscheinlich dienten sie durchaus unterschiedlichen Zwecken, und manche von ihnen mehreren zugleich. Der Gedanke, daß einige Dolmen in der Hauptsache als unterirdische bzw. auch oberirdische Tempel benutzt wurden, ist meines Erachtens im Falle Mane-Lud stichhaltig zu beweisen.

Der andere sehr beeindruckende Dolmen, Table des Marchands, liegt in einer ausgedehnten Kultzone von besonderer Bedeutung. Zunächst gilt die Aufmerksamkeit dem in der Nähe liegenden, in vier Teile zerbrochenen Grand Menhir (auch »Feenstein« genannt), der mit 20,3 Metern Höhe und seinen ca. 350 Tonnen Gewicht der größte und schwerste Menhir der Welt sein dürfte. Der Granitstein wurde von der relativ weit entfernten Cote Sauvage auf der Halbinsel Quiberon gewonnen, mühevoll herangeschleppt und sorgsam im Boden verankert. Wahrscheinlich diente er als »Menhir indicateur«, als Peilstein zur Himmelsbeobachtung, und war zentrales Element eines steinzeitlichen Observatoriums. Auch als leuchtturmartiger Wegweiser für die Einfahrt in den Golf von Morbihan dürfte er genutzt worden sein. Es wurde darüber schon viel diskutiert.

C. Schuchardt hält ihn für einen Ahnensitz oder Seelenthron. P.-R. Giot glaubt, daß er zur Vorhersage von Mondfinsternissen benutzt wurde, da er in Sichtverbindung zu anderen als Visierkimme geeigneten Menhiren steht. W. Hülle hingegen weist darauf hin, daß die Einfahrt in die Fahrrinne des Golfes durch den starken Gezeitenwechsel zu Zeiten der megalithischen Seefahrt außerordentlich schwierig war und der Grand Menhir als Orientierungsmarke diente.

Ich hatte bereits erwähnt, daß der Meeresspiegel früher beträchtlich tiefer lag und der Golf von Morbihan (an dessen schmaler Einfahrt der Grand Menhir stand) überflutet wurde. Dennoch gab es dort schon immer einen schiffbaren Wasserweg; zwischen der Insel Gavrinis und der ihr gegenüberliegenden Insel Er Lannic (mit ihrem doppelten Steinkreis) befand sich ein Fluß (Auray), der nun die tiefe Strömung im Golf bildet. Die Strömung ist so stark, daß es heute außerordentlich schwer ist, mit einem Boot bei Er Lannic anzulegen. Dennoch war gerade diese Gegend nachweislich ein bedeutender Umschlagplatz für den Handel. Von daher besitzt W. Hülles Theorie einen hohen Wahrscheinlichkeitsgehalt.

Der Cairn des *Table des Marchands* ist restauriert worden, und ein weiterer in der Nähe wird fachmännisch rekonstruiert. Gleich beim Betreten des Dolmen-Ganges wird man gewahr, daß es sich hier ebenfalls um keine reine Begräbnisstätte handeln kann. Ich hatte eher den Eindruck, eine Kirche zu betreten, zudem eine, die mit ungewöhnlich bedeutungsvollen Wandbildern ausgeschmückt war. Vermutlich sind in diesem Tempel Initiationsriten abgehalten worden.

Der Blick wird sofort auf den großen Tragstein gelenkt, der zentral den Abschluß des Heiligtums bildet. Er ist spitzbogig und sehr sorgfältig zu einer Idolform (*marmite,*

»Kochkessel«) geformt. Auf der glatten, konvexen Oberfläche sind in geordneter Form Zeichen eingraviert: ringsum ein Strahlenkranz, in der Mitte eine senkrechte Bahn mit einer Strahlensonne, links und rechts davon befinden sich in vier Reihen übereinander 56 Krumm- oder Hakenstäbe, die für mich ganz eindeutig Kultbumerangs darstellen, wie sie in dieser Zeit als Herrschaftssymbole (Zepter) verwendet wurden. Solche Bumerangs fand man außer in bretonischen auch auf portugiesischen Dolmengravuren und im Original bei den frühen ägyptischen Dynastien sowie auf den Kanarischen Inseln. Unter dem unteren Rand des Bildsteins befand sich bei der Ausgrabung eine große Anzahl von Näpfchen-Bohrungen sowie schlangenförmige Zeichen.

Die gesamte Unterseite des gewaltigen Decksteins besteht aus einer weiteren sehr großen Bildplatte. Darauf erkennen wir ein geschäftetes Beil, das dem Besucher sozusagen über dem Kopf schwebt, und weitere Bumerangs. Die große alte Dame der Megalithforschung, Sibylle von Cles-Reden, betrachtet die Bumerangs und Krummstab-Idole als Abzeichen göttlicher und weltlicher Macht. Dieser Einschätzung ist nichts hinzuzufügen.

Wer dic arclitektonische und ikonographische Formensprache der megalithischen Symbolzeichen einigermaßen kennt, kommt nicht umhin, gerade im *Table des Marchands* einen Tempel mit allen Attributen der atlantischen Westkultur zu erblicken. Hier wurde die große Erdmutter in all ihren Erscheinungsweisen verehrt. Ein durch und durch »weiblicher« Tempel ganz in der Nähe eines wahrhaft »phallischen« Menhirs – wieder einmal der Dualismus, der für die Religion der Megalithleute so typisch ist. Die Tempelanlage insgesamt stellt meines Erachtens das notwendige irdische, ja unterirdische Gleichgewicht zu dem ansonsten im Gebiet von Carnac so dominanten Sonnenkult dar.

Mit den Pyramiden von Barnenez, deren Eingänge niemals verschlossen wurden (ein weiteres Argument, das gegen eine Begräbnisstätte spricht!), und der von St. Michel bei Carnac begannen wir die Untersuchung der Megalithkultur in Frankreich. Aber diese riesigen Stufenbauten stellen keine Ausnahme, sondern eher die Regel dar: In der Bretagne kennt man 50 Cairns, die nach dem gleichen Prinzip wie Barnenez gestaltet sind. Sie verteilen sich entlang der Küste wie Perlen auf einer Kette. Herausragend unter ihnen ist auch der Cairn von Dissigniac an der Mündung der Loire. Es handelt sich um eine Steinpyramide von 8 Metern Höhe und einem Durchmesser von 30 Metern, die stufenförmig erbaut wurde – vier auf der einen, fünf Stufen auf der anderen Seite. Die dabei verwendeten Granit- und Quarzsteinblöcke waren sorgfältig ausgewählt und bearbeitet. Im ursprünglichen Zustand muß der Bau sehr eindrucksvoll und architektonisch in seiner Form vollendet ausgesehen haben. Noch schöner und wohl auch bedeutender aber war der Tempel von Gavrinis im Golf von Morbihan.

Gavrinis – die bretonische Pyramide der Inschriften

Wir warten im kleinen Hafen von Larmor-Baden auf die Fähre, die uns nach Gavrinis bringen soll. Wir sehen die Insel im Golf von Morbihan liegen, die »Ziegeninsel«, wie die Bretonen sie nennen. Vom großen Tumulus ist von hier aus nichts zu sehen, die Insel wendet uns ihre dicht bewaldete Seite zu.

Ich bin gespannt: Der Tumulus soll eines der schönsten Grabmonumente der Erde bergen. Ich habe schon viel darüber gehört und gelesen, und ich erinnere mich an einen Tag in Hallein, als ich auf dem internationalen Kongreß der Felsbildforscher einen Dia-Vortrag über neue Felsbild-

Abb. 51: »Schildfiguren«, Idole und andere Felsbildzeichen der Bretagne

funde der Kanareninsel La Palma hielt. Damals kam Axel Huber, ein Mitglied des INSTITUTUM CANARIUM, nach dem Vortrag auf mich zu und erzählte mir von gewissen Quellenheiligtümern dort (vor allem Zarza und Zarzita), deren Felsgravuren eine starke Ähnlichkeit mit denen Gavrinis hätten. Er hatte das bretonische Grabmonument bei seinem Besuch gut ausgeleuchtet und die Tragsteine mit ihren feinen Gravuren systematisch fotografiert. Wir tauschten Dias aus, verglichen noch einmal und waren verblüfft: Die Übereinstimmungen zwischen Gavrinis und La Palma waren offensichtlich – die gleiche Formensprache, die gleiche Wellenornamentik, die gleichen konzentrisch gebogenen Kreise und Labyrinthdarstellungen. Wie war das möglich? Bestand ein kultureller Zusammenhang zwischen der Bretagne und den Kanarischen Inseln? Und wenn ja – in welcher Zeit und durch welche Menschen?

Die älteste C14-Datierung von Gavrinis ergab 3480 v. Chr. Für die Kanareninsel liegen bisher lediglich solche aus dem Zeitraum um 1000 v. Chr. vor, obwohl Wissenschaftler davon ausgehen, daß sie bereits um 2000 v. Chr. besiedelt wurde. Sollten also doch vor rund fünftausend Jahren oder noch früher Menschen aus der Bretagne La Palma besucht haben?

Endlich legt das Fährboot ab und bringt uns nach kurzer Fahrt zur Insel hinüber. Wir werden abgesetzt und sollen nach einer Stunde wieder abgeholt werden. Eine Stunde für das wohl bedeutendste Bauwerk der bretonischen Megalithkultur!

Nach einem kleinen Fußmarsch erreichen wir den Tumulus. Er erhebt sich rund 28 Meter über den Meeresspiegel und besitzt einen Durchmesser von 100 Metern. Bereits beim Annähern erkenne ich, daß dies alles andere als ein Grabhügel ist. Das sorgfältig rekonstruierte Eingangsportal im Osten präsentiert sich eindeutig als Stufenpyramide. Gewaltige Steine stützen den Eingang ab, schräg nach oben zulaufend sind die Steinmauern geführt, und die nach unregelmäßigen Mustern geformten Fassaden und Terrassen geben der Pyramide ein futuristisches Aussehen. Eine Stufenpyramide rund zweitausend Jahre vor der ersten ägyptischen! *(s. Abb. 53 im Farbteil).*

Der Eingang ist genau zur aufgehenden Sonne hin ausgerichtet, die durch den geradlinigen Gang von 15 Metern Länge, 1,2 bis 1,5 Metern Breite und 1,6 Metern Höhe ins Innere einfallen kann. Der Gang mündet in eine rechteckige Kammer von 2,6 mal 2,5 Metern und 1,8 Metern Höhe, die mit einer enormen Steinplatte von 2,7 mal 2,5 Metern abgedeckt ist. Der Boden von Gang und Kammer ist mit großen Granitplatten sorgfältig gepflastert. Am eindrucksvollsten aber wirken die 23 Granitplatten der Tragsteine sowie die sechs geglätteten und leicht abgerundeten Wandsteine der Kammer. Sie sind nämlich über und über mit Gravuren verziert. Der gesamte Innenraum der Pyramide ist »tätowiert«, dies aber sind keine Muster mit dekorativer Wirkung, sondern sorgfältig komponierte Bildsteine, die Geschichten erzählen, auch wenn es uns schwerfällt, ihre Inhalte zu verstehen.

So tastet sich der Blick – überwältigt vom Gesamteindruck und fasziniert von den Details und ihrer erstaunlich ästhetischen Ausführung – langsam vor. Wir sehen konzentrische Kreise, Halbkreise und Bögen, die an Daumenabdrücke von Riesen erinnern, abstrahierte Darstellungen der großen Erd- und Totengöttin, Steinbeile, Schildformen, Schlangen und Tannenzweigmuster, die wahrscheinlich das Motiv des Lebensbaums darstellen, außerdem Rippenformen, Strahlenkränze, Wellenlinien und Bumerangs. Am linken großen Tragstein entdecke ich drei faustgroße Löcher, die sorgfältig mit zwei Stegen in den Fels eingehauen und auspoliert wurden. Möglicherweise eine Halterung für Fackeln. Es ist auch vorstellbar, daß in die schalenförmigen Vertiefungen der Löcher Öl eingefüllt wurde, und die »Steinlampen« mit Hilfe eines Dochts zum Brennen gebracht wurden.

Die Innenausstattung ist dermaßen prachtvoll, daß sie jedem Vergleich mit ägyptischen Tempeln oder einer christlichen Kirche der Neuzeit standhält. Hier wurde kein Quadratmeter ausgelassen, es scheint, als hätten die Künstler der Megalithzeit auf jeden Fall die Leere vermeiden wollen und ein Gesamtkunstwerk beabsichtigt, das den Tempel von Gavrinis zum begehbaren Bild macht *(s. Abb. 51 und 52 im Farbteil)*.

Dem deutschen Megalithforscher Werner Hülle fielen spontan als Vergleich nur die alten Tempel von Malta ein. Er wies darauf hin, daß auch dort Fackellöcher mit eingearbeiteten Stegen häufig vorkommen, und ich möchte ergänzen, daß dieses Kriterium auch für viele altkanarische Heiligtümer zutrifft.

Es wundert mich überhaupt nicht, daß die Archäologen, die 1832 den zugeschütteten Hügel öffneten, keinerlei Grabfunde machten. Man schrieb diesen Umstand damals Grabräubern zu, die den Wissenschaftlern zuvorgekommen seien, obgleich davon nicht die geringsten Anzeichen zu entdecken waren. Meiner Meinung nach hat es in der Pyramide von Gavrinis niemals ein Begräbnis gegeben; der Bau diente einem gänzlich anderen Zweck, nämlich als wichtigster Tempel und zentrales Heiligtum.

Diese Vermutung wird von Astroarchäologen bestätigt, die auf die Himmelsausrichtung der Anlage und den besonderen Lichteinfall der Sonne durch den Gang hinweisen. Außerdem blickt man vom Eingang aus (und von den Stufen der Pyramide noch mehr!) direkt über den Auray-Fluß auf die kleine Insel Er-Lannic mit ihrem großen Menhir, der wie eine Visurmarke (ein »Peilstein« zur astronomischen Beobachtung) wirkt und im Schnittpunkt der beiden aneinanderstoßenden großen Steinkreise aufragt. Die Steinkreise bilden die Form einer liegenden Acht. Ein weiterer sieben Meter hoher Menhir an der Schnittstelle ist leider umgestürzt. Um diese Zone herum wurde ein Gräberfeld entdeckt sowie Brandopferaltäre. Der französische Archäologe Zacharie le Rouzic, der in den Jahren 1923 bis 1926 hier intensiv grub, konnte eine umfangreiche Fundliste zusammenstellen: 800 Kilo Tonscherben von schön verzierten Gefäßen und schalenartigen Vasen aus dem 4. Jahrtausend v. Chr., 421 Steinklingen, 293 Steinschaber, 152 polierte Steinbeile bzw. Bruchstücke davon, 60 Poliersteine, 150 Mahlsteine, 446 Schlagbolzen und 15 000 Feuersteinsplitter mit Spuren von Bearbeitung. Hinzu kommen auf der nur 100 mal 132 Meter großen Insel 59 Feuerstellen mit Resten von Tonwaren, Rinderzähnen und Werkzeugen. Dies alles bedeutet, daß Er-Lannic nicht nur ein Friedhof war, sondern auch ein Gelände, in dem einmal sehr intensive Handwerkstätigkeit geherrscht haben muß.

Zacharie le Rouzic fand heraus, daß die Abstände zwischen den 50 bzw. 30 Menhiren der beiden Steinkreise mit sogenannten Futtersteinen ausgefüllt waren, so daß die ganze Kultstätte nach außen hin vollständig abgeschlossen war. Heute befinden sich große Teile der beiden Steinkreise unter dem Wasserspiegel, bei Flut logischerweise mehr als bei Ebbe, den ganzen Komplex erkennt man aber noch sehr gut vom Flugzeug aus.

Helmut Tributsch, Professor für Physikalische Chemie an der Freien Universität Berlin und leitender Wissenschaftler am Hahn-Meitner-Institut, der sich durch seine Untersuchungen über Luftspiegelungen (Fata Morganas) einen Namen gemacht hat, hält Gavrinis und das umliegende Gebiet, das heute vom Golf von Morbihan überflutet ist, für das Atlantis des Platon-Berichts. Obgleich Platon den Namen der Hauptstadt dieses legendenumwobenen Reiches nicht nennt, haben ihn andere (z. B. der griechische Geschichtsschreiber Diodor von Sizilien) erwähnt: die Stadt Kerne. Man könnte nun Carnac bzw. Karnak für dieses »Kerne« halten. Helmut Tributsch weist aber darauf hin, daß es im Umfeld von Gavrinis mehrere ähnlich klingende alte Flurnamen gibt: einen kleinen Ort »Kerners«, ein »Kerno« und eine Landzunge, die »Pointe des Kernes« genannt wird. Auch der Bezug auf den keltischen Fruchtbarkeitsgott »Kernunnos« (der in christlichen Zeiten als Schutzpatron der Rinder, »St. Cornely«, verehrt wurde) stimmt nachdenklich. Ferner ist zu beachten, daß die Bretonen die Schöpfer der beeindruckenden Megalithanlagen »Kerioned« nennen.

Helmut Tributsch rekonstruierte aufgrund eines Modells, das die Absenkung des Meeresspiegels im Golf von Morbihan um ca. 7 Meter berücksichtigt (also so, wie das Gebiet um Gavrinis einmal tatsächlich aussah), einen interessanten Anblick: Demzufolge bildeten in der Megalithzeit die Inseln mehrere Ringe um das zentrale Heiligtum Gavrinis, deren enge Wasserkanäle durchaus schiffbar waren. Die sich dabei ergebenden Abmessungen zeigen bemerkenswerte Übereinstimmungen zur Beschreibung der Atlantis-Hauptstadt in Platons Bericht auf *(siehe Anhang)*.

Doch zurück zu den Gravuren der Stufenpyramide von Gavrinis. Die Hinweise auf einen Stierkult (wie in Platons Atlantissage beschrieben), die wir bereits durch die zahlreichen Stierzähne auf der Insel Er-Lannic erhielten, häufen sich im Inneren der Anlage noch mehr. Da sind zunächst bei genauer Betrachtung Abbildungen von Stierhörnern zu entdecken, dann eine lange horizontale Deichsel an der Decke, die von einem Joch abgeschlossen wird und in Verbindung zu zwei Rindern steht. 1984 fand man die Teilzeichnung eines weiteren Rindes, dessen andere Hälfte sich auf der Deckplatte des Dolmen-Tempels *Table des Marchands* befindet. Beide Blöcke, der von Gavrinis und der des Dolmen, gehörten ursprünglich zu einem 14 Meter hohen Menhir, der absichtlich zerbrochen und an den zwei auseinanderliegenden Plätzen nachträglich eingebaut wurde.

Natürlich versäumten wir die Abfahrt der Fähre, die nächste und übernächste auch, und untersuchten noch längere Zeit den Tempel und die nähere Umgebung. Während ich vor dem Eingangsportal stand und mein Blick über Er-Lannic und den Golf von Morbihan schweifte, schossen mir viele Gedanken und Bilder durch den Kopf. Hier sollte also nach Professor Tributschs Meinung die Hauptstadt von Atlantis gelegen haben, geistiges und kulturelles Zentrum eines gewaltigen Reiches. Ich stellte mir die Megalith-Seefahrer vor, wie sie über den Auray-Fluß den Atlantik erreichten und sich von der Strömung des Golfstroms an der Biskayaküste entlang treiben ließen, an der portugiesischen Küste vorbei bis zu jenem Ort, den die Phönizier später Gades (Cadiz) nannten, und durch die Säulen des Herkules (die Straße von Gibraltar) hindurch ins Mittelmeer hinein. Nach Los Millares, der Stadt, in der das wichtigste Handelsgut, das Kupfer, verarbeitet wurde, ging ihre Reise und weiter nach Malta, an die Küste des Libanon und ins Nildelta hinein. Aber auch auf der nördlichen Route nach Irland, England, Holland, Dänemark und Schweden. Oder sie fuhren an den Säulen des Herkules südwestlich weiter zu den »Glücklichen Inseln« (Kanaren), an diesen mit der Strömung vorbei bis zu den Karibikinseln und den süd- und mittelamerikanischen Küsten.

Ich mußte an Irland denken, an das Boyne-Valley und speziell an die riesige Tempelanlage Newgrange, die äußerlich und auch in der künstlerischen Innenausstattung auf beeindruckende Weise der Stufenpyramide von Gavrinis ähnelt. Auch an Stonehenge, Avebury und Silvury Hill im Süden Englands, an Barnenez und die Megalithtempel von Malta, die in ihrer Baukonstruktion als Vorlage für die ältesten Tempelanlagen des Imhotep im ägyptischen Sakkara gedient haben mögen.

Ich dachte daran, daß die große Erdgöttin der megalithischen Bretagne auch einen Namen besaß: »Tara«, genauso wie in Irland, wo die alte, vorzeitliche Hauptstadt nach ihr benannt wurde, und daß die große Urmutter auf den Kanarischen Inseln ebenfalls »Tara« hieß. Ihr zu Ehren hatte man in Irland, in der Bretagne, an den Westküsten Europas und auf den Kanaren ihre Heiligtümer mit konzentrischen Kreisen, Wellenbändern, Labyrinthen, Schildformen und Schlangenmotiven verziert. Hier wie dort die gleichen Bauten, Felsbilder und religiösen Rituale, sogar der Name der Göttin wurde überall gleich oder zumindest sehr ähnlich ausgesprochen: Os-Tara, z.B. bei den Germanen, Ostara, die große Frühlings- und Fruchtbarkeitsgöttin, nach der unser Osterfest benannt wurde.

Und plötzlich begannen sich die einzelnen Puzzlesteine zu einem klar erkennbaren Muster und Gesamtbild zusammenzufügen.

War das nicht die atlantische Westkultur, von der der Ethnologe und Linguist Dominik Josef Wölfel sprach?

Erinnern wir uns: »Die kulturellen Parallelen zeigen die Randkultur der Kanarischen Inseln in einem unverkennbaren Zusammenhang mit dem ältesten Mittelmeer, mit dem vordynastischen und frühdynastischen Ägypten, dem vorminoischen und frühminoischen Kreta (...), der 'Westkultur', jener bisher unbekannten Hochkultur, die auf den Kanarischen Inseln einen bescheidenen Ableger hatte (...), die als wichtigste Komponente in die älteste ägyptische und kretische Kultur mit einging und deren innige Verflechtung mit dem alten Westeuropa noch herausgearbeitet werden muß. Ihren Charakter werden wir also erst dann voll erkennen, wenn wir statt auf einen bescheidenen Ableger auf eines ihrer Zentren gestoßen sind (...).«
Zentren der atlantischen Westkultur also, die Jürgen Spanuth mehr im Norden (Helgoland), Helmut Tributsch mehr im Westen (Gavrinis/Carnac) und Sibylle von Cles-Reden u. a. mehr südöstlich (Malta) zu erkennen glaubten. Wie hieß es doch in Platons Atlantis-Bericht: Ein Hochkönig regierte über zehn Königreiche, und viele Länder und Inseln gehörten zum großen Reich ...

War das die atlantische Westkultur, war Atlantis das alte, vor-indogermanische Europa?

Und wenn dem so war, wenn die Küsten Nord- und Westeuropas dazugehörten, ja sogar Zentren der Megalithzivilisation gewesen waren – warum und wodurch war Atlantis dann untergegangen? Über Gavrinis erhielt ich einen ersten konkreten Hinweis, der mich sofort hellhörig machte. Von dort berichteten die französischen Ausgräber nämlich, daß die Tempelanlage ursprünglich wohl eine etwas andere Form besaß, viel eckiger im Grundriß und vor allem frei liegend, d. h. nicht von Geröllmassen und Erdschichten überdeckt. Außerdem soll der Tempel im östlichen Bereich einen hölzernen Vorbau besessen haben, in dem sich hauptsächlich die religiösen Rituale abgespielt haben sollen. Ungefähr um 2500 v. Chr. muß sich unter dem Druck umwälzender Ereignisse ein entscheidender Wandel vollzogen haben. Der hölzerne Vorbau wurde abgerissen und verbrannt, der Eingang zur Stufenpyramide mit großen Felsbrocken versperrt und das gesamte Bauwerk mit Geröllschutt und Erdmassen dermaßen abgedeckt, daß daraus ein abgerundeter Hügel entstand. Es sieht aus, als wäre es die Absicht der Megalithleute gewesen, ihr Haupttheiligtum regelrecht zu verstecken, dem Blick und Zugriff irgend welcher Fremden zu entziehen.

Oder verhielt es sich ganz anders, und es waren gerade diese Fremden, die den Tempel zerstörten, unzugänglich machten, mit Geröll und Erde zuschütteten, damit nichts Sichtbares davon erhalten blieb? Was geschah damals?

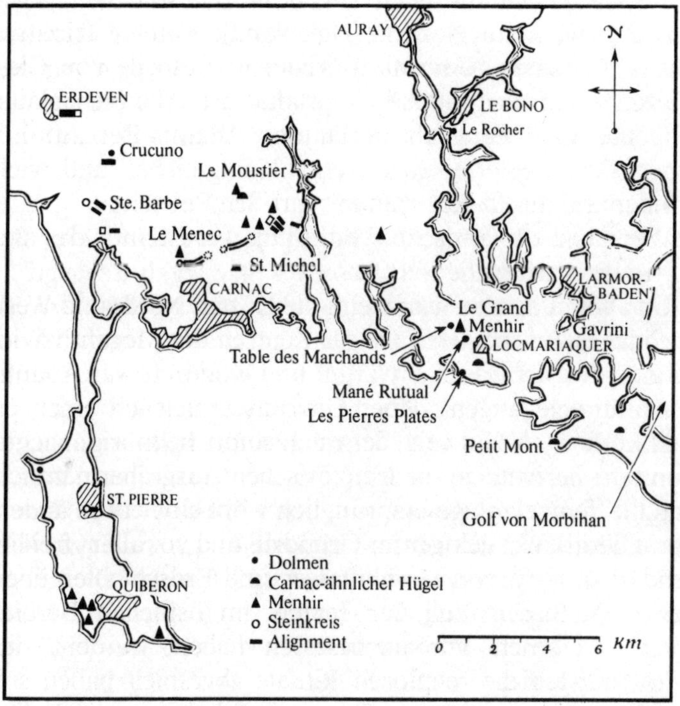

Abb. 52: Karte mit den wichtigsten Fundstätten im Gebiet von Carnac

Ein Weltreich wird zerstört

Rekapitulieren wir: Im 5. Jahrtausend v. Chr. bestand ein großes Reich der atlantischen Westkultur, dessen Zentrum Westfrankreich war (Bretagne, Normandie, französische Atlantikküste) und zu dem England, Schottland und Irland gehörten, die portugiesische und spanische Südküste, Dänemark, Norddeutschland und die Ostseeküste sowie die Balearen, Sizilien, Malta und die außerhalb der »Säulen des Herkules« liegenden Kanarischen Inseln. Kleinere Kolonien bestanden ferner an der nordafrikanischen und italienischen Küste, im Libanon und im nördlichen Nildelta.

Dieses Reich war das sagenhafte Atlantis des Platon-Berichts, das größer als »Libyen und Asien« zusammen (bzw. was damals davon bekannt war, nämlich nur die Küstenstreifen) gewesen sein soll. Im großen und ganzen war dieses Reich mit dem alten Europa identisch. Wir bezeichnen es heute als »atlantische Westkultur« bzw. »Megalithkultur«.

Kennzeichen dieser Kultur war das Errichten großer Steinbauten, die megalithische Architektur, ferner eine Religion, die sich dualistisch äußerte – man verehrte die große Erdmutter, die Fruchtbarkeits- und Todesgöttin Tara als weibliches Prinzip, und als männliches Pendant den Sonnengott Ra, dem man nach astronomischen Gesichtspunkten ausgerichtete Tempel und Stufenpyramiden erbaute.

Das Reich besaß nicht ein einzelnes, sondern mehrere Zentren, es war sozusagen ein »europäischer Staatenbund«, dem viele Könige mit ihren Ländern angehörten. Die atlantische Westkultur verbreitete sich maritim, d. h. ihre Kraft beruhte auf Schiffahrt und Handel. Die ersten Kolonien, Städte und Kultzentren lagen allesamt an der Küste, an geschützten Ankerplätzen in Golfen und an Mündungsgebieten großer Flüsse.

All dies legt die Vermutung nahe, daß der ursprüngliche Ausgangspunkt – wenn es einen solchen je gab – in irgendeiner Weise mit der Sintflut zu tun hat. Alle Überlegungen dazu liegen aber im Bereich der Mythen und der reinen Spekulation. Es muß keinen versunkenen Inselkontinent namens Atlantis gegeben haben. Atlantis ist vielmehr der Name für eine Idee – die Idee eines mächtigen, an den atlantischen Ozean grenzenden Staatenbundes.

Dort, wo Stützpunkte des Reiches gebaut wurden, wo Handelsplätze, Städte und Kultzentren entstanden, gab es natürlich bereits vorher eine Bevölkerung. Ihre Kultur befand sich aber noch auf altsteinzeitlichem Niveau, d. h. es handelte sich um einfache Stammesverbände von Fischern, Sammlern und Jägern. Die technisch überlegenen Megalithleute der atlantischen Westkultur übernehmen schlagartig überall die Vorherrschaft, ihre Könige bilden die ersten Dynastien, ihre Religion überlagert die animistisch-schamanistischen Glaubensvorstellungen der Ureinwohner. Als völlig neue Kultform setzt sich die Anbetung der Sonne durch.

Es kommt zu kultureller und politischer Beeinflussung zahlreicher Nachbarländer, zu kriegerischen Auseinandersetzungen, zu Assimilierung mit der dortigen Bevölkerung, zu Kultur- und Rassenmischung, aber auch zu Aufständen im eigenen Reich.

Nach der Hochblüte des Reiches folgt im 3. Jahrtausend rascher Zerfall: Der große Pyramiden-Tempel von Gavrinis wird um 2500 bis 2000 v. Chr. geschlossen, versiegelt, durch Erdaufhäufungen versteckt. Villanova de San Pedro in Portugal wird um 2200 v. Chr. zerstört. West Kennet in Südengland wird um 2300 v. Chr. geschlossen. In Irland wird Newgrange geschlossen (etwa zwischen 2500 und 2000 v. Chr.). Die Megalith-Grabtradition in der Bretagne endet ca. um 2200 v. Chr. Los Millares in Südspanien wird um 2200 v. Chr. von Fremden eingenommen und teilweise zerstört. Auf Sizilien sind um 2300 bis 2000 v. Chr. ausgedehnte Plünderungen festzustellen. Malta wird zwischen 2300 und 2200 v. Chr. von Fremden erobert, die dortige Tempelkultur erlischt schlagartig. Das megalithische Lema in Griechenland wird um 2300 v. Chr. zerstört, ebenso Troja II an der kleinasiatischen Küste (ebenfalls um 2300 v. Chr.).

Für all diese Ereignisse gibt es einen gemeinsamen Nenner: das Vordringen der Proto-Indoeuropäer aus dem Osten, die Invasion der Kurgangräber-Leute, die nach ihren Techniken von den Wissenschaftlern auch Glockenbecher-Leute, Schnurkeramiker oder Streitaxtleute genannt werden. Diese, den Megalithikern waffentechnisch weit überlegenen Eroberer, stoßen rasch nach Westeuropa vor. Sie bringen andere religiöse Vorstellungen mit, eine andere Kultur und Sprache (das Indoeuropäische nämlich).

Im Zeitalter dieser großen Umwälzungen, der ersten gewaltigen Völkerwanderung der Geschichte, versinkt das alte Europa, erlischt die atlantische Westkultur, und zahlreiche neue Staaten bilden sich: etwa die Kykladenkultur im griechisch-minoischen Raum (um 2200 v. Chr.). Die sogenannten »Torreaner« (nach ihren burgähnlichen Wehrtürmen »Torres« bzw. Nuraghen und Talayots genannt) verdrängen die Megalithkultur auf Korsika, Sardinien, Sizilien, Malta, den Balearen, beherrschen bald den gesamten Mittelmeerraum.

Selbst das ägyptische Großreich, das einst eine Gründung seefahrender Megalithiker war und deren Pharaonen zur Gefolgschaft des Sonnengottes Horus gehörten, bekommt – wenn auch mit einiger zeitlicher Verspätung (nämlich gegen 1650 v. Chr.) – die Auswirkungen der Völkerwanderung zu spüren: Die »Hyksos« genannten »Fürsten der Fremdländer«, eine arische Führungsschicht des Churriten-Volkes, erobern Ägypten mit Pferden, Kampfwagen und neuartigen Waffen. Ihre Herrschaft ist zwar nur von kurzer Dauer, hinterläßt aber ihre Spuren in der Geschichte Ägyptens – mit den alten Pharaonen-Dynastien ist es endgültig vorbei, ebenso mit dem Bau der großen Sonnentempel und Pyramiden.

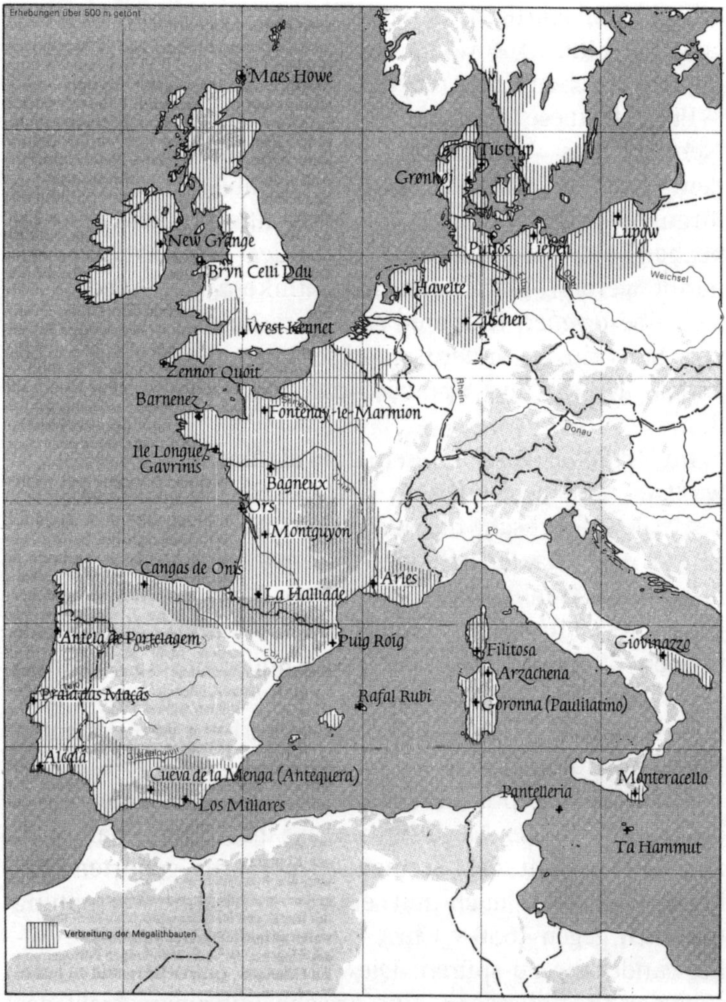

Abb. 53: Verbreitungsgebiet der atlantischen Westkultur (nach Whitehouse)

Wenn man im Bewußtsein dieser Kriterien und aus einem solchermaßen determinierten Blickwinkel Platons Atlantis-Bericht liest, wird die Tragweite seiner Botschaft erst richtig deutlich. Atlantis, d.h. die atlantische Westkultur, geht unter, aber nicht in einer neuerlichen Sintflut, sondern im Sturm der auf der Weltbühne auftauchenden Indoeuropäer. Der uralte Mythos der Sintflut, mit dem Platons Atlantis-Bericht inhaltlich gekoppelt ist, gerät so zum poetischen Bild, ganz gleich, ob nun durch das Ansteigen des Meeresspiegels der Golf von Morbihan gebildet wurde, Helgoland und Teile Schleswig-Holsteins in den Fluten versanken, die Häfen Kretas durch den Ausbruch des Vulkans Thera auf Santorin vernichtet wurden oder nicht. Die atlantische Westkultur wurde hinweggespült, weil sie dem Angriff der zahlenmäßig und waffentechnisch überlegenen Indoeuropäer nicht standhalten konnte.

Mit der atlantischen Westkultur versank auch die Erinnerung an die einst blühende Hochkultur des alten Europa. Der Siegeszug des christlichen Glaubens, der in Ägypten seinen Ausgangspunkt hatte, tat ein übriges, um die Erinnerung und das uralte Wissen auszulöschen. Für alle christlichen Völker war Adam der erste Mensch, stand die Wiege unserer Kultur im »fruchtbaren Halbmond des Vorderen Orients«, nur von dort konnte alle Zivilisation ausgegangen sein. So schrieben es unsere Geschichtsbücher, so wurde es bis vor kurzem noch an den Schulen und Universitäten gelehrt. Ja, selbst unsere Zeitrechnung beginnt mit dem Jahre 1 und der Geburt eines gewissen Jesu, über dessen Leben wir zugegebenermaßen herzlich wenig wissen.

Die Völker des Westens aber, die Kelten und Germanen und erst recht deren Vorfahren, konnten aus diesem historisch verzerrten Blickwinkel heraus nur primitive Barbaren sein, die erst unter dem Druck römischer Legionen und durch das Wort christlicher Missionare allmählich etwas Kultur annahmen.

Erst die neuere Archäologie mit ihren modernen Meß-

und Datierungsmethoden begann dieses falsche Geschichtsbild nach und nach zurechtzurücken. Es ist einem britischen Gelehrten, Professor Glyn Daniel, Universität Cambridge, zu verdanken, daß die Wissenschaft (widerstrebend) überhaupt eine frühe Hochkultur in Europa zu akzeptieren begann. So fest war der Gedanke einer ost-westlichen Kulturverbreitung (die es natürlich auch gegeben hat, allerdings wesentlich später) in den Köpfen verankert. Und nun wurden immer ältere C14-Datierungen bekannt, mußte aufgrund neuer Funde und noch besserer Meßmethoden mehrfach zurückdatiert werden. Die atlantische Westkultur wurde immer älter, ihre Leistungen als erstaunlich eigenständig anerkannt, ja als Vorbild für den östlichen Mittelmeerraum eingeschätzt. Man mußte gewaltig umdenken, und es fällt heute noch manchem Wissenschaftler nicht leicht zu akzeptieren, daß eine besonders die Architektur prägende Kulturentwicklung sich vom Westen her in östliche Richtung verbreitet hat. Solches überhaupt offen zu sagen, galt zunächst als »typische Arroganz des Westens«, und es gab noch schlimmere Diskriminierungen, die von »weißem Herrenmenschentum« sprachen.

Wir kennen dieses Dilemma ja von unserer eignen deutschen Geschichte, die seit den schlimmen Verfälschungen und Verzerrungen der Nazi-Zeit dermaßen in Mißkredit geraten ist, daß Forscher, die sich z. B. mit dem frühen Germanentum beschäftigen, sich regelrecht für ihre Arbeit entschuldigen und von sogenanntem arisch-germanischen Gedankengut abgrenzen müssen, um überhaupt unvoreingenommen Gehör zu finden.

Nein, um westliche Arroganz oder gar Herrenmenschentum kann und darf es einem ernsthaft um Aufklärung bemühten Wissenschaftler, einem Archäologen, Experimentalarchäologen und Geschichtsphilosophen nicht gehen. Wir müssen uns freimachen von Denkschranken und Denkblockaden im eigenen Kopf, von falscher Selbstzensur und ideologischen Zwickmühlen. Es geht darum, die

Geschichte, deren Teil wir selbst auch sind, in ihrem wirklichen Ablauf zu erfassen und ein Bild zu rekonstruieren, das mit den archäologischen Funden und den sich daraus ergebenden Rückschlüssen übereinstimmt.

Seltsamerweise stehen wir bei der Erforschung der alten Kultur Europas, der atlantischen Westkultur, die doch unsere eigene Vergangenheit bedeutet, noch ganz am Anfang. Selbstverständlich fällt es dabei nicht leicht, bekannte Sachverhalte und Fakten, die durch stereotyp wiederholte Theorien abgesichert und kanonisiert sind, plötzlich als falsch zu erkennen und neu zu interpretieren. Man rennt gegen alte Denkschulen an, gegen Koryphäen, die sich nur schwer von ihren lebenslang vertretenen Meinungen trennen können.

Ich muß in diesem Zusammenhang an gewisse spanische Verwaltungsbehörden denken, für die von vornherein kanarische Pyramiden nicht existieren können, auch wenn sich die Bauwerke eindrucksvoll vor ihrer Nase erheben. Entsprechend verhalten sich einige Professoren in La Laguna auf Teneriffa, die keinen Millimeter von ihrer Inselberber-Theorie abweichen können und alle Beweise, die deutlich dagegen sprechen, mit sturer Hartnäckigkeit ignorieren. Ich denke da auch an sogenannte »Schreibtischtäter«, die sich niemals der Mühe unterzogen haben, mit einem Boot etwa die Bedingungen früher Seefahrt zu rekonstruieren oder auf einen steilen Berg zu steigen, um dort Heiligtümer der Ureinwohner zu erforschen, die es ihrer Meinung nach gar nicht geben dürfte, weil sie in den Büchern, aus denen sie abschreiben, nicht erwähnt werden. Das ist die eigentliche verwerfliche Arroganz, die an einem falschen Weltbild festhält und nicht bereit ist, einen weiteren Schritt in Richtung Aufklärung zu gehen. Ich muß an den unbeirrbaren Thor Heyerdahl denken und an andere, die ihre Arbeit tun, weil sie einfach getan werden muß, und sich wenig darum kümmern, was ihre Kollegen »Schreibtischtäter« davon halten.

Ich verstehe selbstverständlich die übertriebene Vorsicht der französischen Wissenschaftler, sich zu den Pyramiden in der Bretagne und anderen Orten Frankreichs zu äußern; auch ihre britischen Kollegen zeigen diese Zurückhaltung, wenn sie die Megalithkultur dort sowie gewisse Bauten und Kultzentren eigenartiger Ausprägung lieber als heiße Eisen aus ihrer wissenschaftlichen Betrachtung ausgrenzen (im folgenden Kapitel mehr darüber). Ich verstehe auch, obgleich ich es etwas unlauter und doppelzüngig finde, daß namhafte Fachleute der verschiedensten Disziplinen öffentlich über Atlantis und die Atlantis-Diskussion spotten, sie in den unwissenschaftlichen Bereich der Märchen und Fantasy-Geschichten verlagern, selbst aber – zumal im vertrauten Kreis, wie ich das allzu oft schon erlebte – wild über Atlantis spekulieren. Da lobe ich mir jene Kollegen, die keinerlei Angst um den Verlust ihrer Reputation haben und Gedanken und Schlußfolgerungen, die sie für richtig halten, auch ganz offen aussprechen können. Meiner Meinung nach steckt nämlich in jedem Märchen, jeder Legende, vor allem aber in den alten Menschheitsmythen, immer ein Funken historische Wahrheit, der imstande ist, wenn man richtig damit umgeht, ein Feuer zu entfachen, das viel Licht in die Dunkelheit bringen kann. Und wer nach diesem Licht strebt, sollte sich nicht von den grellen Scheinwerfern der allgemein offensichtlichen Erkenntnis blenden lassen, sondern in besonderem Maße nach den kleinen, zunächst unscheinbar wirkenden Funken Ausschau halten, die irgendwo im Verborgenen glühen. Ohne das Aufgreifen neuer Gedanken, Hypothesen und Theorien kommt die Wissenschaft nun einmal keinen einzigen Schritt weiter.

Die atlantische Westkultur, dieses Atlantis der Mythen und Sagen, hat tatsächlich existiert, die Zeugnisse dafür sind überwältigend deutlich und zahlreich. Wer die Kulttempel und Pyramiden der Bretagne vom falschen Zauber des keltomanischen Druidentums befreit und sie als das bezeichnet, was sie wirklich sind – Dokumente der vorindoeuropäischen Kultur des alten Europa nämlich –, sollte sie auch als Schlüssel zum Verständnis der weiteren Weltgeschichte verstehen. Vom bretonischen Carnac/Karnak zum ägyptischen Karnak liegt zwar zeitlich und räumlich ein weiter Abstand, aber dennoch wird der Entwicklungsweg dorthin langsam vor unseren Augen deutlich. Irgendwann im 5. Jahrtausend und aus einem noch immer nicht bekannten Grund heraus begann eine Geschichte im Westen Europas und setzt sich – wenn wir aufmerksam und vor allem unvoreingenommen genug hinsehen – bis heute fort. Was mich am meisten dabei interessiert, sind die Stationen dazwischen.

Solche betrachtenswerten Stationen befinden sich in England, Schottland und Irland. Mit einem Ausflug in diesen Kulturraum und der Suche nach weiteren Pyramiden, die möglicherweise dort vorhanden sind, soll unsere Untersuchung vorerst enden.

Sagenumwobene Königsgräber im alten Irland

England, Schottland und Irland sind reich an Baudenkmalen und archäologischen Funden aus megalithischer Zeit, was darauf hinweist, daß auch diese Gebiete zu den Zentren der atlantischen Westkultur gehörten. Um es gleich vorwegzunehmen: pyramidenförmige Tempelbauten, wie sie für die Bretagne so typisch sind, konnte ich dort nicht feststellen. Allerdings sind einige Bauten vorhanden, die zumindest eine Ähnlichkeit mit Gavrinis aufweisen.

In Irland konzentrieren sich die Megalithbauten vor allem im Nordwesten, Norden und Osten der Insel, wobei das Boyne-Valley ein dichtes Zentrum darstellt. Als ich die Sligo-Bay besuchte, fiel mir dort sofort der Berg Knocknaera auf, der wie ein weithin sichtbares Wahrzeichen die Bucht von Sligo überragt. Er ist 330 Meter hoch, und auf seinem Gipfel liegt ein 65 Meter breiter und 11 Meter hoher Cairn, der im Volksmund als das Grab der Königin von Maeve bezeichnet wird. Uralte Geschichten verbinden sich mit dem Platz, z. B. die Sage »Tain Bo'Cuailuge«, der Rinderraub von Cooley: Der geliebte weiße Stier der Königin war den Herden ihres Gatten Ailills zugelaufen (es bestand offenbar eine Art Gütertrennung zwischen den beiden). Königin Maeve wollte aber im Reichtum nicht nachstehen und beschloß, den schwarzgehörnten Stier von Cooley, der den Stolz von Ulster darstellte, zu rauben. In der daraufhin entstehenden Fehde spielte der irische Held Cu Chulainn eine entscheidende Rolle. Wie David nur mit einer Steinschleuder bewaffnet, hielt er das Heer der Königin mehrere Stunden lang auf. Danach griffen die beiden Stiere, um die der Streit entbrannt war, selbst in den Kampf ein. Der schwarze Stier von Ulster unterlag, kam um und erst durch seinen Tod entstand wieder Frieden im Land.

Die Sage will sicherlich von etwas ganz anderem erzählen, als bloß vom Wettstreit zwischen einem schwarzen und einem weißen Stier, nämlich die Geschichte vom Ringen um Vorherrschaft und politische Macht. Vielleicht spielen dabei auch religiöse Konflikte eine Rolle. Worum diese Geschichte nun wirklich handelt, stellt eine reizvolle Aufgabe für Linguistikforscher und Archäologen dar. Im Umkreis des Gigantengrabs der Königin Maeve liegt nämlich eine erstaunliche Ansammlung von Gräbern und Bauten der Megalithzeit. Man hat bisher erst eines dieser etwa 45 Gräber (in der Nähe der Ortschaft Carrowmore) näher untersucht und mittels einer Radiocarbon-C14-Messung auf das Jahr 3700 v. Chr. datiert.

Als ich den Knocknaera hinauf zu Königin Maeves Grab stieg, bemerkte ich, abgesehen von dem spiralförmig aufsteigenden Pfad, stellenweise merkwürdige terrassenförmige Abstufungen im Gelände. Natürlich ist alles mit Erde überdeckt und überwuchert, aber die Bodenformation scheint dort nicht von selbst, sondern durch menschlichen

Eingriff entstanden zu sein. Der Cairn selbst, in dem man übrigens nie einen Hinweis auf ein Begräbnis fand, ragt wie eine Bastion über die Bucht. So wie man von hier aus einen phantastischen Überblick über das Meer hat und herannahende Schiffe sehr früh erkennt, so wird auch umgekehrt der Hügel eine wichtige Orientierungsmarke für die megalithische Schiffahrt gewesen sein. Vielleicht besaß die Anlage auf dem Gipfel des Knocknaera aber noch eine ganz andere, nämlich eine astronomische Funktion.

Etwa 100 km südwestlich konzentrieren sich um die Ortschaft Loughcrew weitere megalithische Monumente: Cairns auf den Hügeln, Steinkreise und offene Ganggräber. Überall auf den verwendeten Steinblöcken lassen sich Symbole der Sonnenreligion ausmachen, tief eingravierte Spiralen und konzentrische Kreise, Zeichen, die mit denen von Gavrinis in der Bretagne identisch sind und – denen der Kanarischen Inseln.

Im Osten Irlands, im Boyne-Valley der Grafschaft Meath, liegen inmitten einer Nekropole, die aus kleineren Gräbern besteht, die drei wohl bedeutendsten megalithischen Monumente Newgrange, Knowth und Dowth. Bevor die Archäologen sich dafür zu interessieren begannen, waren es lediglich drei hohe, grasbewachsene Hügel in der Landschaft, von etlichen Menhiren umringt. Die Ausgräber stießen bald auf deutliche Spuren, die darauf hinwiesen, daß angreifende Fremde (Glockenbecher-Leute) das Gelände radikal umgestaltet hatten. Die Eingänge zu den Grabtempeln, die der Volksmund als heiligen Platz der sagenhaften Tuatha De'Danann bezeichnet, wurden hastig und nicht sonderlich fachmännisch verschlossen, die dort höchstwahrscheinlich vorhandenen Kultbauten aus Holz zerstört, und die Bauten selbst in der Erde verscharrt, als wolle man sie ein für allemal aus dem Bewußtsein der Bevölkerung tilgen.

In Newgrange soll der Sage nach der vorkeltische Gottkönig Dagda begraben sein. C14-Messungen ergaben ein

Alter von 5400 Jahren. Aber Newgrange ist, wie die meisten megalithischen Cairns, weitaus mehr als bloß eine Begräbnisstätte. Die sehr genaue Rekonstruktion des Archäologen Michael O'Kelly weist die Anlage als architektonisch perfekt konstruierten und äußerst formschönen Rundtempel mit einem Durchmesser von ca. 80 Metern und einer strahlenden Umkleidungsmauer aus weißen Quarzsteinen aus, in die andersfarbene Kieselsteine zu einem Muster eingefügt wurden. Dadurch, daß sich die weiße Rundmauer so kontraststark vom Grün des Rasens ringsum und dem Gras auf dem sanft geschwungenen Kuppeldach abhebt, wird der hypermoderne, ja futuristische Eindruck, den Newgrange vermittelt, noch verstärkt.

Ein 20 Meter langer Gang führt durch das Portal in eine 6 Meter hohe Innenhalle, deren Kuppel aus einem massiv aufgebauten Kragsteingewölbe besteht. Die Halle war der Opferraum. Hier befinden sich in den Seitenabsiden (der Grundriß ist kreuzförmig) Steinbecken mit sorgsam ausgehöhlten Mulden für Trankopfer. Inzwischen ist durch einige spektakuläre astronomische Untersuchungen bekannt geworden, daß exakt zum Zeitpunkt der Wintersonnenwende durch eine Öffnung über dem Eingangstor das Sonnenlicht als Strahlenbahn durch den Gang bis in den inneren Opferraum flutet. Newgrange ist also außer Tempel bzw. Grabstätte auch noch Observatorium gewesen, oder besser: eine raffiniert ausgeklügelte Kalenderanlage.

Wie in der Bretagne und auf den Kanarischen Inseln sind in Newgrange die Steinplatten reich mit Gravuren verziert, wobei konzentrische Kreise und Halbkreise, Spiralen und Zickzack-Muster überwiegen. Am beeindruckendsten ist der große, querliegende Bann- oder Schwellenstein vor dem Eingang, der rundum mit Spiralen, darunter auch einer Dreifachspirale, verziert ist. Dieser Figurenstein besaß offenbar die gleiche Funktion wie der berühmte Doppelspiral- oder Augenstein von Hal Tarxien auf Malta, der dort das Allerheiligste als Schwellenstein abschließt.

Bei meinen Arbeiten auf Malta, die mich u. a. immer wieder zum Tempel von Hal Tarxien führten, konnte ich interessante Entdeckungen machen: Obgleich der Schwellenstein nicht sonderlich hoch ist und ohne große Mühe zu übersteigen wäre, konnte ich mich nicht überwinden, ihn zu betreten. Ebenso erging es allen Touristen, die den Ort besuchten, und selbst den Fremdenführern, die ansonsten nicht zimperlich sind, quer durch die Ruinen zu stapfen. Der Schwellenstein übt einen regelrechten Bann aus, er hat nichts von seiner kraftvollen Funktion über all die Jahrtausende hinweg eingebüßt.

Nur etwa einen Kilometer von Newgrange entfernt liegt die Anlage von Knowth mit ihren über zwanzig Megalithgräbern. Den Mittelpunkt bildet ein 9 Meter hoher Tempel, dessen Cairn eine Fläche von rund 6000 qm überdeckt und der von 116 großen Steinplatten eingefaßt ist. Auch hier sind, wie in Newgrange, die Steine mit tiefen Gravuren der bekannten Art verziert. Im Inneren finden sich an bestimmten Stellen der Gänge steinerne Opferbecken. Bei den Ausgrabungen von 1962 hat man sogar einige Opfergaben entdeckt: Scherben von dekoriertem Porzellan, Steinanhänger, Knochennadeln, Kreidekugeln sowie ein Kultobjekt aus Hirschhorn.

In den Grabbauten von Knowth und denen des benachbarten Dowth, dessen Hauptcairn eine Höhe von 15 Metern und 85 Meter Durchmesser besitzt, wurden zahlreiche Reste von Feuerbestattungen gefunden, teilweise übereinander geschichtet. Die Anlagen dienten – ähnlich dem Gräberfeld von Newgrange – lange Zeit bis zum Eintreffen der Glockenbecherleute als Gemeinschaftsgräber. Interessant ist, daß sich in ihrem Mittelpunkt jeweils ein großer, für alle zugänglicher Tempel befand.

Und dann Tara, die alte, sagenumwobene Königsstadt Irlands, von der heute nur noch wenige Spuren zu sehen sind: einige grasüberwachsene Ringwälle und Gräben, die letzten Reste der königlichen Burg. Über 140 Könige haben von hier aus die Geschicke Irlands gelenkt. *Teanhair na Riogh* wurde die Stadt genannt, das »Tara der Könige«.

Tara liegt nahe Newgrange in der Grafschaft Meath, nicht weit von der Hauptstadt Dublin entfernt. Von Tara aus begannen alljährlich die großen Prozessionen zu den Tempeln und Gräbern des Boyne-Valley, nach Newgrange, Knowth und Dowth. Und in Tara soll auch der *Lia Fail* gestanden haben, der Krönungsstein, ein abgerundeter Menhir, der angeblich sprach, wenn ein rechtmäßig gewählter König sich mit der Bitte um ein weises Urteil an ihn wandte. Diese kleine, aber ungewöhnliche Besonderheit erinnert mich an den ebenfalls sprechenden *Idafe,* den heiligen Berg auf der Kanareninsel La Palma, mit dem sich der Überlieferung zufolge die Guanchenkönige unterhielten.

Nach irischen Legenden wurde die königliche Festung Tara um das Grab einer Königin namens Tea herum erbaut. Tatsächlich liegt innerhalb der Wallanlagen ein mehr als 4000 Jahre altes Ganggrab, *the Mound of the Hostages* (»das Grab der Geiseln«), um das sich vielerlei Geschichten ranken. Die Gravuren und Verzierungen der Grabanlage ähneln sehr denen von Newgrange.

Tara ging in Kriegswirren unter, aber die Erinnerung an die traditionsreiche Stätte, das alte Zentrum Irlands, blieb noch lange lebendig. 1170 ließ der letzte Hochkönig der Insel, Roderick O'Connor, vor der Entscheidungsschlacht gegen die Engländer seine Truppen in Tara lagern, um ihnen die Bedeutung des Unternehmens vor Augen zu führen und ihren Mut zu steigern. Es half alles nichts – der Sieg der Engländer war total, und Tara verfiel fast bis zur Unkenntlichkeit.

Sieg über die heidnischen Drachenhügel ?

Der Vollständigkeit halber müßte ich jetzt auf vergleichbare Anlagen in England und Schottland verweisen, würde mich bei ihrer Beschreibung aber wiederholen. Inmitten der Begräbnisanlagen mit ihren Dolmen und Menhiren erheben sich jeweils Cairns, mit denen absichtlich und mutwillig Tempel von den eintreffenden Glockenbecherleuten verschüttet wurden, wahrscheinlich um diesen Heiligtümern ihre Anziehungskraft zu rauben. Eine große Ausnahme bietet die gewaltige Steinkreisanlage von Stonehenge, an der die fremden Eroberer offensichtlich Gefallen fanden, denn sie zerstörten diesen offenen Tempel nicht, sondern bauten ihn weiter aus *(s. Abb. 57 im Farbteil)*.

Stonehenge hat ohne Zweifel vorrangig astronomischen Zwecken gedient. Der amerikanische Astronom Gerald Hawkins fand bei seinen Untersuchungen vor Ort heraus, daß alle Steine exakt nach der Auf- bzw. Untergangsposition von Sonne und Mond zu Zeiten der Sommer- und Wintersonnenwende ausgerichtet sind. Stonehenge ist daher als ein prähistorisches Observatorium zu betrachten, ja als eine Art riesiger Uhr und »Steinzeit-Computer«.

Wichtig in diesem Zusammenhang sind auch die Arbeiten von Alexander Thom, der Stonehenge, die benachbarten Doppel-Steinkreise von Avebury und viele andere Plätze Englands, Schottlands, der Orkneyinseln und Frankreichs untersuchte. Er fand heraus, daß die atlantische Westkultur ein einheitliches Maßsystem, die »megalithische Elle« (83 Zentimeter) und die »megalithische Rute« (166 Zentimeter) besaß, das sie all ihren Bauten zugrunde legte. Mit unermüdlicher Akribie zog Alexander Thom alle nur zugänglichen Anlagen der Megalithkultur in seine Untersuchungen ein mit dem Ergebnis, daß sich seine Theorie mehr und mehr erhärtete.

Die offizielle Gelehrtenschule hat den Außenseiter und Nichtarchäologen Thom (er war Ingenieur) wegen seiner

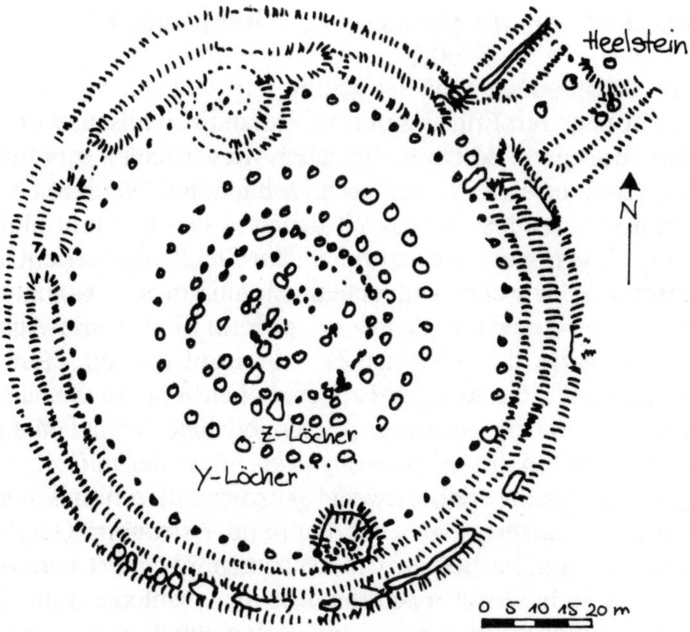

Abb. 54: Grundriß von Stonehenge. Von außen nach innen: Graben, Wall, Aubrey-Löcher, Stationssteine, Y- und Z-Löcher, Sarsenkreis, Hufeisen, einige Blausteinpfeiler und verstreute Pfostenlöcher

spektakulären Erkenntnisse ausgelacht und heftig attakkiert. Als aber unabhängige Wissenschaftler, wie z. B. der Mathematik- und Statistik-Professor David Kendall (Universität Cambridge), Thoms Untersuchungen mit Computertests überprüften und als einwandfrei bestätigten, verstummte die vorschnelle Kritik. Ich kann verstehen, daß es für die traditionellen Wissenschaftler ein Schock war, eingestehen zu müssen, daß die Megalitharchitekten der atlantischen Westkultur die Prinzipien der euklidischen Geometrie bereits viele tausend Jahre früher als bisher angenommen kannten und praktisch anwandten. Ja, dieses Wissen scheint sogar, wie es nun aussieht, vom megalithischen Westen vor Urzeiten nach Griechenland exportiert worden zu sein. Wieder einmal, wie schon so oft, brach ein kanonisiertes Weltbild zusammen.

Noch viel eindrucksvoller als Stonehenge ist Avebury in der Grafschaft Wiltshire. Es dürfte das größte *Henge* der Welt sein, eine riesige Kultstätte der späten Megalithkultur. Die runde Anlage ist von einem tiefen Graben mit hohem Erdwall umgeben und schließt zwei Steinkreise sowie ein ganzes Dorf ein. Der südliche Eingang bildet den Ausgangspunkt einer ursprünglich zweireihig von Menhiren flankierten Allee, die nach 2,4 Kilometern in den zwei Steinkreisen mündet. Dort haben einst hölzerne, runde Kultbauten gestanden, von denen noch Reste der Pfostenlöcher erkennbar sind. Von einem anderen Eingang aus verlief eine 2 Kilometer lange Avenue, die einst von 200 Menhiren flankiert war (heute steht davon nur noch ein einziger). Der große Steinkreis bestand in der ursprünglichen Form aus 1000 Menhiren und besaß einen Durchmesser von 400 Metern. Der Durchmesser des heute weitgehend zerstörten inneren Kreises beträgt 105 Meter.

Einst wurden hier in Avebury zu bestimmten Tagen im Jahr Feiern abgehalten, zu denen mit Sicherheit Tänze, große Prozessionen, rituelle Opferhandlungen und andere Zeremonien gehörten. Man fand bei den Ausgrabungen jedenfalls zahlreiche Gegenstände, die durchaus Opfergaben gewesen sein können. War auch Avebury wie Stonehenge ein steinzeitlicher Kalender, ein astronomisches Observatorium, ein Kultplatz oder mehr eine Art amphitheater-ähnliche Bühne, auf der religiöse Einweihungsspiele zelebriert wurden? Man weiß es nicht genau.

Noch rätselhafter aber ist der Silbury Hill, der nur 1,6 Kilometer von Avebury entfernt liegt. Mit 43 Metern Höhe und einer Grundfläche von mehr als zwei Hektar ist er der mit Abstand größte, jemals von Menschenhand errichtete prähistorische Hügel Europas. Er wurde, wie C14-Messungen ergaben, um 2750 v. Chr. errichtet, also etwa zeitgleich mit dem ersten Pyramidenbau in Ägypten. Die Sage berichtet, daß der Hügel das Grabmal eines legendären Königs Sil verbirgt, der dort, auf seinem Reitpferd sitzend, begraben ist. So sehr man aber suchte, man fand nirgends auch nur die geringste Spur eines Grabes in seinem Innern. Mit seiner abgeflachten Kuppe scheint der Hügel vielmehr eine riesige Rundpyramide darzustellen, obgleich der Zweck einer solchen Anlage völlig unbekannt ist. Zusammen mit der Avebury-Anlage stellt er das Zentrum einer noch größeren Kultzone dar, zu der auch das 104 Meter lange Kammergrab von West Kennet und Windmill-Hill, ein neolithisches Lager aus dem Jahre 3350 v. Chr., gehören.

Silbury Hill ist ein typischer Drachenhügel, wie wir ihn des öfteren in England, Irland und Frankreich finden und in dieser Untersuchung z. T. auch schon beschrieben haben (vgl. Dragon Hill beim Weißen Pferd von Uffington oder St. Michel bei Carnac). Solche Hügel waren heilige Kultplätze und Wahrzeichen der Macht der atlantischen Westkultur, hatten also eine ähnliche Funktion wie die Pyramiden in Ägypten. Darüber hinaus waren es sicher auch Observatorien, die eine praktische Nutzanwendung hatten. Wir dürfen nicht vergessen, wie wichtig die richtige Kalenderhandhabung für die frühe Landwirtschaft war. Eine planmäßige Landbestellung mußte in den Gebieten der atlantischen Westkultur nicht erst aus dem Osten eingeführt werden (wie es in den alten Schulbüchern immer fälschlicherweise heißt), sondern war nachweislich schon lange vorhanden. Trotz der ausgeprägten Seefahrt und dem damit verbundenen Handel bestand die Grundlage der megalithischen Hochkultur vorrangig aus bäuerlicher Feldwirtschaft.

Was bei den rätselhaften Drachenhügeln stets übersehen wird, ist ihre Symbolik als Urhügel, die sich aus den Wasser der Sintflut erheben – wie das im frühdynastischen ägyptischen Glauben deutlich der Fall war. Erinnern wir uns: Der

Urhügel, von dem das neue Leben ausgeht, war und blieb lange der Kern einer jeden Pyramide. Der Urhügel war die alte Idee, die stufenförmige Außenverkleidung die neue Haut.

Es ist auffallend, wie archetypisch, d. h. nach stets dem gleichen Grundmuster, die Vorstellungen vom Urhügel und vom Drachen als Hüter des alten Wissens und großer Schätze auftauchen – bis in unsere Märchen hinein, wo der böse Drache im Innern eines hohen, steilen Berges haust. Dem christlichen Ritter ist es überlassen, das alte heidnische Untier der Vorzeit zu bezwingen und die jungfräuliche Prinzessin sozusagen als Beute heimzuholen.

Wie die indoeuropäischen Eroberer, die Kurganleute, die stolzen Tempel der atlantischen Westkultur im alten Europa »außer Betrieb setzten«, indem sie sie zerstörten, versiegelten, zuschütteten, so gingen später auch die christlichen Eroberer des Abendlandes auf ihren Kreuzzügen gegen das »heidnische Unwesen« vor: stets sind es der ritterliche Michael oder der heilige Georg, die sich als Drachenbezwinger hervortun, um das Kreuz des neuen Glaubens über die alten heidnischen Kultstätten zu setzen. San Miguel besiegte die teuflischen Drachenberge La Palmas (die Vulkanberge, heiligen Opferplätze und Drachenbaumhaine) und macht aus der Guanchen-Insel Benahoare das christianisierte San Miguel de La Palma. Kreuz und Georg-Kapelle werden auf der bretonischen Stufenpyramide St. Michel bei Carnac errichtet. Mont-St. Michel wird von Aubert, Bischof von Avranches, im Jahre 708 als Pilgerstätte über dem ehemaligen Totenberg der Kelten errichtet, nachdem ihm angeblich der Erzengel Michael erschienen ist. Zahlreich sind die Kapellen des St. Michael, Miguel, Michaelis etc. zu finden, und stets wurden sie auf alten heidnischen Drachenbergen errichtet.

1982 besuchte ich die Druideninsel Skellig Michael, die 10 Meilen westlich der Grafschaft Iveragh in der irischen See liegt. Sceilg Danaan hieß sie in megalithischer Zeit und galt als Sitz der großen Göttin Dana. Dann kamen die Kelten, und ihre Druidenpriester beobachteten von der Insel aus den Lauf der Gestirne. In christlicher Zeit gründete St. Finnian ein Kloster auf den steilen Klippen, in kargen Bienenkorbhütten *(Clochans)* lebten seine Mönche als Eremiten und verließen erst im 12. Jahrhundert wegen der überaus harten Lebensbedingungen die Insel wieder, die fortan nach dem Drachentöter Michael Skellig Michael heißt.

Noch immer steht auf der Gipfelplattform zwischen den runden Trockensteinhäusern der Mönche ein alter megalithischer Menhir, aus dem deutlich die weiblichen Formen der vorzeitlichen Urmutter und Göttin Dana herausgearbeitet sind. Das von Mönchen nachträglich eingeritzte Kreuzzeichen auf ihrem Leib ist kaum noch zu erkennen. Ich habe lange vor dieser Steinplatte gesessen und über den Gesinnungswandel der Zeiten nachgedacht. Äußerst dünn und vergänglich ist die neue Haut, die der christliche Glaube der Religion unserer Vorfahren übergestülpt hat. Wer genau hinsieht, erkennt darunter noch deutlich die Konturen des alten Europa.

Auf dem Glastonbury Hill, der in megalithischer Zeit die Insel Avalon gewesen sein soll und tatsächlich einmal eine von Sumpfland, Schwemmwasser und See umgebene Insel bildete (damals bedeckte das Meer zwischen den Mendip- und den Quantock-Hügeln die gesamte Tiefebene von Somerset Levels), bekam ich das gleiche Phänomen hautnah zu spüren: Der Weg zum »Tor«, jenem seltsamen Turmrest, der heute an der Stelle einer frühen klösterlichen Siedlung aufragt, führt spiralförmig über Terrassen. Mein erster Eindruck von dem Hügel war der, daß es sich bei dem künstlich umgeformten Erdrücken um eine Erdpyramide handelt. Aber wie konnte das sein – Pyramiden in England? Das war unmöglich! Später erfuhr ich seltsame Dinge, die allerdings allesamt ins Bild paßten: Bei Ausgrabungen in den 60er Jahren stießen Archäologen auf Spuren früherer Holzbauten. Dabei fanden sie auch ein Grab, das angeblich die Gebeine des (2,40 Meter großen) König Arthus und seiner blonden Gemahlin Guinevere beinhalten sollte. Im Mittelalter erbauten Mönche auf dem Hügel eine Kirche und weihten sie dem Erzengel Michael. Das »Tor« von Glastonbury Hill sollte nämlich der Eingang zu Annwn, dem unterirdischen Reich der Feen, sein. Ein Erdbeben brachte die Kirche zum Einsturz. Und unten, am Fuße des Hügels, sprudelt seitdem die eisenoxydhaltige »Blutquelle«, von der viele glauben, in ihr liege das Versteck des heiligen Grals.

Ein wahrlich mysteriöser und mythischer Ort, der uralte Drachenhügel, der noch heute sein Geheimnis bewahrt und zu mancherlei Spekulationen Anlaß bietet!

Die unsterblichen Pyramiden

Es fällt mir nicht leicht, aus dem bisher Dargestellten nun ein klares, wirklich umfassendes Fazit zu ziehen. Zu viele Fragen sind offen geblieben, viele neue Fragestellungen haben sich zusätzlich ergeben. Dennoch sind einige Mosaiksteine aufgespürt und aus verschiedenen Blickwinkeln heraus betrachtet worden, mit denen sich ein Bild zusammenstellen läßt, eine neue Sichtweise der Dinge, eine Vision dessen, wie es gewesen sein könnte.

Fassen wir zusammen: Überall auf der Welt gibt es Berichte und Mythen über die Sintflut sowie Modelle, die zu erklären versuchen, wie nach der Menschheitskatastrophe neue Zivilisationen entstanden sind. Es liegt nahe, nach einem gemeinsamen Ursprung, nach jenem versunkenen Kontinent Atlantis, von dem alles ausging, zu suchen. Zum besseren Verständnis habe ich daher Platons Atlantis-Bericht, stellvertretend für alle anderen, auszugsweise als Anhang diesem Buch beigegeben.

Menschen neigen aber offenbar von Natur aus dazu, so wie sie immer wieder vom verlorenen Paradies träumen, sich Vorstellungen zuzuwenden, die den Ursprung aller Existenz in einer übernatürlichen Macht sehen. Es muß eine überlegene Macht sein, möglichst fern und nicht mit dem menschlichen Verstand zu erfassen, etwa außerirdische Lebewesen mit ihren Ufos oder Atlantis, das technisch perfekte, uns weit überlegene Reich von Übermenschen. In beiden Fällen macht sich der Mensch absichtlich klein und liefert sich demütig einem unfaßbaren, unbegreiflichen Glaubenssystem aus.

Dabei verhält sich alles viel einfacher und weniger spektakulär. Jenes sagenhafte Atlantis ist vermutlich das alte Europa vor dem Einfall der Indoeuropäer, das auf Seefahrt aufgebaute Handelsimperium der atlantischen Westkultur, das im 5. Jahrtausend v. Chr. damit anfing, riesige Megalithbauten zu errichten, einer dualistischen Erdmutter- bzw. Sonnenvater-Religion anhing und den Grundstein für den Bau der ersten Pyramiden legte.

Selbstverständlich entstand diese atlantische Westkultur nicht aus dem Nichts. Den imposanten Großsteinbauten gingen solche aus Holz voraus, von denen naturgemäß heute kaum mehr etwas erhalten ist. Es gab eine Holzzeit vor der Steinzeit, und aus Stein wurde nur nachgeahmt, was aus Holz schon errichtet war. Man wollte – gemäß der religiösen Weltsicht – für die Ewigkeit bauen. Der rumänische Religionswissenschaftler und Mythenforscher Mircea Eliade faßt dieses Bestreben sehr anschaulich in den Worten zusammen: »Fels, Steinplatte und Granitblock sind Manifestationen unbegrenzter Dauer, Permanenz und Unverwüstlichkeit und letztlich eine Möglichkeit, unabhängig vom zeitlichen Werden und Vergehen zu existieren.«

Die Plötzlichkeit, mit der diese Großsteinbauten an vielen Plätzen Westeuropas zugleich entstanden sind, läßt sich nur dadurch erklären, daß die Menschen der atlantischen Westkultur meisterhaft die Seefahrt beherrschten und ihr

Imperium mittels Schiffen entlang den erreichbaren Küstenstreifen und Flußmündungen ausdehnten. Die in diesen Gebieten bisher lebenden einfachen Stammesverbände aus Fischern, Jägern und Sammlern wurden bald von technologisch überlegenen Megalithbauern dem schnell wachsenden und sich ausbreitenden Reich einverleibt. Die erste uns bekannte Hochkultur der Geschichte begann.

Die atlantische Westkultur mit ihrem Zentrum in der Bretagne und Nordfrankreich umfaßte bald Südengland, Schottland, Irland, Skandinavien, Norddeutschland, die portugiesische und spanische Küste und breitete sich maritim über die Mittelmeerinseln der Balearen, über Korsika, Sardinien, Sizilien und Malta bis in den östlichen Mittelmeerraum aus, wo sie den Libanon und das ägyptische Nildelta erreichte. Ein Randbezirk ihrer Expansion stellen die Kanarischen Inseln dar. Ich spreche bewußt vom Zentrum in Frankreich, denn dort wurden nicht nur die bisher ältesten Funde entdeckt, sondern auch die architektonisch eindrucksvollsten Bauten, vor allem auch solche, die neue Bauideen konsequent und modellhaft für andere vorantrieben.

Während in den meisten Kolonien und Teilkönigreichen der atlantischen Westkultur lediglich Grabbauten, Steinkreise und Menhire als in Stein geformte Abbilder des Glaubens entstanden, wurden in Frankreich die ersten Vorformen zu tatsächlichen Stufenpyramiden errichtet. Glyn Daniel, ein berühmter englischer Archäologe, sagt dazu: »Eliot Smiths Theorie, die besagt, daß die Megalithgräber von den ägyptischen Mastabas abstammen, ist unwahrscheinlich und entbehrt zudem jeder Grundlage. Wie wir heute wissen, sind die europäischen Monumente älter als die Mastabas und die Pyramiden Ägyptens.«

Wir haben gesehen, daß die atlantische Westkultur nicht nur imstande war, gewaltige Grabanlagen und Drachenhügel zu bauen, sondern auch Tempel, Observatorien, Kalenderanlagen, riesige Erdfiguren mit kultischer Bedeutung sowie viele Kilometer lange Straßensysteme, die als Prozessionswege genutzt wurden. Allesamt erstaunliche Gemeinschaftswerke, die größte Anstrengung verlangten und zu Sinnbildern der erwachenden staatlichen Macht wurden! An einigen Orten in Frankreich sehen wir raffiniert durchkonstruierte Stufenpyramiden und, wenn wir den Weg der kolonisierenden Handelsflotten durchs Mittelmeer verfolgen, stoßen wir in Malta und später im ägyptischen Nildelta auf die konsequente Fortführung dieser Idee.

Mit einiger Verwunderung (wir haben es ja in der Schule ganz anders gelernt!) müssen wir zur Kenntnis nehmen, daß die ersten Pharaonen wohl keine Ägypter waren, sondern Angehörige der atlantischen Westkultur, die ihre Überlegenheit bald zu den ersten Dynastien ausbauten. Die Mehrstufen-Mastabas, Mehrstufenpyramiden und schließlich die glatten klassischen Pyramiden entstammen ihrer religiösen Vorstellung, werden mit ihrer Technologie verwirklicht und verfeinern die Idee der Pyramide schließlich zur äußersten Perfektion. Genau von dieser für damalige Verhältnisse so erstaunlich fortschrittlichen Hochkultur der atlantischen Westeuropäer ist auch in Platons Atlantis-Bericht die Rede.

Nach der Blütezeit im 4. Jahrtausend erfolgt dann zur Mitte des 3. Jahrtausends die erste größere Völkerwanderung, die aus dem asiatischen Osten unzählige Völkerscharen nach Westen treibt. Diese Leute werden Indoeuropäer genannt – Kurganleute, Glockenbecher- oder Streitaxtleute, Schnurbandkeramiker, Hyksos, Torreaner, je nach dem Blickwinkel des jeweiligen Chronisten. Sie bringen Pferde, Metallwaffen und andere Glaubensvorstellungen mit. Der Aufprall der heranstürmenden Indoeuropäer verläuft für das alte Europa der Großsteinbauer tödlich, die atlantische Westkultur versinkt (wie Platons Atlantis), ihre Tempel werden zerstört, die Bevölkerung wird assimiliert und vergißt langsam ihren alten Glauben. Dort, wo von den Indoeuropäern die megalithische Architektur übernommen wird, gerät sie nicht mehr zum gigantischen Monument, sondern nur zu einer dürftigen Nachahmung, bis schließlich die Bauweise ganz aufgegeben wird.

In der Antike, zu Zeiten des Griechen Platon, ist die vorzeitliche atlantische Westkultur bereits in Vergessenheit geraten. Auch in Ägypten, das nach dem Hyksos-Einfall und dem Ende des Alten Reiches keine großartigen Pyramidentempel mehr baut, erinnern sich einige gelehrte Priester (wie jene von Sais, die Platon ihr Wissen übermitteln) nur noch mühsam an die großen Zeiten jener Kultur.

Es werden aber von ägyptischer und vor allem phönizischer Seite aus kühne Seefahrten um Afrika und sogar bis nach Amerika unternommen, die die Erinnerung an die einstige Großsteinkultur mit sich tragen. In der Sicht der süd- und mittelamerikanischen Ureinwohner werden diese Kontakte religiös überhöht. Die sogenannten weißen Kulturbringer geben den Anstoß zu emsiger Bautätigkeit, riesige Kultanlagen entstehen, Pyramiden und Rituale, die deutlich an die Religion der Alten Welt erinnern. Auch die Nachfolger der frühen Europäer, die Kelten und später die Skandinavier und Wikinger, besuchen Amerika und hinterlassen dort Spuren ihrer Anwesenheit.

In Amerika selbst kommt es zu Wanderbewegungen, verschiedene Indianerkulturen errichten ihre Imperien, verbreiten ihre Religion und Architektur, seltsamerweise in Gegenrichtung zur ursprünglichen Besiedelung, nämlich von Süden nach Norden, hoch bis in die Gebiete der heutigen USA hinein, wo die Tempelmound-Builders mit Erdpyramiden die gewaltigen Steintempel des Südens nachahmen.

Den Kanarischen Inseln im Golfstromsystem vor der westafrikanischen Küste, die so lange außerhalb des wissenschaftlichen Interesses lagen, kommt im nachhinein eine Schlüsselposition zu. Sie wurden von Westeuropa aus in mehreren Schüben besiedelt, und zwar eindeutig zu Zeiten, als dort noch Steinzeit war. Durch die Randlage der Inseln und vor allem durch die Tatsache, daß die »Einbahnstraße« Golfstrom keinerlei Kulturaustausch, sondern lediglich einen einseitigen Transfer von Europa aus ermöglichte, blieb die Lebensweise der altkanarischen Guanchen auf Steinzeitniveau stehen.

Die Guanchen weisen noch uralte westeuropäische Kulturideen auf wie z. B. die typische Formensprache der Felsbilder, gewisse musikalische Traditionen, religiöse, gesellschaftliche und sportliche Auffassungen (*Lucha Canaria*, der altkanarische Ringkampf etc.). Diese rudimentären Reste sind zugleich identisch mit jenen des frühen Ägypten (Pyramiden, Mumifizierung, Trepanation u. a.), was auf eine parallele Entwicklung beider Kulturkreise hinweist. Allerdings entwickelte sich die Lebensweise auf den Kanarischen Inseln aufgrund der zuvor erwähnten geographischen Bedingungen kaum weiter. Man könnte von daher den Vergleich zu einer Art Freilichtmuseum ziehen. Die Guanchen der Inseln verbleiben in diesem Zustand fast bis zum Beginn der Neuzeit und machen wesentliche Kulturschübe, wie sie in anderen Teilen der Welt durch interkulturellen Austausch ermöglicht wurden, nicht mit.

Ein wichtiger Grund für den Stillstand ihrer Entwicklung dürfte vor allem der Zerfall der atlantischen Westkultur sein. Es treffen lange Zeit keine Schiffe mehr mit Aussiedlern aus Europa auf den Inseln ein. Die Kanaren geraten in Vergessenheit und werden – nach spärlichen Kontakten mit den Phöniziern, die vorübergehend und nicht sonderlich intensiv die Inseln aus Handelsinteressen besuchen – erst in der Antike durch römische Seefahrer wiederentdeckt.

Im 14. Jahrhundert rücken die Inseln dann durch die Portugiesen und Normannen (Lanzarote, Fuerteventura), kurz danach durch die Spanier in den Mittelpunkt des Interesses. Die spanische Eroberungspolitik läßt sie zum Ausgangspunkt und Übungsfeld für ihre blutigen Feldzüge nach Mittel- und Südamerika werden. Nach Kolumbus folgen die Konquistadoren.

Nun, in unseren Tagen, fällt der Blick durch die Entdekkungen der kanarischen Pyramiden wieder einmal auf die Inseln. Die Pyramiden von Teneriffa und La Palma werden zum »missing link« der Pyramidenidee zwischen der Alten und der Neuen Welt. Dies bedeutet nun nicht, wie vorschnell angenommen wurde, zwischen Ägypten und Amerika, denn eine lineare Beeinflussung zwischen den beiden Hochburgen der Pyramiden ist weder zeitlich noch architekturästhetisch stimmig nachweisbar. Wir müssen uns vielmehr vorstellen, daß die Pyramidenidee zunächst im alten megalithischen Westeuropa entstand, genauer in der französischen Bretagne. Von dort wurde sie parallel nach Ägypten bzw. zu den Kanarischen Inseln getragen. Während sie in Ägypten (wie viele andere Dinge auch) eine eigenständige Weiterentwicklung erfuhr, blieb sie auf den Kanaren sozusagen in einem archaisch-urtümlichen Zustand bis zum Eintreffen der Spanier erhalten. Wenn wir also von einem »missing link« sprechen, so kann damit nur das bisher fehlende Bindeglied zwischen dem alten Europa und dem präkolumbischen Amerika gemeint sein, im erweiterten Sinne dann allerdings auch das Bindeglied zwischen Alteuropa und Ägypten.

So könnte es gewesen sein. Was wir dabei vor allem erfahren, ist die Tatsache, daß sich Wissen und Bewußtsein offenbar stets in der Geschichte der Menschheit sporadisch entwickeln und ausbreiten, in einer Art Wellenbahn, wobei den kulturellen Höhen stets tiefe Stadien des allgemeinen Zerfalls und Niedergangs folgen. Ein solches Tief kennzeichnet das 3. Jahrtausend mit der indoeuropäischen Völkerwanderung und dem Untergang der atlantischen Westkultur, und diesem einen Tief folgten noch verschiedene andere – zuletzt das sogenannte finstere Mittelalter, in dem kaum noch Erinnerung an die

die vorangegangenen kulturellen Blütezeiten vorhanden waren.

Der kollektive Gedächtnisverlust saß tief. Es ist Kolumbus und den Seefahrerkollegen seiner Zeit zu verdanken, daß die uralten Seewege wiedergefunden, Amerika wiederentdeckt wurde, und ein verlorengegangenes Weltbild wieder in den Mittelpunkt des Interesses rückte.

Die Pyramidenbauten haben in all diesen Jahrtausenden nichts von ihrer Faszination verloren. Napoleon war auf seinem ägyptischen Feldzug angesichts der Pyramiden von Gise so ergriffen, daß er spontan eine Ansprache vor seinen Soldaten hielt und auf die im wahrsten Sinne des Wortes überragenden Kulturleistungen der Vergangenheit hinwies. Einen Präsidenten der Vereinigten Staaten namens Jefferson beeindruckten die von den indianischen Ureinwohnern geschaffenen Mounds so sehr, daß er sich in der Folge mehr der Archäologie als den laufenden Staatsgeschäften zuwandte. Die Idee der Pyramide beeindruckt, ja, sie berauscht selbst den modernen Menschen. Seit Jahrzehnten suchen wahre Pilgerscharen kulturhungriger Touristen die ägyptischen Altertümer auf, stehen staunend vor den Pyramiden und verfolgen die Ausgrabungen, aber auch die zahlreichen Spekulationen um sie wie einen spannenden Fortsetzungskrimi. Ähnliches vollzieht sich auch bei den Pyramiden Amerikas und neuerdings sogar in Frankreich, wo über die Entdeckung der Kelten und ihrer Kultur in der Öffentlichkeit ein neues Geschichtsbewußtsein erwacht und Carnac, Gavrinis und Barnenez zu neuzeitlichen Wallfahrtsorten werden läßt.

Es ist die Suche nach den Ursprüngen, den Wurzeln unserer Kultur, die heutige Menschen plötzlich zu begeisterten Hobby- und Freizeitarchäologen macht, empfänglich für Sagen, Mythen und Legenden. Zugleich wird die Idee der Pyramide in vielfacher Hinsicht vermarktet und in die Architekturauffassung der Gegenwart integriert: Japaner bauen eine Mini-Pyramide in Gise und amerikanische Architekten sogar solche, die als Eigenheim Verwendung finden. Eine Zigarettenfirma wirbt mit Pyramiden auf ihren Packungen, ein japanisches Automobilwerk benutzt die Pyramide als graphisch leicht abgewandeltes Signet an ihren Fahrzeugen. Es gibt von innen gedämpft glühende Lampen in Pyramidenform, Minikühlschränke aus Plexiglas und Pappe für den esoterisch beeinflußbaren Markt (wobei weniger die echte Funktionstüchtigkeit dieser Geräte zählt als die faszinierende Verkaufsstory: Steaks bleiben frisch, Rasierklingen werden wieder scharf). Ein schwedischer Möbelhersteller bietet Designer-Uhren im Pyramiden-Look an, und ein deutscher Architekt verpaßt einem von ihm errichteten Wolkenkratzer (in Frankfurt) eine Pyramide als krönenden Abschluß. Auf einer US-Dollar-Note ist eine Pyramide abgebildet, in deren schwebender Spitze sich das Horus-Auge Gottes befindet. Das Stadtbild von Paris wurde – vor dem Louvre – längst schon durch eine Glaspyramide veredelt.

Die Pyramiden-Welle rollt nach den Marktgesetzen unserer heutigen schnellebigen Zeit. Aber wird sie deswegen selbst zu einem Wegwerfartikel? Erinnern wir uns an die ältesten Pyramiden in Ägypten und in Amerika. Dort war die Pyramide in erster Linie nur die technisch ausgereifte Umhüllung einer ganz anderen, ihr zugrunde liegenden Idee: Sie umschloß als Stütz- und Schutzhaut den inneren Kern des Urhügels. Dieser Urhügel war ein Symbol des ewigen Lebens: Aus der vernichtenden Sintflut ragte er auf und schenkte den Menschen die Hoffnung auf eine neue Existenz. Die Pyramide ist die idealste Form, den männlich-weiblichen Dualismus von Ur- und Erdmutter und himmlischem Sonnenvater auszudrücken. Schon Marie E. P. König (eine der bedeutendsten französischen Archäologinnen) fand unter den altsteinzeitlichen Höhlengravuren eine Vielzahl von mit der Spitze nach unten weisenden Dreiecken, die sie als Vulva-Symbol interpretierte. Uns ist in diesem Zusammenhang der Begriff des weiblichen

»Scham-Dreiecks« bekannt. Die mit der Spitze nach oben weisende Pyramide wird dagegen allgemein als männliches Symbol aufgefaßt. Bei der Guanchenkultur der Kanarischen Inseln finden wir getreu ihrer sexual-dualistischen Religionsauffassung an vielen Plätzen beide Dreiecke direkt nebeneinander.

Aus einer ähnlichen Vorstellung heraus hat sich wohl auch der jüdische Davidstern entwickelt, in dem ein nach oben und ein nach unten weisendes Dreieck übereinandergelegt sind. Alle denkbaren Gegensätze vereinigen sich in diesem Zeichen; es wird zum Symbol für den kosmischen Menschen, die Synthese aller Elemente und die Macht des Geistes über die Materie – für eine Kraft, mit der sich selbst Dämonen bändigen lassen. In der Tat wurde und wird das Symbol auch außerhalb des Judentums als glückbringender Talisman eingesetzt. Als alchimistische Symboldarstellung der göttlichen Energieformen wurden drei sich durchdringende Pyramiden übereinander verwendet. Sie symbolisieren auch die Dreifaltigkeit. In der christlichen Symbolsprache wurde der Heiligenschein Gottes häufig in Dreieckform dargestellt. Und wenn wir schon die Alchimisten zitieren, so muß darauf hingewiesen werden, daß die aufstrebende Pyramide für das Element Feuer stand, die nach unten weisende für das Element Wasser.

Die Tatsache, daß die Pyramidenform im Bewußtsein so vieler Völker und Kulturen eine so mächtige Rolle spielt, weist auf die ihr innewohnende Kraft hin. Die Pyramide ist ein Archetypus, ein Urbild des Menschen, nach dessen perfekter Darstellung und Ausformung er stets strebte. Von daher stellen die drei großen klassischen Pyramiden von Gise, die bereits in der Antike als eines der Weltwunder galten, in der Tat den höchsten Grad an Vollendung und Perfektion dar, eine Art optimaler Endzustand, der danach – zumindest in der architektonischen Form, wohl aber im verwendeten Material – nicht mehr zu überbieten war.

Platons Atlantis-Bericht

Zum besseren Verständnis des Kontexts, in dem dieser Bericht steht, möchte ich ein paar Erklärungen vorausschikken: Der griechische Philosoph Platon schrieb diesen Bericht um das Jahr 355 v. Chr. Er war damals bereits über achtzig Jahre alt und faßte den Text selbst, mehr als seine übrigen philosophischen Schriften, als die Krönung seines Lebenswerks auf. Es sollte eine Trilogie werden, die die Bücher *Timaios, Kritias* und *Nomoi* umfaßte. Leider blieb das Werk bruchstückhaft und unvollendet. Zur Aufbereitung des Wissens, der Informationen und der geschichtlich-kritischen Nachrichten wählte er das damals übliche Stilmittel der Dialogform, wobei als seine Gesprächspartner sein alter Lehrer Sokrates und dessen Freunde Kritias, Hermokrates und Timaios fungieren.
Timaios war ein bekannter Astronom aus Italien, Hermokrates ein im Exil lebender General aus Syrakus, Kritias ein Historiker und Politiker, der zudem mit Platon verwandt war und ebenso mit dem weisen Athener Staatsmann und Gesetzgeber Solon, der im Atlantis-Bericht eine gewichtige Rolle spielt. Solon nämlich war es, der eine Zeitlang in Ägypten weilte und dort von weisen Priestern eine Art »Nachhilfeunterricht« in Sachen Geschichte erfuhr. Seine Erinnerungen, über Dropides, den Urgroßvater des Kritias an Platon weitergegeben, enthalten eine Menge Details, wobei viele Namen und Zahlenangaben (vor allem der Zeitpunkt des Untergangs von Atlantis) ins Griechische übersetzt wurden und mit Vorsicht zu genießen sind. Vor allem die 9000 Jahre sind entweder eine fiktiv-poetische, »unfaßbare« Zahl oder beruhen auf einer falschen rechnerischen Interpretation, wobei die jeweilige Herrschaftsdauer einer Pharaonendynastie viel zu lang eingeschätzt wurde. Dennoch enthält der Bericht eine solche Fülle an konkreten Angaben, daß er insgesamt nicht als Poesie, sondern als geschichtshistorisches Werk eingestuft werden muß.

Es gibt in Ägypten, in dem Delta, an dessen Spitze der Nilstrom sich spaltet, einen Landbezirk, genannt der saitische, dessen größte Stadt Sais ist, die Geburtsstadt des Königs Amasis. Als Gründerin der Stadt gilt den Einwohnern eine Gottheit, deren ägyptischer Name Neith ist, auf griechisch aber, wie sie versichern, Athene. Den Athenern sind sie, wie sie behaupten, sehr zugetan, ja sogar gewissermaßen stammverwandt mit ihnen. Dahin begab sich Solon, wie er erzählte, und ward mit allen Ehren aufgenommen. Als er nun die sachkundigsten unter den Priestern nach der Urgeschichte des Landes ausforschte, da stellte sich ziemlich klar heraus, daß er selbst ebenso wie die anderen Hellenen über diese Dinge so gut wie gar nichts wußte. Um sie nun zu Mitteilungen über die Urzeit zu veranlassen, brachte er einmal die Rede auf die ältesten Zeiten Griechenlands, auf die Geschichten von Phoroneus, dem angeblich ältesten Menschen, und der Niobe, und wie nach der großen Flut Deukalion und Pyrrha übrigblieben, zählte dann ihre Nachkommen auf und versuchte zahlenmäßig die Jahre für alles, was er erwähnte, mit genauer Unterscheidung der Zeiten zu bestimmen. Da brach einer der Priester, ein hochbejahrter Mann, in die Worte aus: O Solon, Solon, ihr Hellenen bleibt doch immer Kinder, und einen greisenhaften Hellenen gibt es nicht!

Als Solon dies vernommen, fragte er: Was soll das und wie meinst du es?

Ihr seid, was eure Seele anlangt, allesamt jung, denn ihr tragt euch nicht mit irgendwelcher auf ehrfurchterweckender Kunde beruhenden uralten Meinung und mit keinem altersgrauen Wissen.

Und hier ist der Grund dafür: Die Menschen sind zerstört worden, und das wird erneut und auf verschiedene Arten geschehen. Die schwersten Zerstörungen ereigneten sich durch Feuer und Wasser. Aber es gab auch geringere auf viele andere Arten. Auch erzählt man sich bei euch, daß Faeton, der Sohn Helios, einmal den Wagen seines Vaters ins Joch spannte, aber unfähig war, ihn auf dem Weg des Vaters zu führen und so die ganze Welt in Brand setzte und selbst, vom Blitz verwundet, starb, dieses erzählt man als Legende.

Hier ist die Wahrheit: Von Zeit zu Zeit kommt es zu einer Abweichung der Körper, die im Himmel um die Erde kreisen. Und manchmal, in langen Zeitabständen, stirbt alles auf der Erde wegen des vielen Feuers. Dann sterben alle, die auf den Bergen leben oder in erhöhten und trockenen Gegenden, während diejenigen, die an Flüssen und Meeren wohnen, überleben. Aber uns bewahrt unter solchen Umständen der Nil, indem er über die Ufer tritt. Jedoch bei anderen Gelegenheiten, wenn die Götter die Erde durch Wasser reinigen wollen und sie überschwemmen, können sich nur die Hirten in den Bergen retten, die Bewohner unserer Städte werden von den Flüssen ins Meer gespült. In diesem Land sind die Wasser niemals von den Höhen zu den Niederungen geflossen, sondern immer stiegen sie unterirdisch empor. Und daher sagt man, daß hier die ältesten Überlieferungen erhalten sind. Aber in Wirklichkeit gibt es an allen Orten, wo weder exzessive Kälte noch brennende Hitze herrscht, die sie vertreibt, eine mehr oder weniger zahlreiche Menschenrasse. Und so, sei es in unserem Land, in diesem oder in irgendeinem anderen, von dem wir gehört haben, wo etwas Schönes, Großes und Erwähnenswertes geschaffen wurde, ist alles seit den frühesten Zeiten aufgeschrieben worden, und zwar in den Tempeln, und die Erinnerungen sind bewahrt worden. Aber immer, wenn bei euch oder anderen Völkern die Organisation in der Schrift und allen anderen notwendigen Staatsdingen voranschreitet, fallen in regelmäßigen Abständen, wie eine Krankheit, die Wellen des Himmels über euch hernieder, und so überleben nur die Analphabeten und Unwissenden. So werdet ihr aufs neue jung, ohne zu wissen, was in vergangenen Zeiten hier und bei euch geschah. Diese Abstammungsgeschichten, Solon, die du vor kurzem erwähntest, oder zumindest das, was du gerade über die Ereignisse in eurem Land berichtest hast, unterscheiden sich nur wenig von Kindermärchen. Und vor allem gibt es in eurer Erinnerung nur eine Eiszeit, aber es hat viele vorher gegeben …

Denn wie die Urkunde berichtet, hat euer Staat dereinst einer gewaltigen Heeresmacht Halt geboten, die in hellem Übermut gegen Europa und Asien zugleich zu Felde zog und ihren Ausgangspunkt im atlantischen Meere hatte. Damals nämlich war das Meer dort schiffbar; denn vor der Meerenge, die in eurer Sprache »die Säulen des Herakles« heißt, lag eine Insel; diese Insel war größer als Libyen und Asien zusammengenommen und von ihr war damals der Übergang möglich nach den anderen Inseln, von diesen Inseln aber wieder der Übergang nach dem ganzen gegenüberliegenden Festland, welches jenes Meer umschließt, das eigentlich allein den Namen Meer verdient. Denn dieses unser Meer, das innerhalb der bezeichneten Meerenge liegt, erweist sich nur als eine Bucht mit schmalem Eingang; dagegen kann jenes Meer in Wahrheit so, und das es umschließende Festland mit vollem Recht Festland genannt werden.

Auf dieser Insel Atlantis nun bildete sich eine große und staunenswerte Königsmacht aus, der nicht nur die ganze Insel, sondern auch noch viele andere Inseln sowie Teile des Festlandes untertan waren. Außerdem beherrschten diese Könige noch von den Ländern am Binnenmeer Libyen bis nach Ägypten, und Europa bis Tyrrhenien. Diese ganze zur Einheit zusammengeballte Macht schickte sich nun einst an, alles euch und uns gehörende Land sowie überhaupt alles Land innerhalb der Meerenge durch einen einzigen Kriegszug in ihre Gewalt zu bringen. Das war denn, mein Solon, die Zeit, wo eure Staatsmacht der ganzen Welt die glänzende Probe ihrer Tüchtigkeit und Kraft gab; denn allen überlegen an Beherztheit und Kriegskunst stand sie zuerst an der Spitze der Hellenen, dann aber sah sie sich durch den Abfall der anderen auf sich allein beschränkt. So geriet sie in äußerste Bedrängnis; gleichwohl errang sie den Sieg über die Angreifer und errichtete ihre Siegeszeichen. So verhinderte sie die Unterjochung der noch nicht unterworfenen Völker. Was aber uns andere Völker anlangt, die wir innerhalb der Säulen des Herakles wohnen, so schenkte sie allen großmütig die Freiheit.

Weiterhin aber brach dann eine Zeit gewaltiger Erdbeben und Überschwemmungen herein, und es kam ein Tag und eine Nacht voll entsetzlicher Schrecken, wo die ganze Masse eurer Krieger von der Erde verschlungen ward; ebenso tauchte die Insel Atlantis in die Tiefen des Meeres hinab und verschwand. Daher ist das dortige Meer auch heute noch unbefahrbar und unerforschbar; infolge der ungeheuren Schlammassen, welche die sinkende Insel anhäuft...

An dieser Stelle bricht die Erzählung des alten Priesters von Sais ab, und Kritias ergreift in dem nach ihm benannten Dialog das Wort.

Vor allem wollen wir also zuerst uns daran erinnern, daß es im ganzen neuntausend Jahre waren, seitdem, wie angegeben worden, der Krieg ausbrach zwischen denen, die jenseits der Säulen des Herakles wohnen und den innerhalb derselben Wohnenden; ihn müssen wir jetzt in seinem ganzen Zusammenhang darstellen. Es wurde schon angeführt, daß an der Spitze der letzteren unser

Staat stand und den ganzen Krieg zu Ende führte, während über die ersteren die Könige der Insel Atlantis herrschten. Diese Insel war, wie wir bemerkten, einst größer als Libyen und Asien, jetzt aber ist sie infolge von Erdbeben ins Meer versunken und setzt dem, der von hier aus nach dem jenseitigen Meer fahren wollte, ein jedes Vorwärtskommen hemmende Schlamm-masse als unüberwindliches Hindernis entgegen.

Doch muß ich meinem Bericht erst noch eine kurze Bemerkung vorausschicken, damit ihr euch nicht wundert, wenn ihr hellenische Namen hört, wo es sich doch um Männer von fremder Stammesart handelt; denn ihr sollt den Grund erfahren. Solon, der ja die Absicht hatte, diese Namen für seine Dichtung zu verwenden, forschte nach ihrer eigentlichen Bedeutung und fand, daß die Ägypter, jene ältesten nämlich, welche sie aufgezeichnet hatten, dieselbe in ihre Sprache übertragen hatten. Er selbst erwog nun auch seinerseits noch einmal den Sinn jeden Namens und schrieb sie sich, in unsere Sprache übertragen, auf. Und diese Niederschrift war im Besitz meines Großvaters und jetzt in dem meinigen und ist von mir in meinen Knabenjahren sorgfältig durchgenommen worden. Wenn ihr also Namen zu hören bekommt, wie man sie auch hier hört, so darf euch das nicht verwundern, denn ihr kennt ja nun den Grund davon. Von dem langen Bericht aber lautete der Anfang folgendermaßen:

Bei der Verteilung der ganzen Erde unter die Götter erhielten – wie bereits früher bemerkt – die einen einen größeren, die anderen einen kleineren Anteil, und sie errichteten Heiligtümer und Opfer für sich ein. So erhielt denn auch Poseidon die Insel Atlantis, auf der er seinen Nachkommen aus der Verbindung mit einem sterblichen Weibe ihre Wohnstätte gab, und zwar an einer Stelle von folgender Beschaffenheit:

Vom Meer her nach der Mitte der ganzen Insel hin lag eine Ebene, wie es keine schönere und an Bodenbeschaffenheit trefflichere gegeben haben soll. An sie schloß sich, wieder nach der Mitte zu, vom Meer etwa fünfzig Stadien entfernt, ein nach allen Seiten niedriger Berg an. Ihn bewohnte einer der dort zu Anfang aus der Erde entsprossenen Männer namens Euenor mit seiner Gattin Leukippe. Ihrer Ehe entstammte eine einzige Tochter, Kleito. Als das Mädchen das Alter der Mannbarkeit erreicht hatte, starben Mutter und Vater. Poseidon aber, von Liebe zu ihr ergriffen, verband sich mit ihr, und so umgab er denn den Hügel, auf dem sie wohnte, ihn abglättend, ringsum mit einer starken Schutzwehr. Abwechselnd nämlich fügte er kleinere und größere Ringe von Meerwasser und Erde umeinander, und zwar zwei von Erde, drei mit Meerwasser von der Mitte der Insel aus wie mit einem Zirkel abgemessen, überall gleichweit voneinander abstehend, so daß der Hügel unzugänglich für Menschen wurde; denn Schiffe und Schiffahrt gab es damals noch nicht. Ihm selbst aber, als einem Gott, war es eine leichte Mühe, die Insel mit allem Nötigen auszustatten, indem er teils zwei Wasserstrudel, den einen warm, den anderen kalt, der Erde entquellen, teils mannigfaltige und reichliche Frucht aus ihr hervorgehen ließ. An Kindern zeugte er fünfmal Zwillingssöhne; er zog sie auf, teilte die ganze atlantische Insel in zehn Teile und sprach von dem ältesten Paare dem Erstgeborenen den mütterlichen Wohnsitz zu mit dem ringsherum liegenden Teile, dem größten und besten, und machte ihn zum Könige über die anderen, die anderen aber auch zu Herrschern; denn jedem gab er die Herrschaft über viele Menschen und vieles Land. Auch Namen legte er ihnen bei, und zwar dem Ältesten und Könige den, von dem ja auch die ganze Insel und das Meer, welches das Atlantische heißt, ihren Namen erhielten, weil der Name des ersten der damaligen Könige Atlas lautete.

Dem nachgeborenen Zwillingsbruder, welcher als Anteil den äußersten Teil der Insel erhielt von den Säulen des Herakles bis zum Gadeirischen Lande, wie es noch jetzt in jener Gegend genannt wird, gab er den Namen, der hellenisch Eumelos, in der Landessprache Gadeiros lautete, und dieser Umstand mag auch zugleich dieser Landschaft ihren Namen gegeben haben. Von dem zweiten Zwillingspaare nannte er den einen Ampheres, den anderen Euämon, von dem dritten legte er dem älteren den Namen Mneseus, dem nach ihm geborenen den Namen Autochthon bei; vom vierten nannte er den älteren Elasippos, den jüngeren Mestor; vom fünften endlich erhielt der früher geborene den Namen Azaes, der spätere den Namen Diaprepes. Diese nun sowohl selbst als auch ihre Nachkommen wohnten dort viele Menschenalter hindurch nicht nur als Herrscher über viele andere Inseln im Meere, sondern auch wie schon früher bemerkt, als Gebieter über die innerhalb der Säulen des Herakles Wohnenden bis nach Ägypten und Tyrrhenien.

Vom Atlas stammte denn ein zahlreiches, auch in seinen übrigen Gliedern hochangesehenes Geschlecht; was aber den König anbelangt, so übergab immer der älteste dem ältesten der Nachkommen die Herrschaft; so bewahrten sie diese viele Menschenalter hindurch; dabei häuften sie eine Fülle von Reichtum an, wie er wohl weder vorher in irgendeinem Königreiche zu finden war, noch so leicht späterhin sich wieder finden wird, wohlversehen mit allem, was der Bedarf der Stadt wie der des übrigen Landes forderte.

Vieles nämlich wurde ihnen als Herren unterworfener Gebiete von außen zugeführt, das meiste aber zum Bedarfe des Lebens bot die Insel selbst: zunächst alles, was durch den Bergbau an gediegenem Gestein und schmelzbarem Metall aus der Erde gefördert wird, darunter auch eine Metallart, von der wir jetzt nur noch den Namen kennen, die aber damals mehr war als bloßer Name, nämlich Oreichalkas *(Goldkupfererz)*, welches damals, an vielen Stellen der Insel aus der Erde gefördert, unter diesem alten Menschengeschlecht nächst dem Golde am höchsten geschätzt ward. Ferner bot sie alles, was der Wald für die Arbeiten der Zimmerleute zu liefern hat, in großer Fülle, auch nährte sie reichlich zahme und wilde Tiere. Und so war denn auch das Geschlecht der Elefanten sehr zahlreich auf ihr vertreten. Denn es fand sich nicht nur für die übrigen Tiere, die in Sümpfen, Teichen und Flüssen wie auch für die, welche auf Bergen oder in der Ebene leben, kurz nicht nur für sie fand sich ausreichende Weide, sondern auf gleiche Weise auch für jenes von Natur größte und gefräßigste Tier. Außerdem trug und nährte sie trefflich alles, was auch jetzt noch die Erde an wohlriechenden Erzeugnissen gedeihen läßt an Wurzeln, Gras, Holz oder Säften, sei es, daß diese Säfte aus Blüten oder aus Früchten hervorquellen. Dazu kam noch die »milde Frucht« und die trockene, deren wir zur Nahrung bedürfen, sowie alle die Frucht, die uns zur Speise dient, und die wir mit einem zusammenfassenden Namen »Gemüse« nennen, ferner die, welche baumartig wächst und Trank und Speise und Salböl liefert, ferner die schwer aufzubewahrende Frucht der Obstbäume, welche uns zur Kurzweil und zur Erheiterung geschaffen ist, so wie alle, welche wir als Reizmittel des gesättigten Magens dem Erschlaffenden als erwünschte Gabe zum Nachtisch auftragen – alles dies brachte die Insel, deren Klima damals Sonnenwärme mit Feuchtigkeit verband, in vortrefflicher und erstaunlicher Güte sowie in unermeßlicher Menge hervor.

Indem nun die Herrscher dies alles von der Erde empfingen, gründeten sie Tempel, Königshäuser, Häfen und Schiffswerften und gaben auch dem ganzen übrigen Lande seine Einrichtungen, wobei sie folgende Ordnung einhielten. Zuerst überbrückten sie die Wasserringe, welche die alte Mutterstadt umgaben, um einen Weg aus und zu der Königsburg zu schaffen. Die königliche Burg aber errichteten sie gleich zu Anfang an dem Wohnorte des Gottes und ihrer Vorfahren, und so empfing sie denn der eine vom anderen, in der weiteren Ausschmückung nach Kräften stets seine Vorgänger übertreffend, bis sie denn diesem ihrem Wohnsitz durch die Größe und Schönheit ihrer Werke ein Aussehen verliehen hatten, das Staunen erregte. Sie gruben nämlich vom Meer aus einen Kanal, drei Plenthren *(90 m)* breit, hundert Fuß *(30 m)* tief und fünfzig Stadien *(9 km)* lang bis zu dem äußersten Ringe und ermöglichten so die Schiffahrt vom Meere dahin wie in einen Hafen, indem sie den Damm in einer Breite durchbrachen, die den größten Schiffen Einfahrt gewährte. Und so durchbrachen sie auch die Erdringe, welche die Wasserringe trennten, in der Nähe der Brücken so weit, daß man gerade mit einem Dreiruderer von einem zum anderen fahren konnte. Die Öffnungen aber überbrückten sie, so daß man unter diesen Überbrückungen wegfuhr; denn die Ränder der Erdringe hatten eine hinreichend über das Wasser emporragende Höhe. Es hatte aber der größte von den Ringen, in welchen das Meer hineingeleitet worden war, eine Breite von drei Stadien *(540 m)*, und ihm war der nächstfolgende Erdring gleich. Von dem zweiten Ringpaar hatte der nasse Ring eine Breite von zwei Stadien *(360 m)*, der trockene war mit vorhergehenden nassen gleich breit. Eines Stadions Breite *(180 m)* hatte der Wasserring, der die in der Mitte liegende Insel unmittelbar umgab. Die Insel aber, auf welcher die königliche Burg lag, hatte einen Durchmesser von fünf Stadien *(900 m)*. Diese nun umgaben sie ringsherum mit einer steinernen Mauer, ebenso die Erdringe von der einen Seite der ein Plethron *(30 m)* breiten Brücke bis zur anderen Seite, an der Brücke aber bei den Durchgängen zum Meere errichteten sie Türme und Tore. Die Steine dazu, teils weiß, teils schwarz, teils rot, brachen sie ringsum unten am Rande der in der Mitte liegenden Insel und unten an den Ringen, außerhalb wie innerhalb; bei dem Brechen derselben verfuhren sie aber so, daß sie dadurch zugleich nach Innen doppelte Hohlräume als Schiffsarsenale gewannen, vom Felsen selbst überdeckt. Die Gebäude aber, die sie aufführten, waren teils einfarbig, teils waren sie auch aus verschiedenfarbigen Steinen zusammengesetzt, zur Augenweide; denn diese Zusammenstellung übt einen natürlichen Reiz aus. Sodann faßten sie die um den äußersten Ring herumlaufende Mauer in ihrem ganzen Umfang mit

Erz ein, indem sie es ähnlich wie Salböl verwendeten; die innere umkleideten sie mit geschmolzenem Zinn und die Mauer um die Burg selbst mit Goldkupfererz, welches einen feurigen Glanz hatte.

Die königliche Wohnung innerhalb der Burg war folgendermaßen eingerichtet: In der Mitte befand sich dort ein der Kleito und dem Poseidon geweihter, dem öffentlichen Besuch entzogener Tempel, eingefaßt mit einer goldenen Mauer, derselbe, in welchem sie einst das Geschlecht der zehn Fürsten erzeugt und hervorgebracht hatten. Dorthin brachte man auch jährlich aus allen zehn Anteilen einem jeden dieser Nachkommen die Erstlinge als Opfergaben. Der Tempel des Poseidon selbst hatte eine Länge von einem Stadium *(120 m)*, eine Breite von drei Plethren *(90 m)* und eine für das Auge entsprechende Höhe, in seiner ganzen Form aber verleugnete er nicht eine gewisse Verwandtschaft mit Barbarentum. Den ganzen Tempel überzogen sie von außen mit Silber, mit Ausnahme der Zinnen, diese aber mit Gold. Was aber das Innere betrifft, so konnte man die elfenbeinerne Decke ganz mit Gold, Silber und Goldkupfererz verziert sehen, alles andere aber an Mauern, Säulen und Fußboden belegten sie mit Goldkupfererz. Auch stellten sie goldene Bildsäulen darin auf, und zwar den Gott selbst auf einem Wagen stehend als Lenker von sechs geflügelten Rossen und in solcher Größe, daß er mit dem Scheitel die Decke berührte, ringsherum aber hundert Nereiden auf Delphinen, denn so viel gab es ihrer nach dem Glauben der damaligen Menschen. Außerdem fanden sich darin noch zahlreiche Bildsäulen als Weihgeschenke von Privatleuten. Um den Tempel außen herum standen goldene Bilder von allen insgesamt, von den Weibern und von all denen, die von den zehn Königen abstammten, auch viele andere große Weihgeschenke, sowohl von Königen wie von Privatleuten, teils aus der Stadt selbst, teils von den außerhalb Wohnenden über jene welche herrschten. Auch der Altar entsprach an Größe und Art der Herstellung dieser Ausstattung, und die Königswohnung war auf gleiche Weise ebenso der Größe des Reiches wie auch der Ausschmückung der Heiligtümer angemessen. Die Quellen aber, die mit dem kalten und die mit dem warmen Wasser, die eine unerschöpfliche Wasserfülle boten und die beide, jede in ihrer Art, durch ihren natürlichen Wohlgeschmack und die Güte ihres Wassers für den Gebrauch nach beiden Seiten sich wunderbar eignete, verwerteten sie in nützlicher Weise: ringsum nämlich in der Nähe derselben legten sie Gebäude und für die Bewässerung besonders empfängliche Baumpflanzungen an; ferner richteten sie ringsum Wasserbehälter ein, teils unter freiem Himmel, teils zu warmen Bädern für den Winter in bedeckten Räumen, und zwar abgesondert voneinander die für den König und die für die Untertanen, und noch andere für Frauen und auch für die Pferde und die übrigen Zugtiere, durchweg mit der angemessenen Ausstattung für die einzelnen versehen. Das abfließende Wasser aber leiteten sie in den Hain des Poseidon, der sich dank der Güte des Bodens, durch die Schönheit und den wunderbar hohen Wuchs seiner Bäume mannigfachster Art auszeichnet, zum Teil auch auf die äußeren Erdwälle durch Kanäle über Brücken hinweg. In der Umgebung dieser Wasserleitungen waren teils zahlreiche Heiligtümer für eine Reihe von Göttern, teils Gärten und Ringplätze in großer Zahl angelegt, sowohl für die gymnastischen Übungen der Männer selbst wie für die Übungen mit Rossegespannen, gesondert auf jedem der beiden Erdringe. Überdies befand sich auch in der Mitte der größeren Insel eine auserlesene Rennbahn, ein Stadium *(180 m)* breit und der Länge nach sich um den ganzen Umkreis erstrekkend zur uneingeschränkten Wettkampfleistung für die Gespanne. Um dieselben lagen zu beiden Seiten die Wohnungen für die Mehrzahl der Trabanten. Den Zuverlässigeren aber war auf dem kleineren und näher an der Burg gelegenen Erdring die Wacht übertragen; denen hingegen, die an Treue sich vor allen anderen hervortaten, waren ihre Wohnungen auf der Burg selbst in der unmittelbaren Nähe des Königs angewiesen. Die Schiffsarsenale waren voll von Dreiruderern und mit allem was zur Ausrüstung von Dreiruderern gehört bestens versehen.

So also war es mit der Ausstattung des Wohnsitzes der Könige bestellt. Wenn man aber die drei außerhalb befindlichen Häfen überschritten hatte, so traf man auf eine vom Meere beginnende und von da im Kreise umlaufende Mauer; von dem größten Ringe und Hafen war sie überall fünfzig Stadien *(9 km)* entfernt und lief, sich schließend, wieder zur Ausgangsstelle zurück, nämlich zur Mündung des Kanals, der vom Meere ausging. Dieses Ganze aber war umgeben von dichtgedrängten Wohnungen, der Auffahrtplatz aber und der größte Hafen wimmelte von Schiffen und Kaufleuten, die von allen Orten dort zusammenströmten und durch ihr massenhaftes Auftreten bei Tag wie bei Nacht Geschrei, Getümmel und Lärm mannigfaltiger Art verursachten.

Was sich auf die Stadt und auf jenen alten Wohnsitz bezieht, das ist nun von mir ziemlich so, wie es damals erzählt wurde, vorgetragen. Nun gilt es das übrige Land nach seiner natürlichen Beschaffenheit und der Art der Verwaltung zu schildern. Zunächst ward das Gelände im ganzen als Hochland und als schroff nach dem Meere zu abfallend geschildert, nur das Gebiet um die Stadt herum als durchweg eben. Diese die Stadt umschließende Ebene ward aber selbst von Gebirgen umschlossen, die sich bis zum Meere hinabzogen, während sie ihrerseits eine glatte und gleichmäßige Fläche bildete, im ganzen von länglicher Gestalt wie ein Rechteck, auf der einen Seite dreitausend Stadien *(540 km)*, in der Richtung vom Meere her in der Mitte zweitausend Stadien *(360 km)* lang. Im Verhältnis zur ganzen Insel lag dieser Teil nach Süden zu, geschützt gegen den Nordwind. Die Berge aber, welche sie umgaben, übertrafen, wie die Lobpreisungen des damaligen Geschlechtes ergeben, an Menge, Größe und Schönheit alle jetzt vorhandenen; sie umfaßten viele Flecken mit zahlreicher Bevölkerung, ferner Flüsse, Seen und Wiesen, die allen Arten zahmer und wilder Tiere Nahrung boten, so wie zahlreiche Waldungen, die bei der großen Mannigfaltigkeit der Baumarten für alle Handwerker im ganzen wie im einzelnen unerschöpflichen Rohstoff lieferten. Folgendes nun war die natürliche Beschaffenheit der Ebene und die Gestaltung, die sie durch die Fürsorge vieler Könige in langer Zeit erhalten hatte:

Sie hatte die Gestalt eines regelmäßigen, länglichen Vierecks; was daran fehlte, war gerade gerichtet worden, indem ein Graben ringsherum gezogen worden war. Was die Tiefe, Breite und Länge desselben anlangt, so klingt es bei einem Werk von Menschenhand zwar unglaublich, wenn erzählt wird, daß zu den anderen Arbeitsleistungen auch noch dies hinzukomme, doch muß ich berichten, was ich gehört habe. Ein Plethron *(30 m)* tief nämlich ward er gegraben und überall ein Stadion *(180 m)* breit; um die ganze Ebene also herumgezogen gab es eine Länge von zehntausend Stadien *(1800 km)*. Er nahm die von den Bergen herabströmenden Gewässer auf und, rings um die Ebene herumfließend und die Stadt zu beiden Seiten berührend, ließ er sie auf folgende Weise ins Meer abfließen: Von seinem oberen Teile her wurden nämlich von ihm geradlinige Kanäle meist hundert Fuß breit in die Ebene geführt, welche wieder in den vom Meere aus gezogenen Kanal einmündeten, und zwar jeder dieser Kanäle hundert Stadien von dem anderen entfernt. Auf ihnen schafften sie denn das Holz von den Bergen in die Stadt und brachten auch die sonstigen Landeserzeugnisse zu Schiffe heran durch Verbindungskanäle, die sie zwischen den Hauptarm in der Quere und nach der Stadt hin anlegten. Zweimal im Jahr ernteten sie ein, wozu ihnen im Winter der Regen des Zeus verhalf, während sie im Sommer das der Erde entquellende Wasser aus den Kanälen herbeileiteten.

Was aber die Volksmenge anlangt, so bestand die Anordnung, daß jedes Landgrundstück in der Ebene aus der kriegstüchtigen männlichen Bevölkerung einen Anführer stellen sollte; die Größe jedes Landloses aber betrug durchschnittlich zehn Quadratstadien *(10 Stadien = 1,9 km)*, die Gesamtzahl aller dieser Mannschaften betrug sechzigtausend. Auf den Gebirgen und im übrigen Lande gab es, wie erzählt ward, eine unendliche Menschenmasse, alle aber waren nach Ortschaften und Flecken einem dieser Landlose und dem betreffenden Anführer zugewiesen. Die Führer mußten der geltenden Ordnung gemäß je sechs immer einen Kriegswagen stellen, im ganzen zehntausend Wagen, zwei Rosse und Reiter, ferner ein Zweigespann ohne Sessel, auf dem ein Krieger mit kleinem Schild seinen Platz hatte, der im Kampfe herunterstieg, und neben diesem Kämpfer noch ein Lenker für die beiden Rosse; außerdem mußte jeder noch zwei Schwerbewaffnete stellen und je zwei Bogenschützen und Schleuderer, je drei leicht bewaffnete Stein- und Speerwerfer und vier Seeleute zur Bemannung der zwölfhundert Schiffe. So war das Kriegswesen des königlichen Staates eingerichtet, von den übrigen neun aber hatte jeder seine besonderen Einrichtungen, über die zu berichten zu viel Zeit erfordern würde.

Für die Verteilung der Ämter und Ehrenstellen aber waren von Anfang an folgende Anordnungen getroffen. Von den zehn Königen war ein jeder in seinem Gebiete mit dem Wohnsitz in seiner Stadt Herr über die Bewohner und über die meisten Gesetze, so daß er strafen und hinrichten ließ, wen er wollte. Die Herrschaft und Gemeinschaft unter ihnen selbst aber ward aufrechterhalten nach den Anordnungen des Poseidon, wie sie ihnen das Gesetz und die Inschrift überlieferte, die von den Urvätern auf einer Säule aus Goldkupfererz eingegraben war; sie stand mitten auf der Insel im Heiligtum des Poseidon. Dort versammelten sie sich abwechselnd bald jedes fünfte, bald jedes sechste Jahr, um die ungerade Zahl nicht vor der geraden zu bevorzugen, und berieten hier in persönlicher Berührung über die gemeinsamen Angelegenheiten, untersuchten ferner, ob sich jemand einer Übertretung schuldig gemacht hätte, und saßen darüber zu Gericht. Waren sie aber schlüssig, ein Gericht abzuhalten, so gaben sie einander zuvor folgendes Unterpfand: In dem heiligen Bezirk des Poseidon trieben sich frei weidende Stiere herum; nun veranstalteten die zehn (Herrscher) ganz allein, nachdem sie zu dem Gott gefleht, er möge sie das ihm erwünschte Opferstück fangen lassen, eine Jagd ohne Eisen bloß mit Stöcken und Stricken; denjenigen Stier aber, den sie fingen, schafften sie auf die Säule hinauf und schlachteten ihn auf der Höhe derselben über der Inschrift. Auf der Säule befand sich außer dem Gesetze noch eine Schwurformel mit wuchtigen Verwünschungen gegen die Ungehorsamen. Wenn sie nun nach gesetzmäßigem Vollzuge des Opfers alle Glieder des Stieres dem Gotte als Weihgabe darbrachten, warfen sie in einen dazu vorbereiteten Mischkessel für jeden einen Tropfen geronnenen Blutes, das Übrige übergaben sie dem Feuer, nachdem sie die Säule ringsum gereinigt hatten. Hierauf schöpften sie mit goldenen Trinkschalen aus dem Mischkessel und schwuren, von ihren Schalen ins Feuer spendend, sie würden nach den Gesetzen auf der Säule richten und Strafe verhängen, wenn einer von ihnen sich vorher einer Übertretung schuldig gemacht hätte, was aber die Zukunft anbelange, so würde keiner absichtlich sich einer Gesetzesübertretung schuldig machen und weder selbst anders als gesetzmäßig herrschen noch einem Herrscher gehorchen, der sich in seinen Anordnungen nicht nach den Gesetzen des Vaters richte. Nachdem ein jeder von ihnen dies für sich selbst und seine Nachkommen gelobt hatte, trank er und weihete die Schale in das Heiligtum des Gottes. Dann gönnten sie sich Zeit für das Mahl und für die notwendige Körperpflege. Sobald aber die Dunkelheit hereinbrach und das Opferfeuer erloschen war, legten alle ein dunkelblaues Gewand von wunderbarer Schönheit an und so, bei der Glut der Eidesopfer am Boden sitzend und alles Feuer um das Heiligtum herum auslöschend, ließen sie nächtlicher Weile dem Rechte als Richter und Gerichtete seinen Lauf, wenn einer von ihnen den anderen irgendeiner Übertretung beschuldigte. Das Urteil aber, welches sie gefällt, trugen sie, sobald es Tag ward, auf eine goldene Tafel ein, die sie als Gedenktafel aufstellten mitsamt den Gewändern. Es gab aber noch viele andere Gesetze über die besonderen Gerechtsame der einzelnen Könige, die wichtigsten Bestimmungen aber waren die, daß sie niemals einander bekriegen, sondern sich alle gegenseitig beistehen sollten, wenn etwa irgendeiner von ihnen in einem der Staaten das königliche Geschlecht zu vernichten unternähme; dabei sollten sie aber gemeinsam, wie die Vorfahren, über Krieg und sonstige Unternehmungen beraten und die Oberleitung dem Geschlechte des Atlas überlassen; doch sollte der König nicht das Recht haben, einen seiner Verwandten zum Tode zu verurteilen, wenn nicht mindestens sechs von den zehn Herrschern ihre Zustimmung gäben.

Diese so gewaltige und so großartige Macht, die damals in jenen Gegenden bestand, ließ Gott nun in kriegsmäßigem Zusammenschluß gegen unsere Gegenden hier vorbrechen, und zwar, wie es heißt aus folgendem Grunde: Viele Menschenalter hindurch, so lange des Gottes Natur sich in ihnen noch fühlbar machte, blieben sie den Gesetzen gehorsam und verleugneten nicht ihre Verwandtschaft mit der Gottheit. Denn ihre Sinnesweise war von hoher Art, wahrhaftig und durchaus großherzig; etwaigen Schicksalsschlägen gegenüber so wie im Verkehr miteinander zeigten sie sich gelassen und zugleich einsichtsvoll; in ihren Augen hatte nur die Tugend wahren Wert; darum achteten sie die vorhandenen Glücksgüter gering und machten sich nichts aus der Masse des Goldes und übrigen Besitzes, die ihnen eher wie eine Last erschienen. Weit entfernt also, trunken von dem Schwelgen in ihrem Reichtum, ihrer selbst nicht mächtig, zu Falle zu kommen, erkannten sie nüchternen Sinnes in voller Schärfe, daß all dies äußeres Gut nur durch die Freundesgemeinschaft, gepaart mit Tugend, gedeihe, dagegen dahinschwinde, wenn alle Sorge und Wertschätzung eben nur ihm zugewendet ist, und dann werde denn auch die Tugend mit in den Abgrund gerissen. Infolge dieser Denkungsart und des fortwirkenden Einflusses der göttlichen Natur gedieh ihnen alles, dessen wir vorher gedacht haben. Als aber, was Göttliches in ihnen war, durch starke und häufige Mischung mit Sterblichem mehr und mehr dahinschwand, und menschliche Sinnesweise die Oberhand bekam, da erst zeigten sie sich unfähig, sich mit dem Vorhandenen richtig abzufinden, schlugen aus der Art und erniedrigten sich in den Augen aller Urteilsfähigen dadurch, daß sie von allem Wertvollen das Schönste zugrunde richteten, während sie den Urteilslosen, die kein Auge haben für den Wert eines auf wahrhafte Glückseligkeit gerichteten Lebens, nunmehr erst recht herrlich und preisenswert erschienen, da sie sich ganz der rechtswidrigen Habsucht und Machtgier hingaben. Der Gott der Götter aber, Zeus, der nach Gesetzen regiert und einen scharfen Blick für dergleichen hat, beschloß, da er ein tüchtiges Geschlecht in so kläglichen Zustand versetzt sah, sie durch Strafe zu züchtigen, auf daß sie dadurch zur Besinnung gebracht und gebessert würden. So berief er denn alle Götter in ihren ehrwürdigsten Wohnsitz zusammen, der, in der Mitte der ganzen Welt gelegen, den Blick über alles gewährt, was des Werdens teilhaftig geworden, und richtete an die Versammelten folgende Worte...

An dieser Stelle bricht der Dialog des Kritias abrupt ab. In Platons Werk findet sich kein weiterer Hinweis auf Atlantis. Dafür beschäftigten sich aber die Gelehrten seiner Zeit und die späterer Generationen bis heute mit der Interpretation des Atlantis-Berichts. Es existieren schätzungsweise 25 000 Bücher zu diesem Thema, was die besondere Faszination des Atlantis-Mythos auf die Menschen eindrucksvoll dokumentiert.

Kleines Lexikon der Guanchensprache

Begriffe

Vater – Adir
Tochter – Zucaha
Ja – Zu
Auf Wiedersehen! – Sansofe!
Mond – Cel
Kleid – Tamarco
Baum – Tarhais
Fuß – Benda
Stein – Tenique
Stirn, Braue – Time
Teller – Ganigo
Topf – Tofio
Ziege – Aridanan
Felsen – Chime
Korn – Tamocen
Milch – Aho/Ahof
Boot – Aramotanoque

Mutter – Achmayex
Himmel – Tigot
Hilfe! – Axit!
Erde – Axhoran
Fluß – Acof
Pflanze – Verode
Nase – Dor
Ebene – Aridane
Arm – Iye
Haus – Anche
Messer – Tabona
Schwein – Taquazen
Hund – Haguayan/Magua
Loch – Ere
Erdbeeren – Morangana
Butter – Amulan
Wasser – Ahemen/Ahemon

Sohn – Aba
die Himmel – Tigotan
Sei gegrüßt! – Chusar!
Sonne – Magec
See – Aguere
Auge – Ain
Palme – Tamara
Rücken – Gomad
Berg – Tedote
Bein – Ategma
Becher – Tabite
Schaf – Tahaxan
Quelle – Azofa
Getreide – Yrichen
Adler – Buitre
Honig – Chacerquen
Ratsplatz – Tagoror

Zahlen

1 Been
2 Lini
3 Amiat
4 Arba
5 Cansa
6 Sumous
7 Sat
8 Set
9 Acot
10 Marago
11 Beni-Marago
12 Lini-Marago
13 Amiat-Marago
14 Arba-Marago
15 Cansa-Marago
16 Sumous-Marago
17 Sat-Marago
18 Set-Marago
19 Acot-Marago
20 Linago
21 Beni-Linago
22 Lini-Linago
23 Amiat-Linago
24 Arba-Linago
25 Cansa-Linago

Personennamen

Acaymo
Adma
Adargoma
Adrona
Adzerura
Agando
Angocor
Armiche
Atogmatoma
Atidamana
Auixhua
Ayuasungua
Bediesta
Benchomo
Bentanor
Bucatermanaza
Cobura
Chaoro
Chimayo
Doramas
Echedey
Echentive
Ertoma
Faina
Galfir
Garehagua
Gazmira
Gomidafe
Guajunote
Guize
Huatacuperche
Huauxa
Hupalupa
Iballa
Ico
Iriome
Mayantigo
Nesfete
Sima
Tamanca
Tanausu
Tibiabin
Tijinama
Ugranfir
Xerach
Zebenzui
Zonzamas

Glossar

Archetypen: Im Sinne der Psychologie C. G. Jungs Urprägungen oder Matrizen für allgemein in der menschlichen Psyche vorhandene Symbolbilder, die auch ohne historischen Zusammenhang an verschiedenen Orten und in verschiedenen Epochen gleichartig auftreten können. Die archetypische Kulturforschung untersucht solche Urbilder und deren Ausprägung in unterschiedlichen Kulturkreisen.

Astrolabien: (griech. »Sternfasser«) astronomische Hilfsinstrumente zur Kursbestimmung bei der frühen Seefahrt.

Bätyle: kleiner Menhir mit abgerundeter Spitze.

Bienenkorbkuppeln: falsche Kraggewölbe aus überragenden Steinen, die sich zum Mittelpunkt der Kuppel hin schließen.

Cairn: bretonischer Ausdruck für Tumulus.

Conchero: Schalenhaufen von Muscheln und Schnecken, die vielen steinzeitlichen Sammlerkulturen als Nahrungsquelle dienten. Das spanische Wort hat die frühere (aus dem Dänischen stammende) Bezeichnung *Kjöckenmöddinger* (»Küchenabfall«) abgelöst und gilt nun als international gebräuchlicher Fachterminus.

Cromagnon-Mensch: der erste »moderne« Mensch, nach seinem ersten Fundort in der Dordogne östlich von Bordeaux benannt, Schöpfer der berühmten Höhlenmalerei, Erfinder von Pfeil und Bogen, löste den Neandertaler ab. Das Auftauchen des Cromagnon wird auf den Zeitraum um 35 000 v. Chr. geschätzt.

Cromlech: gallischer Ausdruck für Dolmen, aber auch Steinkreis aus Menhiren.

Dolmen: (gallisch: »Steintisch«) Megalithgrab, aber auch Totentempel bzw. Observatorium ohne Bestattungsfunktion aus großen Steinen (Megalithen) erbaut.

Drachenhügel: natürliche Hügel, die zumeist Eingriffe von

Menschenhand aufweisen (abgeflachte Kuppen, terrassenförmige Hänge) und magische Bedeutung besaßen (Sanktuarium).

Guanchen: Name der Ureinwohner der Kanarischen Inseln. Von einigen Wissenschaftlern nur auf die Bewohner Teneriffas angewandt, trifft die Bezeichnung im weiteren Sinne aber auf alle Altkanarier zu.

Henge: kreisförmige Anlage, die zumeist aus ringförmigen Gräben und Wällen besteht. Man unterscheidet Woodhenges mit Holzkonstruktionen (von denen nur noch die Pfostenlöcher rekonstruierbar sind) und Stonehenges (solche, die Steinsetzungen aufweisen wie z. B. Stonehenge, Avebury usw.).

Hieroglyphe: altägyptisches Schriftzeichen, weder Buchstabe noch Wortzeichen, sondern in erster Linie »heilige« Zeichen komplexer Natur – Bild, Ideogramm (Bedeutungszeichen) und Lautschrift in einem.

Horus: falkenförmiger Sonnen- und Himmelsgott der Ägypter, Schutzpatron der frühen Pharaonen-Dynastien, die sich selber als »Gefolgschaft des Horus« bezeichneten. Im Mythos ist Horus Sohn des Osiris und der Isis, der den einheimischen Gottkönig Seth bekämpft. Der Horus wurde auch auf Malta verehrt und der Flug des Falken als Orakel gedeutet.

Hünengrab: Tumulus, Grabhügel.

Hypogum: künstliche Grotte, unterirdische Kult- und/oder Begräbnisstätte. Berühmtestes Beispiel: das Hypogäum von Malta.

Idol: anthropomorphe Darstellung (Ritzzeichnung oder Kleinplastik) mit religiöser Bedeutung, Götterfigur.

Ikonographie: (griech. »Bildbeschreibung«) Betrachtung der Kunst nach ihren Darstellungsgegenständen. Da alle Kunst ursprünglich religiösen Ursprung besaß, also die sich in Bildern und Plastiken widerspiegelnde Glaubensvorstellung einer Kultur.

Imagisieren, Imagisierung: Bedeutungsaufladung bestimmter Plätze mit magischen Bildzeichen oder Bauwerken.

Imhotep: Erbauer der ersten Stufenpyramide Ägyptens; Architekt, Arzt und Berater Pharao Djosers (3. Dynastie).

Ka: im Glauben der Altägypter die zeugende und bewahrende Lebenskraft; oft in Form von hölzernen oder auch steinernen (z. B. bei Pharao Djoser) Ka-Figuren einem Grab beigefügt, um die ewige Lebenskraft zu symbolisieren.

Kurgan: (türk.-slaw.) Name der vorgeschichtlichen Hügelgräber in den slawischen Gebieten. Im erweiterten Sinne werden die Kurgan-Leute mit der großen vorindogermanischen Völkerwanderung der Streitaxt-, Glockenbecher- und Schnurbandkeramik-Leute in Verbindung gebracht.

Mastaba: (arab. »Bank«) altägyptisches Grab, das aus einem unterirdischen Schacht mit Sargkammer sowie einem rechteckigen oberirdischen Kultraum bestand, der nach außen zu geböscht verlief. Die Mastaba-Architektur wurde von Imhotep zur eigentlichen Pyramidenidee ausgebaut.

megalithische Elle: einheitliches Längenmaß (83 cm) der Megalithkultur. Die megalithische Rute beträgt das Doppelte, also 166 cm.

Megalithkultur: (von griech. *mega* und *lithos:* »großer Stein«) die Kultur der Großsteinbauten. Sie hat sich offensichtlich maritim an den Küsten und Flußmündungen West- und Nordwesteuropas verbreitet und wird von daher neuerdings auch atlantische Westkultur genannt.

Mencey: (Guanchensprache: »König«) Titel der altkanarischen Herrscher.

Menhir: großer, aufrecht stehender und sorgfältig im Boden verankerter Stein mit kultischer Bedeutung; einzeln, in Reihen oder im Kreis stehend.

Mound: amerikanische Bezeichnung für Tumulus.

Naveta: speziell auf den Balearen (Menorca) anzutreffende Form schiffsförmiger Steinarchitektur mit Begräbnisfunktion.

Nekropole: (griech. »tote Stadt«) architektonisch geplanter Begräbnisplatz; häufig mit darüber hinausgehender, kultischer Bedeutung (Sanktuarium).

Nuraghen: aus megalithischen Mauern errichtete Türme auf Sardinien, ähnlich den Torres auf Korsika und den Talayots auf den Balearen. Die Zweckbestimmung ist bis heute nicht restlos geklärt; die Bauten können sehr wohl als Wohnfestungen, Kultanlagen, Totentempel und Observatorien gedient haben. Auch eine Bedeutung als Wachtürme, von denen aus mit Feuer Signale weitergegeben wurden, ist nicht ausgeschlossen. Sie wären damit Teil eines vorgeschichtlichen Kommunikationssystems.

Obsidian: dunkles, fast schwarzes Gesteinsglas mit scharfen Bruchflächen vulkanischen Ursprungs. Wegen der Schärfe und Härte bei Steinzeitmenschen als Vielzweckinstrument sehr geschätzt.

Ogham-Schrift: altirische Schrift aus Punkten und Strichen mit einer gewissen Verwandtschaft zu den altskandinavischen Runenzeichen, zumeist in Steinplatten (Menhire) gekerbt.

Petroglyphen: Felsritzungen, gravierte und gepunzte (gehämmerte) Bildzeichen in Stein. Solche Felsbilder sind weltweit verbreitet und werden auch *Arte rupestre, Grafitti* u.ä. genannt. Durch diese »Lexika aus Stein« erfahren wir viel über die religiösen Vorstellungen, aber auch über das Alltagsleben der frühen Steinzeitkulturen.

Phönix: mythischer Vogel, der nach der Sintflut auf dem Urhügel erschien, Verkörperung des ägyptischen Sonnengottes; bei Phöniziern (die ihre Herkunft von ihm ableiten), Griechen und Römern als Symbolfigur beliebt und unterschiedlich ausgedeutet.

Punzung: mit meißelartigem Werkzeug geklopfte Felsbilder.

Quetzalcoatl: (Aztekensprache: »gefiederte Schlange«) göttlicher Kulturheroe der präkolumbischen Indianer; ein weißer, bärtiger Mann, der ihnen die Schrift und präzise Kenntnisse in der Architektur brachte. Bei den Mayas *Kukulcan,* bei den Quimu *Gucumatz* genannt.

Radiokarbon-C14-Methode: Verfahren zur Altersbestimmung geologischer und historischer Gegenstände aus ehemals organischen Stoffen wie Holz, Kohle etc. durch Ermittlung ihres Gehalts an radioaktivem Kohlenstoff. Dieser stammt aus dem Kohlendioxyd der Luft und verringert sich im Laufe der Zeit gesetzmäßig durch radioaktiven Isotopenzerfall. Das Verfahren kann auf diese Weise – vorausgesetzt, es wird sorgfältig und wissenschaftlich kontrolliert durchgeführt – relativ sichere Zeitbestimmungen über Fundobjekte machen.

Schildfigur: Urmutter-Idol, das besonders in der Bretagne vorkommt, häufig als Felsritzung im Inneren von Dolmen.

Seelenstein: Kultstein mit der Bedeutung eines magischen Ahnensitzes, oft ein menhirartiger Stein mit Augen und Mundloch. Die Seelen der Ahnen können sich auf ihm in Form von Vögeln (Seelenvögel) niederlassen und werden durch ausgelegte Opfergaben versorgt.

Stele: Kleinmenhir (wie *Bätyle*) mit einer gravierten Fläche bzw. Reliefseite.

Swastika: hakenkreuzförmiges Sonnensymbol aus der Steinzeit.

Tagoror: Steinkreis, Versammlungsplatz der Kanarischen Ureinwohner (wie *Cromlech*).

Talayot: siehe *Nuraghe.*

Tara: Name der höchsten weiblichen Gottheit im vorindogermanischen Kulturraum (z. B. auch auf den Kanarischen Inseln), zugleich sagenumwobene alte Hauptstadt Irlands.

Taula: menhirartiger Pfeiler mit einer ausbalancierten Steinplatte auf der Spitze im Zentrum einer kreisförmigen Kultanlage, hauptsächlich auf Menorca.

Torre: siehe Nuraghen.

Trepanation: Schädelbohrung. Komplizierte Schädelchirurgie wurde bereits im steinzeitlichen Europa, auf den Kanarischen Inseln, im alten Ägypten, aber auch bei den präkolumbischen Indianerkulturen aus medizinischen und kultischen Gründen durchgeführt.

Tumulus: Grabhügel aus Erde oder Stein, oft mit zusätzlichen Steinblöcken, Verkleidungsmauern oder (inzwischen verwitterten) Holzkonstruktionen umgeben, auch *Mound, Barrow, Cairn, Galgal* genannt. Entsprechend der Dimension spricht man von Rundhügeln (Hügelgräber, Hünengräber), Langhügeln oder Gigantenhügeln.

Zikkurat: in der sumerischen, babylonischen und assyrischen Baukunst ein turmartiger Tempelbau, der sich in Stufen ansteigend über einer Terrassenanlage erhebt. Vorlage für den mythologischen Turm zu Babel.

Literaturhinweise

Kanarische Inseln

Biedermann, Hans: *Die Spur der Altkanarier,* Hallein 1983
Braem, Harald: »Felsbilder und Besiedlungsspuren auf der Kanareninsel La Palma«, in: *ur- und frühzeit* 3/87, Hornberg 1987
– »Bergheiligtümer der Ureinwohner auf der Kanareninsel La Gomera«, in: *ur- und frühzeit* 4/87, Hornberg 1987
– »Felsbilder und rätselhafte Schriftzeichen auf der Kanareninsel El Hierro«, in: *ur- und frühzeit* 1/88, Hornberg 1988
– »Kultplätze der Ureinwohner auf Gran Canaria«, in: *ur- und frühzeit* 2/88, Hornberg 1988
– *Kanarische Inseln. Auf den Spuren atlantischer Völker,* München 1988
– »Menhire auf den Kanarischen Inseln«, in: *ur- und frühzeit* 4/89, Hornberg 1989
– »Auf den Spuren der Kanarischen Ureinwohner«, in: *ur- und frühzeit* 2/90, Hornberg 1990
– »Die Inseln des Drachenbaums«, in: Hillrichs, Hans Helmut, *Von den Inseln des Drachenbaums zur Festung der Sturmgötter,* München 1990
– *Der Kojote im Vulkan. Märchen und Mythen der Kanarischen Inseln,* Berlin 1990
– *Tanausu, der letzte König der Kanaren,* München 1991
– »Pyramiden auf den Kanarischen Inseln?«, in: *ur- und frühzeit* 4/91, Hornberg 1991
Castro, J. M./Eigen, S./Göbel, W.: *La Palma. Die Canarische Insel,* Tübingen 1985
Conception, Jose Luis: *Die Guanchen, welche überlebten, und ihre Nachkommen,* La Laguna, Teneriffa 1982
Fleck, Michael: *El Hierro. Die vergessene Insel,* Bruchköbel 1985
La Gomera. Insel der Sagen und Geheimnisse, Bruchköbel 1990
Rother, Almut u. Frank: *Die Kanarischen Inseln,* Köln 1982
Schwidetzky, Ilse: *Die vorspanische Bevölkerung der Kanarischen Inseln,* Göttingen 1963
Torriani, Leonardo: *Die Kanarischen Inseln und ihre Urbewohner. Eine unbekannte Bilderhandschrift vom Jahre 1590.* In

ihrem italienischen Urtext und in deutscher Übersetzung herausgegeben von D. J. Wölfel, Leipzig 1940
Wölfel, D. J.: *Die Kanarischen Inseln, die westafrikanischen Hochkulturen und das alte Mittelmeer,* Bamberg 1950
Die Religion des vorindogermanischen Europa, Hallein 1980

Ägypten

Braem, Harald: *Hem-On, der Ägypter,* München 1990
Brunner-Traut, Emma: *Ägypten,* Stuttgart 1988
– *Altägyptische Märchen,* Köln 1986
Heyerdahl, Thor: *Zwischen den Kontinenten,* München 1975
Lauer, Jean-Pierre: *Die Königsgräber von Memphis,* Bergisch-Gladbach 1988
Mendelssohn, Kurt: *Das Rätsel der Pyramiden,* Bergisch-Gladbach o. J.
Montlaur, Pierre: *Imhotep. Arzt der Pharaonen,* Reinbek 1988
Strelocke, Hans: *Ägypten und Sinai,* Köln 1986
Westendorf, Wolfhart: *Das Alte Ägypten,* Baden-Baden 1968

Malta

Bonanno, Anthony: *Malta. Ein archäologisches Paradies,* Malta 1990
Neubert, Sigrid/v. Reden, Sibylle: *Die Tempel von Malta,* Bergisch-Gladbach 1988
v. Reden, Sibylle: *Die Megalith-Kulturen. Zeugnisse einer verschollenen Urkultur,* Köln 1978
Tetzlaff, Ingeborg: *Malta und Gozo,* Köln 1977
Trump, D. H.: *Malta. An Archaelogical Guide,* Malta 1990

Mesopotamien, Arabien, Tal des Indus, Malediven

Braem, Harald: *Der Löwe von Uruk. Ein Gilgamesch-Roman,* München 1988
Heyerdahl, Thor: *Tigris. Auf der Suche nach unserem Ursprung,* München 1978

– *Fua Maluka. Reise zu den vergessenen Kulturen der Malediven,* München 1986
Lloyd, Seton: *Die Archäologie Mesopotamiens,* München 1981
Sumer. Assur. Babylon. 7000 Jahre Kunst und Kultur zwischen Euphrat und Trigris, Hildesheim 1978
Vergessene Städte am Indus. Frühe Kulturen in Pakistan, Aachen 1987
Westwood, Jennifer: *Sagen. Mythen. Menschheitsrätsel. Ein Atlas der heiligen Orte, geheimnisvollen Kultstätten und versunkenen Kulturen,* München 1990

Phönizier

Irwin, Constance: *Kolumbus kam 2000 Jahre zu spät. Die Frühgeschichte des amerikanischen Kontinents,* Wien 1963
Sudhoff, Heinke: *Sorry, Kolumbus. Seefahrer der Antike entdecken Amerika,* Bergisch-Gladbach 1990

Mittel- und Südamerika

Baumann, Peter: *Das letzte Geheimnis der Inka. Mumien, Gold und Heiligtümer auf dem Dach der Anden,* Freiburg i. Br. 1986
Bridges, Marylin: *Für die Götter. Luftaufnahmen heiliger Landschaften,* Frankfurt 1990
Drößler, Rudolf: *Kulturen aus der Vogelschau. Archäologie im Luftbild,* Leipzig 1987
Gockel, Wolfgang: *Die Geschichte einer Maya-Dynastie. Entzifferung klassischer Maya-Hieroglyphen am Beispiel der Inschriften von Palenque,* Mainz 1988
Helfritz, Hans: *Die Götterburgen Mexikos,* Köln 1968
Reiche, Maria: *Geheimnis der Wüste,* Stuttgart 1968
Stingl, Miloslav: *Die Inkas. Ahnen der Sonnensöhne,* Wien 1978
Tierney, Patrick: *Zu Ehren der Götter. Menschenopfer in den Anden,* München 1989
Wurster, Wolfgang v.: *Die Schatzgräber. Archäologische Expeditionen durch die Hochkulturen Südamerikas,* Hamburg 1991

Nordamerika

Bridges, Marylin: *Für die Götter. Luftaufnahmen heiliger Landschaften,* Frankfurt 1990
Ceram, C. W.: *Der erste Amerikaner. Das Rätsel des vor-kolumbischen Indianers,* Reinbek 1976
Drößler, Rudolf: *Kulturen aus der Vogelschau. Archäologie im Luftbild,* Leipzig 1987
Fagan, Brian M.: *Die ersten Indianer. Das Abenteuer der Besiedlung Amerikas,* München 1990
Pörtner, Rudolf: *Die Wikinger-Saga,* Wien 1971
Sudhoff, Heinke: *Sorry, Kolumbus. Seefahrer der Antike entdecken Amerika,* Bergisch-Gladbach 1990

England, Irland

Bridges, Marylin: *Für die Götter. Luftaufnahmen heiliger Landschaften,* Frankfurt 1990
Drößler, Rudolf: *Kulturen aus der Vogelschau. Archäologie im Luftbild,* Leipzig 1987
Löpelmann, Martin: *Keltische Sagen aus Irland,* München 1988
Markale, Jean: *Die Druiden. Gesellschaft und Götter der Kelten,* München 1989
Thom, A.: *Megalithic Sites in Britain,* London 1967

Megalithkultur, Atlantis

Carpentier, Louis: *Das Geheimnis der Basken,* Herrsching 1986
Daniel, Glyn: *The Megalth Builders of Western Europe,* London 1958
Gadow, Gerhard: *Der Atlantis-Streit. Zur meistdiskutierten Sage des Altertums,* Frankfurt 1973
Giot, P. R.: *Vorgeschichte in der Bretagne. Menhire und Dolmen,* Bordeaux 1991
– *Menhire und Dolmen. Megalithdenkmäler in der Bretagne,* Chateaulin 1990
– *Die Alignements von Carnac,* La Guerche-de-Bretagne 1990

McMann, Jean: *Rätsel der Steinzeit. Zauberzeichen und Symbole,* Augsburg 1989
Mohen, Jean-Pierre: *Megalithkultur in Europa. Geheimnis der frühen Zivilisation,* Stuttgart 1989
Niel, Fernand: *Auf den Spuren der großen Steine. Stonehenge, Carnac und die Megalithen,* München 1977
v. Reden, Sibylle: *Die Megalith-Kulturen. Zeugnisse einer verschollenen Urkultur,* Köln 1978
Rother, Frank und Almut: *Die Bretagne,* Köln 1978
Spanuth, Jürgen: *Die Atlanter. Volk aus dem Bernsteinland,* Tübingen 1976
Teichmann, Frank: *Der Mensch und seine Tempel. Megalithkultur in Irland, England und der Bretagne,* Stuttgart 1983
Tributsch, Helmut: *Die gläsernen Türme von Atlantis. Erinnerungen an Megalith-Europa,* Frankfurt 1986
Wölfel, D. J.: *Die Religion des vorindogermanischen Europa,* Hallein 1980

Vergleichende Forschung

Braem, Harald/Heil, Christof: *Die Sprache der Formen. Die Wurzeln des Design,* München 1990
Braem, Harald: »Der Kreis im Weltbild des frühen Menschen«, in: *ur- und frühzeit* 3/89, Hornberg 1989
– *Balearen. Auf den Spuren von Hirten, Kriegern und Piraten,* München 1989
– »Die Bilder kehren zurück – auch ihr Sinn? Über den angeblichen Sprachverlust unserer piktogrammierten Zeit«, in: *Walthari* 16, 1991
Cooper, J. C.: *Illustriertes Lexikon der traditionellen Symbole,* Leipzig 1986
Drößler, Rudolf: *Astronomie in Stein. Archäologen und Astronomen enträtseln alte Bauten und Kultstätten,* Leipzig 1990
Evers, Dietrich: *Felsbilder, Botschaften der Vorzeit,* Leipzig 1991
Müller, Rolf: *Der Himmel über dem Menschen der Steinzeit. Astronomie und Mathematik in den Bauten der Megalithkulturen,* Berlin 1985

Quellenverzeichnis

Textteil

Abb. 12, 13, 20, 23 Alfredo Elsner
Abb. 22 aus: Louis Charpentier, *Le Mystère basque,* Editions Robert Laffont, Paris
Abb. 29, 37, 38, 48 aus: Hans Helfritz, *Die Götterburgen Mexikos,* Verlag M. DuMont, Köln 1968
Abb. 30–34 aus: Kurt Mendelsohn, *Das Rätsel der Pyramiden,* Gustav Lübbe Verlag, Bergisch Gladbach
Abb. 35 aus: Seton Lloyd, *Die Archäologie Mesopotamiens,* Verlag C. H. Beck, München 1981. Die Zikkurat der 3. Dynastie des Urnammu in Ur. Überzeugende Rekonstruktion nach Woolley
Abb. 36 aus: Heinke Sudhoff, *Sorry Kolumbus,* Gustav Lübbe Verlag, Bergisch Gladbach 1990
Abb. 39 aus: Constance Irwin, *Kolumbus kam 2000 Jahre zu spät,* Paul Neff Verlag, Wien 1963
Abb. 42, 43 aus: Rudolf Drößler, *Kulturen aus der Vogelschau,* Urania Verlagsgesellschaft, Leipzig 1987
Abb. 52 aus: Jean McMann, *Rätsel der Steinzeit,* Gustav Lübbe Verlag, Bergisch Gladbach
Abb. 53 aus: David und Ruth Whitehouse, *Archäologischer Weltatlas,* Gustav Lübbe Verlag, Bergisch Gladbach 1976

Bei allen nichtgenannten Abbildungen liegt das Copyright beim Autor.

Farbteil

Abb. 2 Museo Arqueológico, Santa Cruz de Tenerife
Abb. 10 sebra film, Torsby, Schweden
Abb. 11–16 Walter B. Haehnel
Abb. 32 aus: Kurt Mendelsohn, *Die Rätsel der Pyramiden,* Gustav Lübbe Verlag, Bergisch Gladbach
Abb. 36, 37, 39–42 Andreas und Gudrun Sauerwein
Abb. 38 aus: Rudolf Drößler, *Kulturen aus der Vogelschau,* Urania Verlagsgesellschaft, Leipzig 1987

Abb. 43, 44 aus: Bartos-Höppner, *Tausend Schiffe trieb der Wind*, K. Thienemanns Verlag, Stuttgart 1975
Abb. 50 Editions d'Art Jos, Chateaulin
Abb. 56, 57 Britische Zentrale für Fremdenverkehr, Frankfurt

Bei allen nichtgenannten Abbildungen liegt das Copyright beim Autor.

Der Abdruck von »Platons Atlantis Bericht« (S. 290–304) stammt aus dem Buch: *Platon, Sämtliche Dialoge,* Band VI, Seite 36 ff. Felix Meiner Verlag, Hamburg

Schottland
Irland
England
Newgrange
Stonehenge
Carnac
Frankreich
Portugal
Korsika
Spanien
Balearen
Gades
Los Millares
Kanarische Inseln
Atlas
Nordafrika
Verbreitung der atlantischen Westkultur
Indoeuropäische Expansion